职业教育机电类专业系列教材
机械工业出版社精品教材

冷冲模设计

第3版

主　编　赵孟栋
参　编　史铁梁　虞学军

机械工业出版社

本书是在《冷冲模设计》第2版的基础上修订而成的。本书系统介绍了冷冲模设计的原理、工艺计算及工艺分析，着重叙述了冲裁、弯曲、拉深三大冲压工艺，并对冲压材料、工艺分析、模具材料及提高模具寿命的措施等也作了一定的介绍。为便于教学，在每章后均设有思考题。

本书以理论与实践相结合为编写指导思想，注重实用性，力求深入浅出、通俗易懂。本书配套有《冷冲模设计指导》ISBN 978-7-111-05361-3。本书适合作为职业院校模具专业教材和企业岗位短期培训教材，亦可供从事冲压工作的工程技术人员参考。

图书在版编目（CIP）数据

冷冲模设计/赵孟栋主编．—3版．—北京：机械工业出版社，2012.4（2024.3重印）
职业教育机电类专业规划教材
ISBN 978-7-111-37680-4

Ⅰ.①冷… Ⅱ.①赵… Ⅲ.①冷冲压-冲模-设计-中等专业学校-教材 Ⅳ.①TG385.2

中国版本图书馆CIP数据核字（2012）第041138号

机械工业出版社（北京市百万庄大街22号 邮政编码100037）
策划编辑：汪光灿 责任编辑：汪光灿 张云鹏
版式设计：霍永明 责任校对：张 媛
封面设计：张 静 责任印制：单爱军
北京虎彩文化传播有限公司印刷
2024年3月第3版第7次印刷
184mm×260mm·13.5印张·334千字
标准书号：ISBN 978-7-111-37680-4
定价：39.80元

电话服务 网络服务
客服电话：010-88361066 机 工 官 网：www.cmpbook.com
010-88379833 机 工 官 博：weibo.com/cmp1952
010-68326294 金 书 网：www.golden-book.com
封底无防伪标均为盗版 机工教育服务网：www.cmpedu.com

第3版前言

本书根据教育部教学改革要求，结合广大用书学校的反馈意见，在《冷冲模设计》第2版的基础上，再次修订而成。

本书重点介绍了冲裁、弯曲、拉深、成形等基本工艺及相应模具，对其他冲压工艺及模具也作了概括介绍。本书在撰述冲压基本理论的基础上，较为详尽地提供了典型冲压工艺及模具设计原理、方法、程序、实用参数及其辩证运用，还特别对冲裁合理间隙值与精冲、旋转体拉深与矩（方）形拉深工艺，以及组合式模具的设计、原理等作了实用性阐述。本书每章均配有综合性、代表性的例题，并设有相应的思考题，以便读者加深理解。

全书由赵孟栋主编并完成修订。全书在撰写过程中特别注重教材的思想性、科学性、启发性、适用性、先进性要求，但由于作者水平有限，书中欠妥之处在所难免，恳请广大读者批评指正。

编　者

2011年2月

第2版前言

本书是根据机械工业部机械类第四轮中等专业学校教材编审出版规划修订的教材，也可供其他专业的学员及从事冷冲压工作的人员参考。

本书重点地介绍了冲裁、弯曲和拉深三大基本工序及相应模具，对其他冲压工艺及模具也作了概括介绍。本书在撰述冲压基本理论的基础上，较为详尽地提供了典型冲压工艺及模具设计原理、方法、程序、实用参数及其辩证应用，同时，还特别对冲裁合理间隙值与精冲、旋转体拉深与矩（方）形拉深工艺以及组合式模具的设计原理等作了实用性的阐述。本书每章均有综合性、代表性的例题及相应的思考题，以便于读者加深理解。

本书绪论、第一、四、八章由成都市工业学校史铁梁编写，第二、三、五、七章由重庆机器制造学校赵孟栋编写，第六章、第七章第三节由重庆机器制造学校虞学军编写。全书由赵孟栋任主编，成都市工业学校蔡光耀任主审。另外，在本书审稿时，曾邀请重庆机器制造学校夏克坚、黄云清，沈阳机电工业学校刘福库，咸阳机器制造学校周晓明，贵州省机械工业学校李盛林，武汉机械工业学校张国俭，四川省自贡工业学校李持九等审阅，并提出了宝贵的意见，在此深表谢意。

本书在撰写过程中特别注重教材的思想性、科学性、启发性、适用性和先进性的要求，同时特增设了第八章冷冲模CAD/CAM技术简介，以此拓展读者视野，适应跨世纪模具工业的发展。由于编写水平有限，书中欠妥之处在所难免，恳请读者批评指正。

第1版前言

本书是根据“机械电子工业部机械类1986～1990年中等专业学校教材编审出版规划”及机械制造专业“冷冲模设计”教材大纲编写的教材。也可供其他专业的学员及从事冷冲压工作的人员参考。

本教材的参考教学时数为45学时。本书着重介绍了冲裁、弯曲、拉深、成形等基本工艺及相应模具，对其他冲压工艺及模具也作了概括介绍。在撰述冲压基本理论的基础上，较为详尽地提供了典型冲压工艺及模具设计原理、方法、程序、实用参数及其辩证运用，还特别对冲裁合理间隙值与精冲、旋转体拉深与矩（方）形拉深工艺，以及组合式模具的设计原理等作了实用性阐述。每章均举有综合性、代表性的例题并设有相应的思考题，试图使本书能收到据书设计之功，广获实用受益之效。

本书绪论及第一章由成都市工业学校史铁梁编写；第二、三、五、七章由重庆机器制造学校赵孟栋编写；第四、六章由四川省机械工业学校杨智民编写。全书由赵孟栋任主编；成都市工业学校蔡光耀任主审。另外，在本书定稿时，曾请重庆机器制造学校黄云清、咸阳机器制造学校林家兰、沈阳机电工业学校刘福库、广西机械工业学校梁明初、上海机电工业学校薛源顺、四川机械工业学校王畔明、杭州机械工业学校汪昌镛、董峨，北京机械工业学校徐克、国营新兴仪器厂卢先友、成都市工业学校李兴东等审阅并提出了宝贵的意见，在此深表谢意！

本书在撰写过程中尽管注意了教材的思想性、科学性、启发性、适用性、先进性的“五性”要求，但由于编审水平有限，书中欠妥之处在所难免，恳请读者批评指正。

编　者

目　录

绪　论

冷冲压是金属塑性加工中的一种常用的加工工艺。它是利用模具在压力机的作用下，使金属板料产生分离或变形，以获得一定形状和尺寸的零件（以下统称制件）的加工方法。由于板料冲压大部分在常温下进行，故通称为冷冲压。

冷冲压是一种既传统而又不断发展进步的先进加工工艺。随着现代科技的高速发展，以及新技术、新工艺、新设备、新材料不断涌现，冷冲压技术也得到了不断的革新和发展。

与一般机械加工相比，冷冲压具有如下优点。

1）金属板料经冲压变形后，其强度、刚度都得到提高，它能使较薄的板料制成尺寸大、重量轻、强度及刚度较高的产品制件。

2）冷冲压是一种少、无切削屑的加工方法，可以获得合理的材料流线分布和较高的材料利用率。

3）冷冲压加工出来的制件精度较高，尺寸稳定，互换性好。

4）材料在模具和压力机的作用下，能获得其他机械加工方法难以加工或无法加工的形状十分复杂的制件。

5）操作简单、生产率高，生产过程中便于实现机械化、自动化。

6）在大批量生产条件下，冲压制件的成本相当低廉。

由于冷冲压在技术上和经济上有独到之处，因而在现代生产中占有重要的地位，特别在汽车、仪器仪表和日用五金用品中，冷冲压制品占有很大的比例。冷冲压正朝着 CAD/CAM/CAE 技术方向发展。模具制造大量采用了 CNC 机床加工，加工精度已达 1μm 级。

目前先进工业国家正在研制新型高效模具，以满足冲压生产的需要。高效模具是指精度高、效率高、寿命长、功能全的冷冲压模具。超大型、超小型、精密多工位级进模具等都代表着现代的模具先进水平。

模具的标准化也在不断发展提高，使模具零部件的生产实现专业化、商品化，从而大大降低了模具的成本和制造周期。美国、日本等先进工业国模具标准化生产程度已超过 90%，模具制造厂只需要设计制造模具的工作零件，其他零件均可从模具标准件厂选购，使生产效率大幅度提高。

“冷冲模设计”是一门从生产实践中发展起来，又直接为生产服务的学科。在学习时不但要注意学习系统的理论，而且要注意联系生产实际，重视实训、实习环节。学习时要特别注意以下方面：

1）掌握塑性变形的基本概念，特别是应力与塑性变形的关系，将有利于对冲压工艺的学习。

2）冲裁、弯曲、拉深是冷冲压的三大主要工序，在生产中应用广泛，也是本课程的重点内容。

3）虽然冲压工序种类繁多，但不同工序间有相似的地方，在学习时可以以各工序的变形特点和工艺设计为突破口，其他问题就迎刃而解了。

4）本课程学习的最终目标是要读者设计出能用于生产实际的冷冲模。因此在学习时要特别注意各工序的设计计算、参数选用和各工序模具的结构特征。

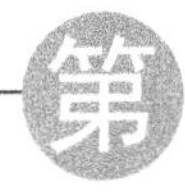

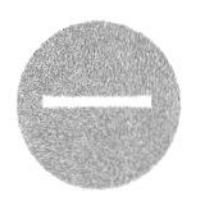

冷冲压基本知识

第一节　塑性变形知识及冷冲压工艺分类

一、塑性变形知识

1. 主应力和主应变

（1）应力和应变　在外力作用下，物体内各质点之间会产生相互作用的力，称为内力。单位面积上的内力称为应力。应力有正应力和切应力，正应力用 σ 表示，切应力用 τ 表示。

当物体受外力和内力作用时，则要发生变形。物体的变形可用应变来表示。与应力类似，应变有正应变和切应变。正应变用 ε 表示，切应变用 γ 表示。

（2）点的应力状态　为研究变形体各点的内力和变形状态，就必须研究各点的应力状态和应变状态，以及它们之间的关系。点的应力状态通过在该点所取的单元体上相互垂直各个表面上的应力来表示，一般可沿坐标方向将这些力分解为 9 个应力分量，其中包括 3 个正应力和 6 个切应力，如图 1-1a 所示。

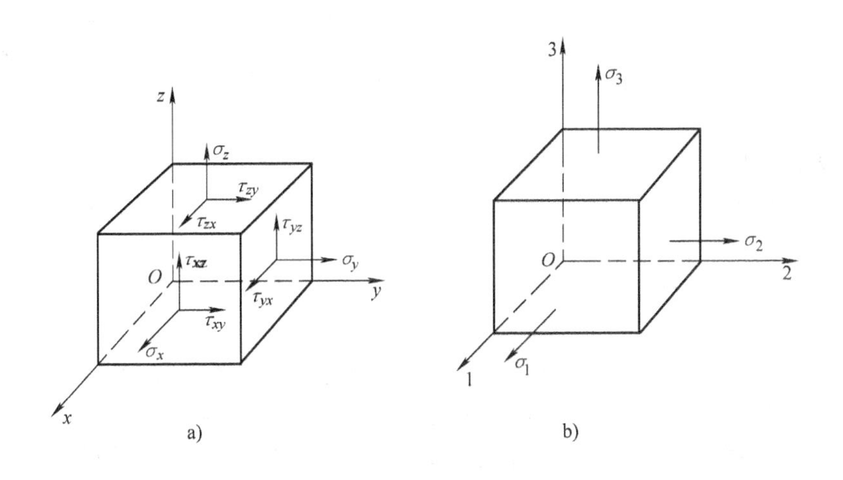

图 1-1　点的应力状态

（3）主应力和主应力图　图 1-1a 虽可以表示任意一点的应力状态，但由于有 9 个应力分量，对研究和分析问题十分不便。为使问题简单化，我们用另一种方式表示点的应力状态。对任何一种应力状态来说，总存在这样一组坐标系，使得单元体各表面上只出现正应力，而没有切应力（如图 1-1b 所示）。这三个正应力就称为主应力，用主应力表示的点应力状态的图形称为主应力图，其可能的主应力图有图 1-2 所示的 9 种。对一点的应力状态来说，3 个主应力的方向和大小仅决定于该点的受力情况，而与坐标轴的选择无关。但是，如果坐标轴选择恰当，即可简化问题的分析及计算。

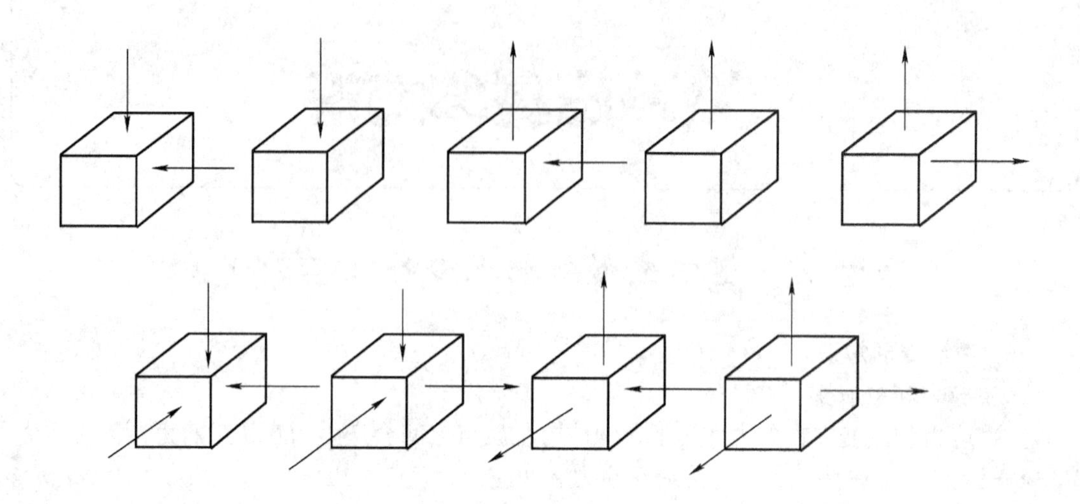

图 1-2　主应力图

（4）主应变和主应变图　点的应变状态通过单元体的变形表示，与应力状态类似，也可以用主应变图来表示点的应变状态，其可能的主应变状态仅有图示三种状况，如图 1-3 所示。

主应力图和主应变图对定性分析塑性变形有很大帮助。

2. 塑性的概念

（1）塑性与塑性变形　所谓塑性，是指固体材料在外力作用下发生永久变形，而不破坏其完整性的能力。

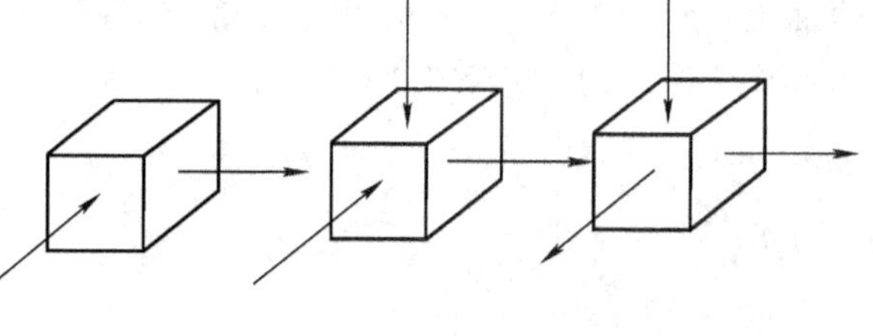

图 1-3　主应变图

不同材料的塑性不同，即使同一种材料在不同的变形条件下，也会出现不同的塑性。应力状态不同，材料表现的塑性也不一样。例如，铅通常具有极好的塑性，但在三向等拉伸应力作用下，却像脆性材料一样地破坏，而不产生任何塑性变形。又如，极脆的大理石，在三向压应力作用下，有可能产生相当大的塑性变形。

在外载荷作用下物体发生永久性的变形称为塑性变形。塑性变形有如下特点：

1）塑性变形是不可逆的，应力与应变之间没有一般的单值关系。

2）一般材料在塑性变形之前及塑性变形时，都伴随有弹性变形。当外载荷去掉后，塑性变形部分保留下来，而弹性变形完全消失，使得变形体卸载后的形状和尺寸与加载时不完全一样。

3）实践证明，物体发生塑性变形时，其体积基本保持不变，即 $\varepsilon_1+\varepsilon_2+\varepsilon_3=0$。

4）在塑性变形中，当变形体的质点有可能沿不同方向移动时，每个质点总是沿其阻力最小的方向移动，称此为最小阻力定律。

（2）塑性与变形抗力　进行塑性加工时，作用在工具表面单位面积上变形力的大小称为变形抗力。塑性和变形抗力是两个不同的概念。简单地说，塑性反映材料塑性变形的能力；变形抗力反映塑性变形的难易程度。一般来说，塑性好，变形抗力低，对冲压变形有利。但材料的塑性好，并不见得变形抗力就低。例如，纯铁在三向压应力作用下有很好的塑性，但变形抗力可能很高。

（3）影响金属塑性的主要因素

1）变形时材料的内部因素。金属材料塑性变形的基本方式是滑移和孪生变形，其中，滑移是最主要的方式。一般说，面心立方和体心立方金属滑移系较多，因此，它们比密排六方金属的塑性好；当金属中溶入碳、合金元素和杂质时，便会形成固溶体或第二相，使金属的强度、硬度增高，而塑性和韧性下降；金属晶粒越细密均匀，一定体积内的晶粒数目必然越多，同样的变形量，分散在更多的晶粒内进行，使变形均匀，金属塑性改善，但变形抗力却会增大。例如纯铁（碳的质量分数小于0.0218%），其显微组织为单相铁素体，塑性好，变形抗力低。又如碳钢，因其碳的质量分数超过铁的溶碳能力，多余的碳便与铁形成渗碳体，而渗碳体硬度很高，塑性几乎为零，使碳钢的塑性比纯铁大为降低。

2）变形时的外部条件。变形温度、变形速度、应力状态对塑性都有影响，对于冷冲压而言，应力状态影响最大。在应力状态中，压应力个数越多，数值越大，则金属塑性越好；反之，拉应力个数越多，数值越大，则金属的塑性越差，过大的拉应力将使板料破裂。

（4）塑性的评定　为了衡量金属塑性，需要有一种数量上的指标，这就是塑性指标。塑性指标以材料开始破坏时的塑性变形量表示，并可以借助各种试验方法来确定。对应于拉伸试验的塑性指标，可用伸长率δ和断面收缩率ψ表示。

（5）加工硬化　对于常用的金属材料，在正常温度下进行塑性变形，随着变形程度增加，其强度指标（σ_s和σ_b）增加，而同时塑性指标（δ和ψ）下降，这种现象称为加工硬化，又称冷作硬化。加工硬化对许多冲压工艺都有较大影响。例如，由于塑性降低，限制了毛坯的进一步变形，往往会导致在后续变形工序之前增加中间退火工序以消除硬化。但硬化也有有利的一面，如硬化可提高抗局部缩颈失稳能力，使拉伸变形趋向均匀，成形极限增大。

3. 冲压成形的力学特点

（1）两个屈服准则（塑性条件）　当物体中某点处于单向应力状态时，只要该应力值达到材料的屈服点，该点就开始屈服，由弹性状态进入塑性状态。可是对于复杂应力状态，就不能仅仅根据某一应力分量来判断某点是否已经屈服，而要同时考虑其他应力分量的作用。只有当各个应力分量之间符合一定关系时，该点才屈服。这种关系就称为屈服准则，或称为塑性条件。

1864年法国工程师屈雷斯加（H. Tresca）认为，材料中最大切应力达到一定值时就开始屈服，此关系称为屈雷斯加屈服准则，其数学表达式为

$$\tau_{max} = \left|\frac{\sigma_1 - \sigma_3}{2}\right| = \frac{\sigma_s}{2} \text{或} |\sigma_1 - \sigma_3| = \sigma_s$$

1913年德国学者密席斯（Von Mises）提出，当某点的等效应力[⊖]达到一定值时，材料就开始屈服。这个准则称为密席斯屈服准则，可以表达为

$$(\sigma_1 - \sigma_2)^2 + (\sigma_2 - \sigma_3)^2 + (\sigma_3 - \sigma_1)^2 = 2\sigma_s^2$$

⊖ 等效应力又称广义应力，不是真正作用在单元体某个截面上的实际应力，而只是衡量应力状态受载程度的一个指标，是单元体上各应力分量的一个综合量。

这两个屈服准则是塑性力学和金属塑性成形的理论基础，对冲压变形理论亦有重要指导意义。

（2）冲压成形的力学特点和变形趋向性的控制　冲压成形时毛坯内各点的应力、应变状态都不相同，应力状态满足屈服准则的区域，材料将发生塑性变形，称为变形区，应力状态不满足屈服准则的区域，材料将不产生塑性变形，称为非变形区。根据变形情况，非变形区又可以进一步分为已变形区、待变形区和不变形区。图1-4是缩口变形毛坯各区划分示意图。A为变形区，B和C都是非变形区。其中，C是已成形部分，称为已变形区；B区上部材料随变形过程的进行，不断转移到A区参加塑性变形，称为待变形区；而B区下部材料在整个变形过程中基本上没有发生塑性变形（小量变形忽略不计），称为不变形区。在变形过程中，变形区A发生塑性变形所需的力是由模具通过B区获得的。因此，B区又称为传力区。由于A区与B区相毗连，在分界面上作用的内力大小和性质必定完全一样，也就是说A区和B区都有可能产生塑性变形，但由于A区和B区的变形条件和尺寸关系不同，可能产生的塑性变形的方式不同，各区所需变形力必然有“强”、“弱”之分，变形力小的区域也就是金属容易流动的区域，由最小阻力定律可知，这个区域必然先进入塑性状态，发生塑性变形。因此，可以认为这个区域是个相对的弱区。为保证冲压过程的顺利进行，必须保证变形区为弱区，待变形区可逐步转变为弱区，传力区成为强区，从而排除了传力区产生任何不必要的塑性变形的可能性。“弱区必先变形，变形区应为弱区”是模具设计人员应掌握的基本原则。

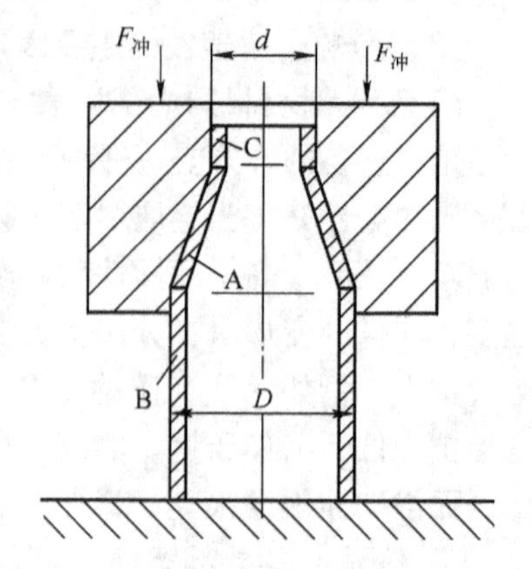

图1-4　缩口变形毛坯各区的划分
A—变形区　B—传力区　C—已变形区

在板料成形过程中，垂直于板料平面的应力数值较小，可以认为板料处于平面应力状态。变形区的应力状态可分为两向拉应力、两向压应力及一向拉应力一向压应力三种情况。因此，板料的变形大致可分为伸长类变形和压缩类变形两大类。伸长类变形的主要特征是主应力中绝对值最大的应力是拉应力，材料在该方向上的变形为伸长变形，材料厚度减薄，拉裂是变形的主要危险。压缩类变形的主要特征是主应力中绝对值最大的是压应力，材料在该方向的变形为缩短变形，材料变厚，失稳起皱是变形的主要危险。

二、冷冲压工艺分类

当前在生产中所采用的冷冲压工艺方法是多种多样的，但概括起来可分为分离工序和成形工序两大类。常见的冲压加工方法见表1-1。

表1-1　冷冲压工序分类

变形种类	序号	工序名称	工序简图	工序说明
分离工序	1	切断	制件 废料	将板料沿不封闭的轮廓分离

（续）

变形种类	序号	工序名称	工序简图	工序说明
分离工序	2	落料	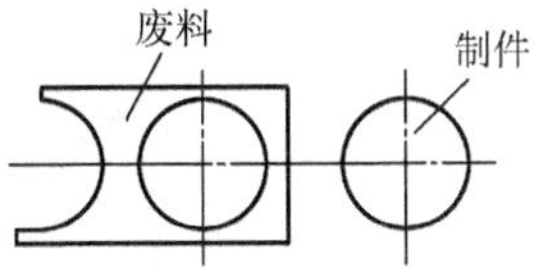 废料　制件	沿封闭的轮廓将制件或毛坯与板料分离
	3	冲孔	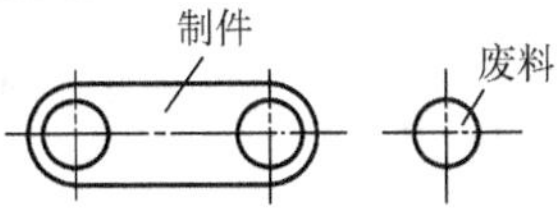 制件　废料	在毛坯或板料上，沿封闭的轮廓分离出废料得到带孔制件
	4	切边	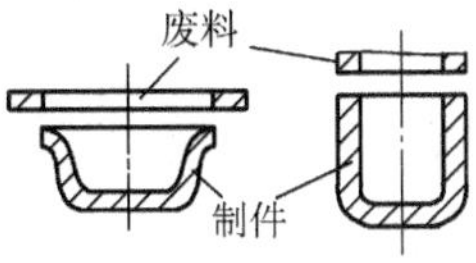 废料　制件	切去成形制件多余的边缘材料
	5	切口	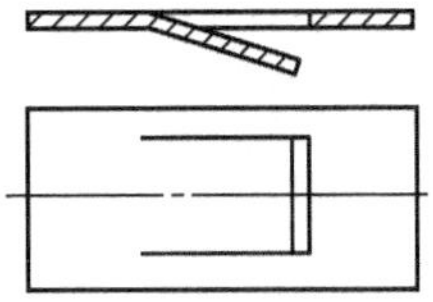	在毛坯或制件上将板料部分切开，切开部分发生弯曲
成形工序	6	弯曲		将毛坯或半成品制件沿弯曲线弯成一定角度和形状的制件
	7	卷圆	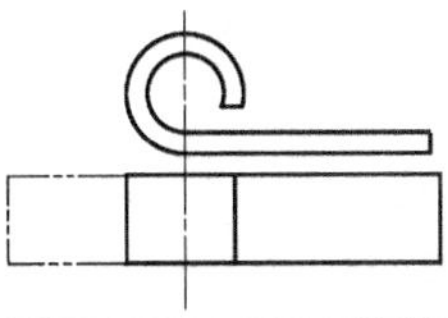	将板料的端部按一定的半径卷圆
	8	拉深	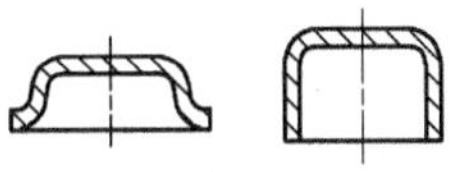	把毛坯拉压成空心体，或者把空心体拉压成外形更小而板厚无明显变化的空心制件
	9	变薄拉深	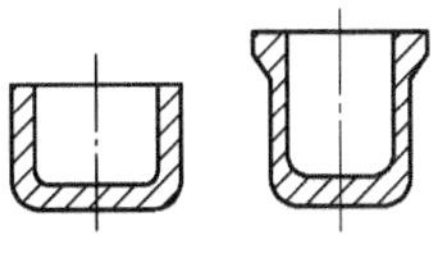	把空心毛坯加工成侧壁厚度小于毛坯壁厚的薄壁制件
	10	翻孔翻边	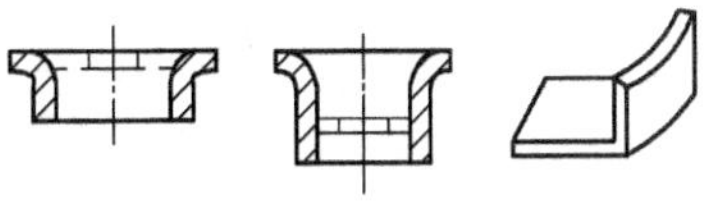	在预先制好孔的半成品上或未经制孔的板料上冲制出竖立孔边缘的工序称为翻孔；使毛坯的平面部分或曲面部分的边缘沿一定曲线翻起竖立直边的工序称为翻边
	11	胀形	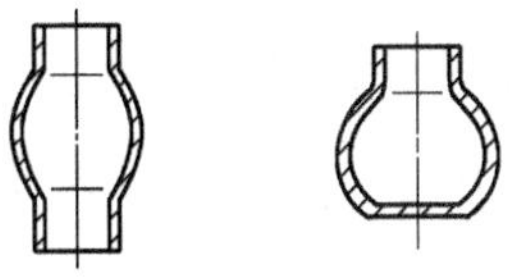	胀形是在双向拉应力作用下实现的变形，可以成形各种空间曲面形状的零件

（续）

变形种类	序号	工序名称	工序简图	工序说明
成形工序	12	起伏		在板料毛坯或零件的表面上用局部成形的方法制成各种形状的突起与凹陷
	13	扩口		在空心毛坯或管状毛坯的某个部位上使其径向尺寸扩大
	14	缩口		在空心毛坯或管状毛坯的某个部位上使其径向尺寸减小
	15	整形		校正制件成准确的形状和尺寸

第二节　冲压材料

一、板料的冲压性能指标

冷冲压所使用的材料大多数是金属材料，这就要求金属板料不仅能满足冲压件的使用要求，还要满足冲压工艺要求。具体说，就是板料应具有良好的冲压成形性能，良好的表面状态，力学性能、化学成分、板料厚度均应符合国家标准。其中良好的冲压成形性能是指能否用简便的工艺方法，高效率地利用板材生产出优质冲压件，这也是冷冲压对材料的主要要求。

通过常规实验测得的材料力学性能，能间接反映出板料的各种冲压性能，现在就其中几项说明如下。

1. 屈强比 $\left(\frac{\sigma_s}{\sigma_b}\right)$

屈强比是一项反映材料成形性能的综合指标。屈强比小，即 σ_s 相对较小，σ_b 相对较大，说明材料变形抗力低，抵抗破坏的能力较强。因此，$\frac{\sigma_s}{\sigma_b}$ 值小对大多数冲压成形是有利的。

2. 均匀伸长率（δ_u）

δ_u 是在单向拉伸试验中试样开始产生缩颈之前的伸长率，表示材料产生均匀变形或称稳定变形的能力。一般情况下，冲压成形都是在板材的均匀变形范围内进行的，所以 δ_u 对冲压性能有较为直接的意义。δ_u 越大，则极限变形程度越大。试样拉断之前的伸长率（包

括 δ_u）叫做总伸长率 δ_t。

3. 应变硬化指数（n）

表示材料加工硬化程度的一个指标叫作应变硬化指数，简称硬化指数，用 n 表示。n 值能反映材料产生均匀变形的能力，与冲压成形性能关系十分密切。n 值大，材料硬化效应大，抗破裂性能强，不仅可以提高板料的局部应变能力，即增大失稳极限应变，而且可使应变分布趋于均匀化，提高板料成形时，特别是以胀形为主的冲压成形的总体成形极限。

n 值的测定方法见国家标准 GB/T 5028—2008《金属材料　薄板和薄带　拉伸应变硬化指数（n 值）的测定》的有关规定。

4. 塑性应变比（r）

由于金属结晶和板材轧制等原因，板料的塑性会因方向不同而异，称为板料的塑性各向异性。塑性应变比 r 是在单向拉伸应力作用下，试样宽度应变 ε_b 和厚度应变 ε_t 之比，又称为板厚方向系数。r 值由下式表示

$$r=\frac{\varepsilon_b}{\varepsilon_t}=\frac{\ln\frac{b}{b_0}}{\ln\frac{t}{t_0}}$$

式中，b_0、b、t_0、t 分别是变形前后试样的宽度与厚度。r 值的测试方法详见 GB/T 5027—2007《金属材料　薄板和薄带　塑性应变比（r 值）的测定》。

冲压变形时，一般都希望变形发生在板平面方向，而厚度方向不希望发生过大变化。当 $r>1$ 时，板材厚度方向上的变形比宽度方向上变形困难。r 值较大，板材在厚度方向变形困难，可减小材料的变薄，提高抗拉压失稳能力，这对提高极限变形程度是有利的。

由于板材轧制时形成的纤维组织，各个方向的力学性能并不一致，所以板料的塑性应变比常用其加权平均值 $\bar{r}$ 作为标准，即

$$\bar{r}=\frac{r_0+2r_{45}+r_{90}}{4}$$

式中，r_0、r_{90}、r_{45} 分别为板材的纵向（轧制方向）、横向及 45°的斜方向的塑性应变比。

5. 凸耳参数（Δr）

如上所述，板材经轧制后在板平面内出现各向异性，冲压成形性能将受到影响。例如，由于板平面方向性使拉深制件口部不齐，形成“凸耳”。板平面各向异性值的大小可以用板厚方向凸耳系数 Δr 来表示，即

$$\Delta r=\frac{1}{2}(r_0+r_{90})-r_{45}$$

生产中需要增加工序将凸耳修去，所以生产中应尽量设法降低板材的 Δr 值。

二、常用冲压材料

常用冲压材料一般可分为三大类：钢铁板料、非铁金属板料和非金属板料。

1. 钢铁板料

常用钢铁板料主要是普通碳素钢、优质碳素钢、电工硅钢和不锈钢等。国家标准 GB/T 710—2008 规定，优质碳素结构钢钢板和钢带按拉延级别分为三级：Z—最深拉延级，S—深

拉延级，P—普通拉延级。

2. 非铁金属板料

非铁金属板料主要有黄铜板和铝板。常用牌号有 H68、H62、QSn4—4—2.5、1070A、1060、1200、2A01、2A02 及 2A12 等。

3. 非金属板料

非金属板料有纸板、橡胶板、塑料板和皮革等。

主要冲压材料的牌号、规格、力学性能及化学成分等性能参数可查表 1-2 ~ 表 1-6 或有关资料。

表 1-2　板料单向拉伸性能与冲压成形性能的关系

冲压成形性能 \ 材料基本性能		主要影响参数	次要影响参数
抗破裂性	胀形成形性能	n	$\bar{r}$、σ_s、δ_t
	扩孔（翻边）成形性能	δ_t	$\bar{r}$、强度和塑性的平面各向异性程度
	拉深成形性能	$\bar{r}$	n、$\frac{\sigma_s}{\sigma_b}$、$\sigma_s$
	弯曲成形性能	δ_t	总伸长率的平面各向异性程度
贴　模　性		σ_s	$\bar{r}$、n、$\frac{\sigma_s}{\sigma_b}$
定形性		σ_s、E	$\bar{r}$、n、$\frac{\sigma_s}{\sigma_b}$

注：E 为弹性模量。

表 1-3　各种钢板的单向拉伸性能（轧制方向）

材　质	屈服点 σ_s/MPa	抗拉强度 σ_b/MPa	屈强比 σ_s/σ_b	均匀伸长率 δ_u（%）	总伸长率 δ_t（%）	n	r
含钛钢	141	293	0.48	29.6	51.5	0.26	2.06
铝镇静钢	161	307	0.52	28.7	47.4	0.23	1.88
沸腾钢	204	339	0.60	27.5	45.6	0.21	1.32
脱碳脱氮钢	139	286	0.49	31.4	51.1	0.25	1.72
热轧板（50kg 级）	346	505	0.68	—	37.6	0.18	0.78

表 1-4　各种钢板的单向拉伸性能（与轧制方向倾斜 45°）

材　质	屈服点 σ_s/MPa	抗拉强度 σ_b/MPa	屈强比 σ_s/σ_b	均匀伸长率 δ_u（%）	总伸长率 δ_t（%）	n	r
含钛钢	146	297	0.49	28.4	49.9	0.25	1.96
铝镇静钢	173	314	0.55	26.7	44.5	0.22	1.68
沸腾钢	214	340	0.63	25.9	42.1	0.21	1.05
脱碳脱氮钢	146	295	0.49	29.3	48.0	0.25	1.51
热轧板（50kg 级）	360	503	0.71	—	36.7	0.19	0.95

表 1-5　各种钢板的单向拉伸性能（与轧制方向垂直）

材　质	屈服点 σ_s/MPa	抗拉强度 σ_b/MPa	屈强比 σ_s/σ_b	均匀伸长率 δ_u（%）	总伸长率 δ_t（%）	n	r
含钛钢	148	293	0.51	29.2	51.6	0.25	2.85
铝镇静钢	169	301	0.56	27.5	46.6	0.22	2.60
沸腾钢	209	330	0.63	27.4	46.0	0.22	1.64
脱碳脱氮钢	146	285	0.51	30.0	51.9	0.25	2.25
热轧板（50kg 级）	357	505	0.70	—	33.7	0.18	0.89

表 1-6　高强钢板、不锈钢板和非铁金属板的 n、$\bar{r}$ 值

材　料	n	$\bar{r}$	材　料	n	$\bar{r}$
高强钢	0.10～0.18	0.9～1.2	黄铜（70-30）	0.45～0.60	0.8～0.9
铁素体不锈钢	0.16～0.23	1.0～1.2	铝合金	0.20～0.30	0.6～0.8
奥氏体不锈钢	0.40～0.55	0.9～1.0	锌合金	0.05～0.15	0.4～0.6
纯铜	0.35～0.50	0.6～0.9	α-钛合金	0.05	3.0～5.0

第三节　板料的剪裁

板料剪裁是冲压的主要工序之一。冷冲压所用金属板料都是由冶金厂供应的尺寸较大的板材，通常根据制件的排样要求，剪成不同宽度的条料后，才能送入冲模中进行冲压加工。因此，剪裁往往是冲压加工的第一道下料工序。常用的剪裁方法有平刃剪床剪裁、斜刃剪床剪裁、圆盘剪床剪裁和振动剪床剪裁。本节主要介绍使用最广泛的平刃剪床剪裁和斜刃剪床剪裁。

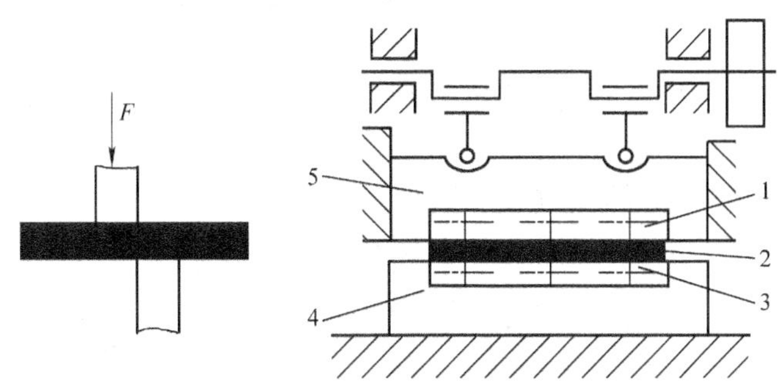

图 1-5　平刃剪床剪裁示意图

1—上刀片　2—板料　3—下刀片　4—工作台　5—滑块

一、平刃剪床剪裁

平刃剪床剪裁实际上是一种特殊的曲柄压力机，如图 1-5 所示。它的主要工作机构是曲柄滑块机构，但滑块是一长而薄的长方形，其上安装有上刀片 1，工作台上安装有下刀片 3，通过曲柄连杆机构带动滑块上、下运动，将放置在上、下刀片之间的板材剪成条料。因为上、下刃口互相平行，故称为平刃剪床。平刃剪床剪切时，整个刀刃同时与板材接触，使其分离，故需较大剪切力，但剪切质量较好。

二、斜刃剪床剪裁

斜刃剪床的结构形式和工作原理与平刃剪床相同，只是上切削刃呈偏斜状态，与下切削刃形成一个夹角 ϕ（图1-6）。斜刃剪床工作时，不是整个刃口同时接触板材，板材分离是逐步完成的，故剪切力较小。ϕ 角一般取 1°~3°，因此，板材扭曲现象严重，而省力效果十分明显，故其使用比平刃剪床更为广泛。

三、剪床规格型号

我国规定剪床的代号为 Q，其规格大小按剪床能裁剪板料的宽度和厚度来表示。如 Q11—6×2500 剪板机，表示可剪板材最大尺寸（厚×宽）是 6mm×2500mm。这是剪板机的主要参数，也是选择剪板机的主要依据。图1-7为CNC后定距液压剪床外形图。

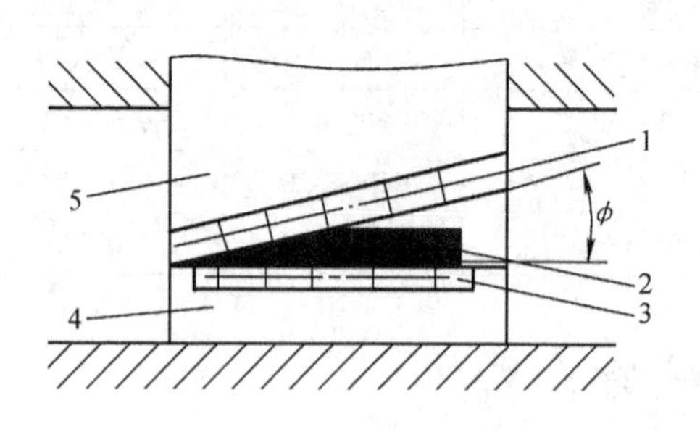

图1-6 斜刃剪床剪裁示意图
1—上刀片 2—板料 3—下刀片
4—工作台 5—滑块

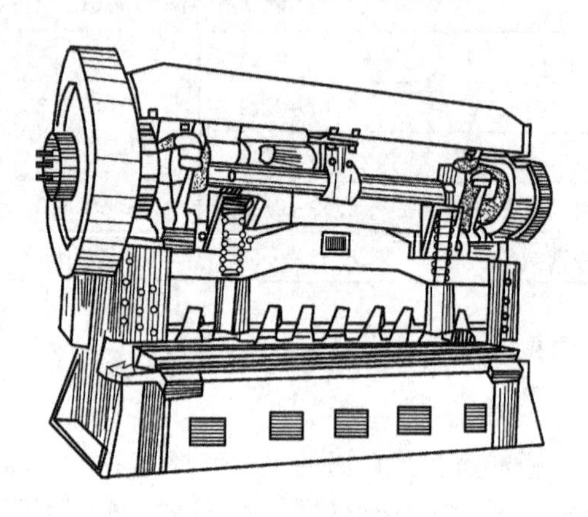

图1-7 CNC后定距液压剪床

第四节 冲压设备

常用的冲压设备有曲柄压力机、摩擦压力机和液压机。本节以曲柄压力机为主介绍冲压设备结构、工作原理和选用原则。

一、曲柄压力机的规格型号和主要参数

开式双柱可倾式压力机的规格型号和主要参数详见表1-7。

表1-7 开式双柱可倾式压力机的部分技术参数

型号	公称压力/kN	滑块行程/mm	行程次数/（次/min）	最大闭合高度/mm	连杆调节长度/mm	工作台尺寸（前后×左右）/（mm×mm）	电动机功率/kW	模柄孔尺寸（孔径×孔深）/（mm×mm）
J23—10A	100	60	145	180	35	240×360	1.1	ϕ30×50
J23—16	160	55	120	220	45	300×450	1.5	
J23—25	250	65	55/105	270	55	370×560	2.2	ϕ50×70
JD23—25	250	10~100	55	270	50	370×560	2.2	
J23—40	400	80	45/90	330	65	460×700	5.5	
JC23—40	400	90	65	210	50	380×630	4	
J23—63	630	130	50	360	80	480×710	5.5	
JB23—63	630	100	40/80	400	80	570×860	7.5	
JC23—63	630	120	50	360	80	480×710	5.5	

（续）

型号	公称压力/kN	滑块行程/mm	行程次数/（次/min）	最大闭合高度/mm	连杆调节长度/mm	工作台尺寸（前后×左右）/（mm×mm）	电动机功率/kW	模柄孔尺寸（孔径×孔深）/（mm×mm）
J23—80	800	130	45	380	90	540×800	7.5	ϕ60×75
JB23—80	800	115	45	417	80	480×720	7	
J23—100	1000	130	38	480	100	710×1080	10	
J23—100A	1000	16～140	45	400	100	600×900	7.5	
JA23—100	1000	150	60	430	120	710×1080	10	
JB23—100	1000	150	60	430	120	710×1080	10	
J23—125	1250	130	38	480	110	710×1080	10	
J13—160	1600	200	40	570	120	900×1360	15	ϕ70×80

1. 规格型号

压力机的规格型号是按照锻压机械的类别、列、组编制的。压力机的类别、列、组、规格分别用字母和数字表示，例如

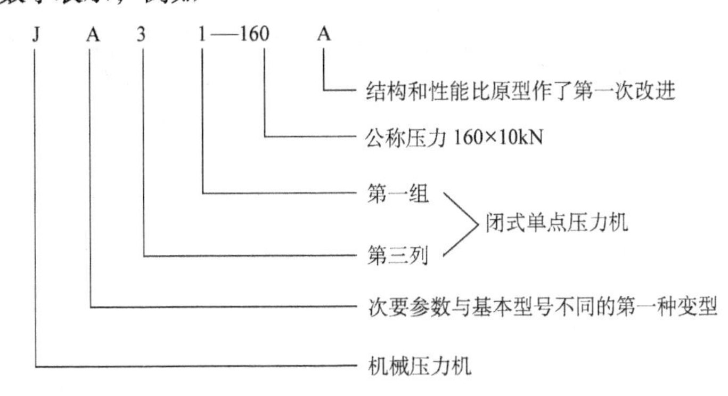

型号的第一个字母表示类别，曲柄压力机是机械压力机，用“机”字的汉语拼音第一个大写字母“J”表示。

型号的第二个字母表示压力机次要参数在基本型号基础上经过第一次、第二次……变型设计。

字母后第一个数字表示压力机的列别，第二个数字表示压力机组别，列别和组别代号合在一起表示压力机的结构形式。例如，“31”表示闭式单点压力机，“11”表示开式单柱固定台偏心式曲柄压力机，“21”表示开式单柱活动台偏心式曲柄压力机，“23”表示开式双柱可倾工作台曲柄压力机。

“—”后面的数字表示压力机公称压力。

型号最末端的字母表示对型号已确定的压力机在结构和性能上改进的次数。

2. 主要参数

曲柄压力机的主要参数是反映一台压力机工作能力、安装模具高度变化范围，以及有关生产率等的技术指标。

（1）公称压力　曲柄压力机的公称压力是指滑块离下止点前某一位置或指曲轴旋转到离下止点前某一角度（此角称压力角，一般取20°～30°）时，滑块上所能容许承受的最大作用力，它是压力机的主要参数。目前国产曲柄压力机仍以“吨”表示其公称压力，故将铭牌上的数值乘以10kN才是国际单位制表示的公称压力数值。

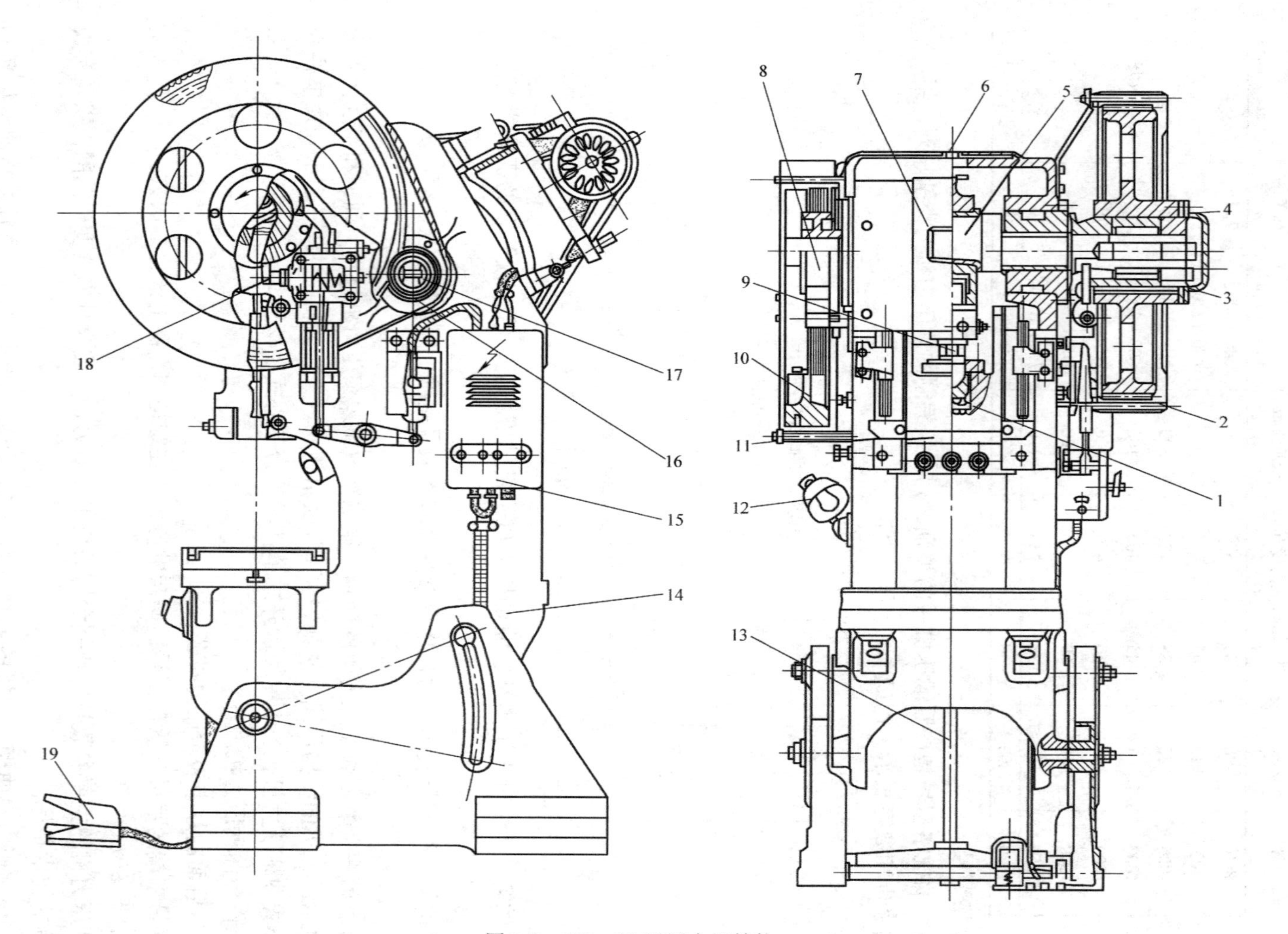

图 1-8　J23—80 型压力机结构

1—熔断器　2—大齿轮　3—离合器　4—轴承　5—曲轴　6—润滑系统　7—连杆　8—制动器　9—调节螺杆　10—带轮（飞轮）　11—滑块　12—照明灯　13—螺柱　14—床身　15—电器箱　16—小齿轮　17—传动轴　18—操纵机构　19—脚踏板

（2）滑块行程　指滑块从上止点运动到下止点所经过的距离，其数值一般按曲柄半径的两倍计算。

（3）行程次数　指滑块每分钟从上止点运动到下止点，然后再回到上止点所往复的次数。显然行程次数越高，压力机的生产率也越高。

（4）连杆调节长度　又称装模高度调节量，曲柄压力机的连杆通常做成两部分，使其长度可以调整。通过改变连杆长度而改变压力机闭合高度，以适应不同闭合高度模具的安装要求。

（5）闭合高度　指滑块在下止点位置时，滑块下端面到工作台上表面之间的距离。当连杆调节到最短时，压力机闭合高度达到最大值，可以安装的模具的闭合高度最大；当连杆调节到最长时，滑块处于最低位置，压力机闭合高度达到最小值，可以安装的模具的闭合高度值最小。压力机的最大闭合高度减去连杆调节长度，即得到压力机最小闭合高度（注意：目前有些厂家生产的压力机的闭合高度是指滑块下表面与工作垫板上表面之间的距离，与本书定义相差一个工作垫板高度）。

除了上述的主要参数外，尚有工作台尺寸、滑块底面尺寸、模柄孔尺寸等参数，也是进行模具设计时必不可省的数据。

二、曲柄压力机的结构和工作原理

根据床身结构形式的不同，曲柄压力机可分为开式和闭式两类。开式压力机具有结构紧凑、体积小、可三个方向操作（闭式压力机仅能在前后两个方向操作）、工艺性能好等优点，一般中小型压力机均采用这种结构形式。下面以J23—80型压力机为例，说明曲柄压力机的结构和工作原理。

1. 支承系统

J23—80型压力机如图1-8所示，其床身由两部分组成，呈C形。床身14的上部分可相对于底座转动一定角度（约30°）从而使工作台倾斜。C形床身有两个立柱，工作时可以从三个方向操作，故称为开式双柱可倾式曲柄压力机。这种压力机可以纵、横两个方向送料，当采用纵向送料时，制件（或废料）可以沿倾斜的工作台从两立柱之间自动滑下，操作方便。开式压力机床身的主要缺点是刚性差，影响制件精度和模具寿命。

2. 传动系统

压力机传动系统如图1-9所示。电动机的转动经二级减速传给曲轴，曲轴通过连杆带动滑块作上下往复运动。这种压力机的曲轴是横向布置的，齿轮、带轮均在床身之外，装配容易，维修方便，但占据空间大，零部件分散，安全系数低，外形美观性较差。

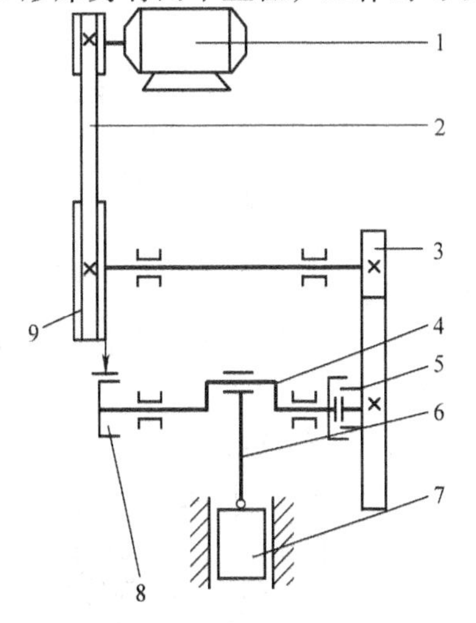

图1-9　曲柄压力机传动系统示意图

1—电动机　2—传动带　3—小齿轮　4—曲轴　5—离合器　6—连杆　7—滑块　8—制动器　9—飞轮

3. 操纵系统

操纵系统包括离合器、制动器和电气控制装置等。曲柄压力机使用的离合器有摩擦离合器和刚性离合器两类。J23—80型压力机采用双转键刚性离合器（图1-10）。它的主动部分包括大齿轮8，中套4

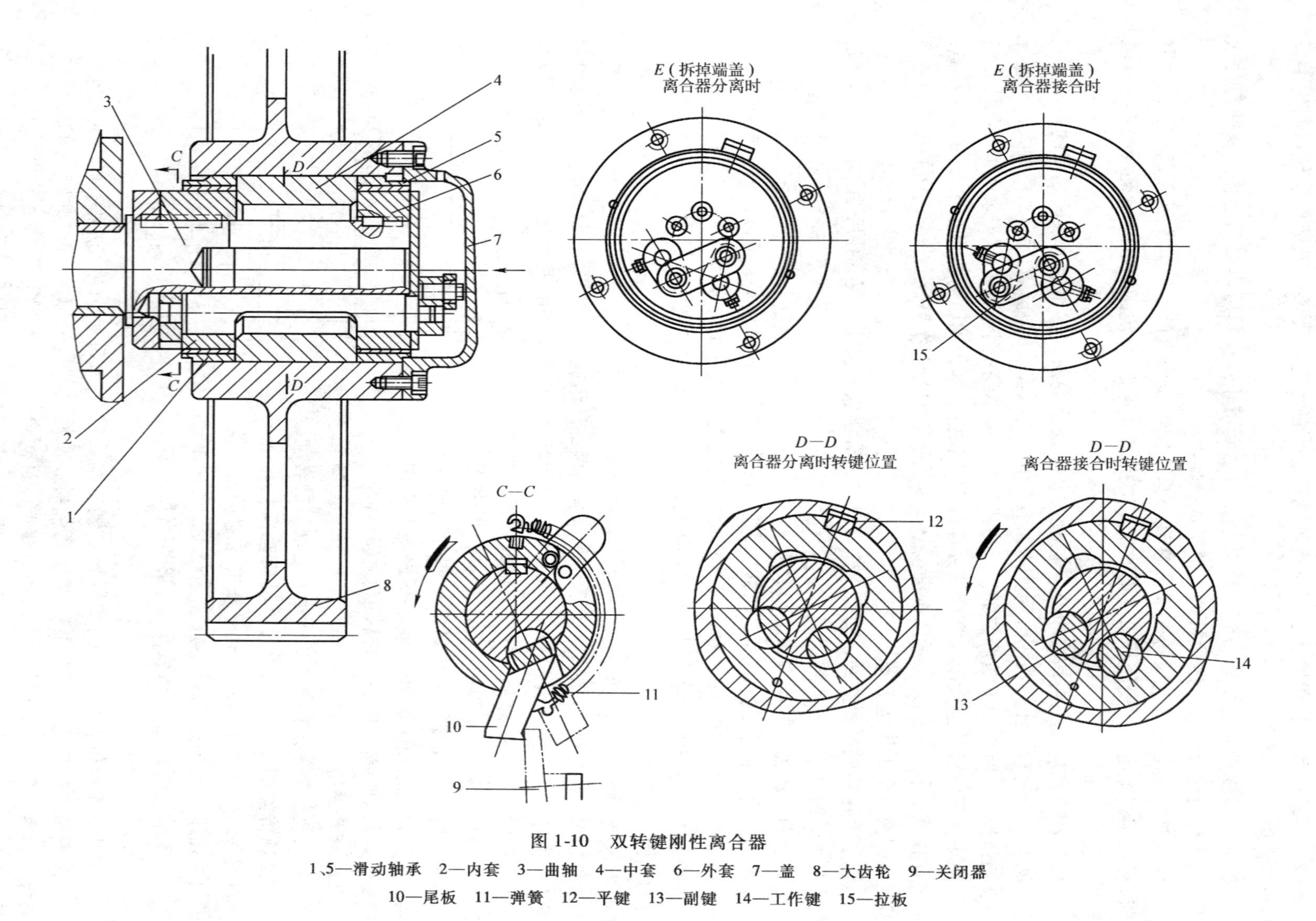

图 1-10　双转键刚性离合器

1、5—滑动轴承　2—内套　3—曲轴　4—中套　6—外套　7—盖　8—大齿轮　9—关闭器

10—尾板　11—弹簧　12—平键　13—副键　14—工作键　15—拉板

和两个滑动轴承1、5。从动部分包括曲轴3、内套2和外套6等。接合件是工作键14和副键13。操作部分由关闭器9等组成。中套用平键14与大齿轮连接，随大齿轮一同转动。中套内缘有四个半圆形槽，曲轴上有两个直径相同的半圆形槽，转键中部的内缘与曲轴上的半圆形槽配合，外缘与曲轴外表面构成一个整圆。工作键左端装有尾板10，尾板连同工作键在弹簧11的作用下，有向反时针方向旋转的趋势。需要接合时，操纵关闭器使其让开尾板，当中套上半圆槽与曲轴上半圆槽对正时，工作键在弹簧力作用下立即反时针转动，如图1-10中*D—D*剖视右图状态，大齿轮带动曲轴转动。需要离合器脱开时，操纵机构使关闭器返回原位，迫使尾板连同工作键顺时针转动至原位（见图1-10*D—D*剖视左图），工作键中部的外缘又与曲轴的外表面构成一个整圆，于是曲轴与中套脱开，大齿轮空转，曲轴在制动器作用下停止转动。

双转键离合器的工作键与副键用拉板15相连（见图1-10*E*向视图），因此副键总是跟着工作键转动，但二者转向相反。装设副键之后，在滑块向下行程时，可以防止曲柄滑块机构在自重作用下造成的曲轴转动超前大齿轮转动的现象出现，避免由此带来的危害。

刚性离合器虽然结构简单，操作方便，但不能实现寸动行程（即滑块可以一点点地向下或向上运动），安全性较差。近年来虽在结构上不断改进，并发明了寸动刚性离合器，但总的发展趋势将有可能被摩擦离合器取代。

4. 能源系统

能源系统由电动机和飞轮组成。压力机在一个工作周期内只在较短时间内承受较大工作载荷，而在较长时间内为空运转，故采用飞轮储备能量，可减小电动机功率。图1-11中曲线*a*是没有飞轮时所需功率变化曲线，曲线与水平坐标轴所包围的面积即为一个工作循环所需能量。若按其最大值P_1选择电动机，则电动机功率必然很大。图中曲线*b*为实际选用电动机功率曲线，当压力机工作瞬间所需能量不足部分（即图中曲线*a*和直线*b*所包围的面积）由飞轮补偿。

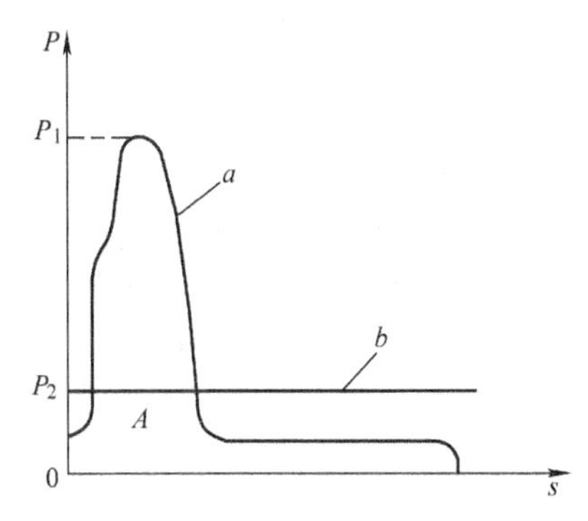

图1-11　压力机功率变化曲线

5. 工作机构

工作机构即曲柄滑块机构。由图1-12可知，压力机的连杆由连杆1和调节螺杆2组成，通过棘轮机构6，旋转调节螺杆2可改变连杆长度，从而达到调节压力机闭合高度的目的。当连杆调节到最短时，压力机的闭合高度最大；当连杆调节到最长时，压力机的闭合高度最小。压力机的最大闭合高度减去连杆调节长度就得到压力机最小闭合高度。

滑块下方有一竖直孔，称模柄孔，模柄插入该孔后，由夹持器9将模柄夹紧，这样上模就固定在滑块上了。为了防止压力机超载，在滑块球形垫7下面装有熔断器8，当压力机的载荷超过其承载能力时，熔断器被剪坏，可保护压力机免遭破坏。

在冲压工作中，为了顶出卡在上模中的制件或废料，压力机上应装有可调刚性顶件（或称打料）装置。由图1-13可知，滑块上有一水平长方形通孔，孔内自由放置打杆横梁2。当滑块运行到下止点进行冲压加工时，制件（或废料）进入上模（凹模）将打杆3顶起，打杆3又将打杆横梁2抬起，当滑块上升时，打杆横梁两端碰上固定在床身上的打料螺

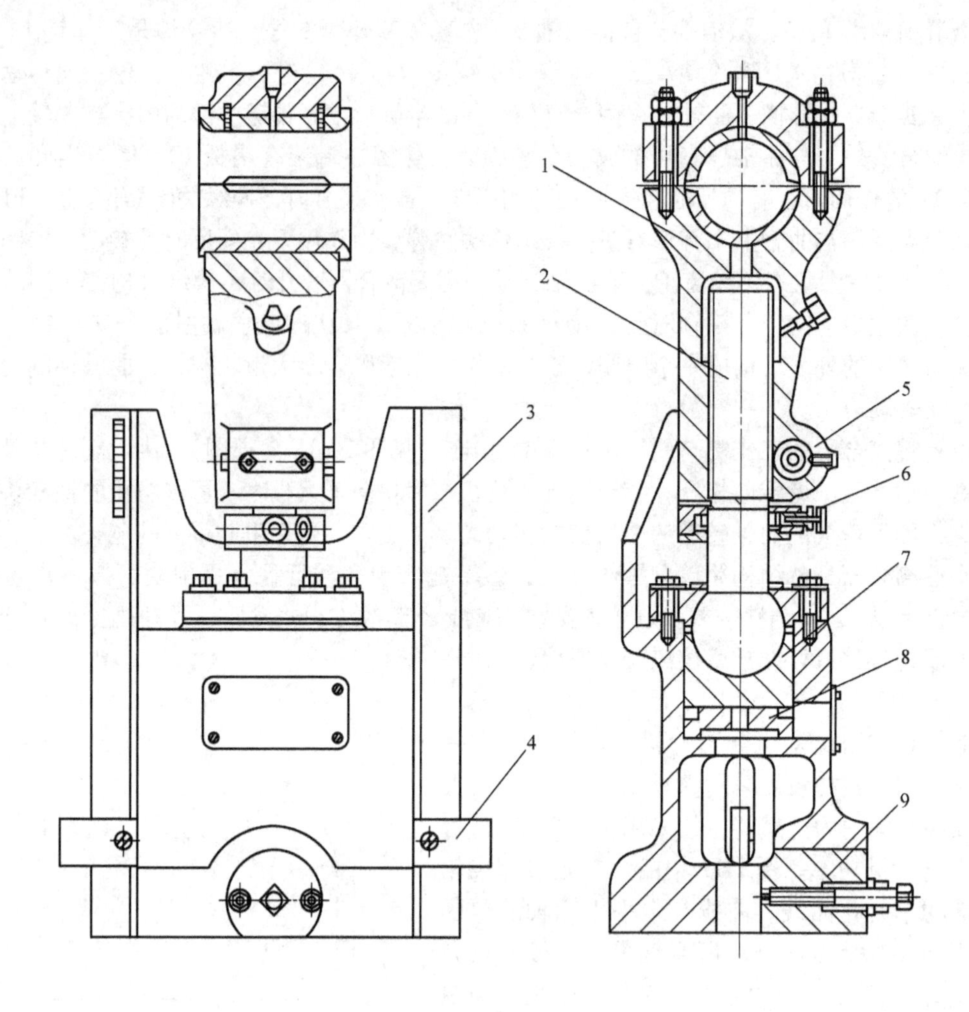

图 1-12　滑块机构

1—连杆　2—调节螺杆　3—滑块　4—打杆横梁　5—锁紧机构
6—棘轮机构　7—球形垫　8—熔断器　9—夹持器

钉 1，使之不能继续随滑块向上运动，因而通过打杆将卡在上模（凹模）中的制件或废料打出。

6. 辅助系统

压力机上有多种辅助系统，如润滑系统、保护系统、气垫等。为从下模中顶出制件或为拉深工艺提供压边力，在一些压力机工作台下装有气垫，其结构原理如图 1-14 所示。

曲柄压力机是使用最广泛的一种冲压设备，具有精度高、刚性好、生产效率高、工艺性能好、操作方便、易实现机械化和自动化生产等多种优点。在曲柄压力机上几乎可以完成所有冲压工序。图 1-15 所示为曲轴纵放内传动结构压力机。它具有刚性好、精度高、结构紧凑、体积小、造型美观大方等优点。该压力机采用摩擦离合器，工作安全可靠，齿轮用油浸式润滑，噪声小，寿命长。将数控技术引进压力机操纵控制系统，使压力机的操作更加方便，自动化程度大大提高。

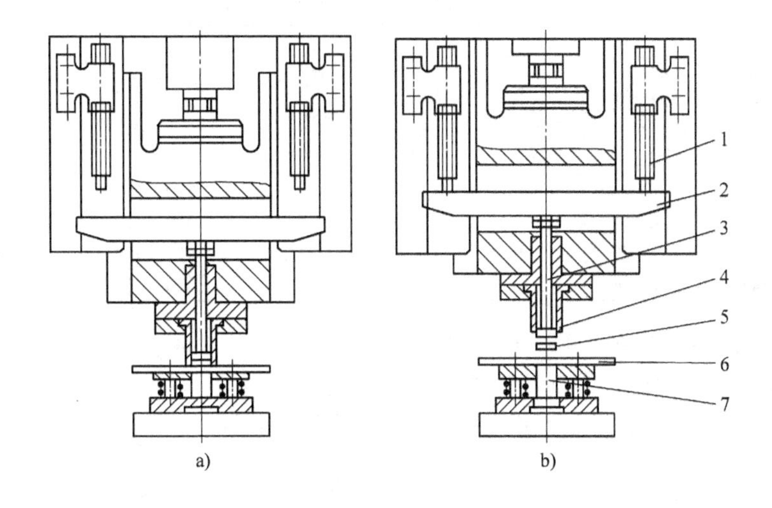

图 1-13　打料装置

a）滑块在下止点　b）滑块在上止点

1—打料螺钉　2—打杆横梁　3—打杆　4—凹模　5—制件　6—板料　7—凸模

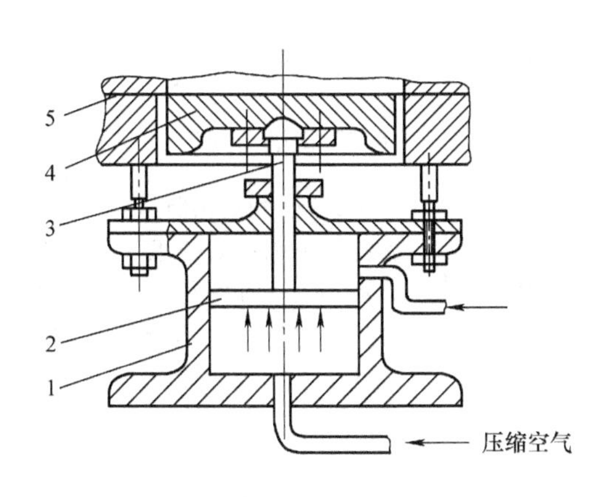

图 1-14　JA36-160 压力气垫

1—气缸　2—活塞　3—活塞杆　4—托板

5—垫板

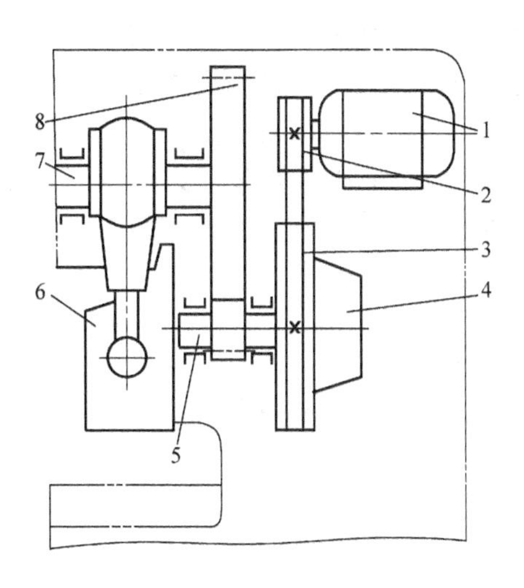

图 1-15　曲轴纵放内传动结构压力机

1—电动机　2—带轮　3—飞轮　4—离合器

5—齿轮轴　6—滑块　7—曲轴　8—大齿轮

三、摩擦压力机和液压机

1. 摩擦压力机

摩擦压力机的主要技术参数见表 1-8。

表 1-8　摩擦压力机的主要技术参数

型号	技术参数							
	公称压力/kN	最大动能/J	滑块行程/mm	行程次数/(次/min)	滑块尺寸(前后×左右)/(mm×mm)	工作台尺寸(前后×左右)/(mm×mm)	模柄孔尺寸(孔径×孔深)/(mm×mm)	最小闭合高度/mm
J53—100	1000	5000	310	19	380×355	500×450	ϕ70×90	220
J53—160	1600	10000	360	17	400×458	560×510	ϕ70×90	260
J53—300	3000	25000	380	15	520×400	650×570	ϕ70×100	300
J53—400	4000	40000	500	14	635×635	820×730	—	400

摩擦压力机的结构如图 1-16 所示。其主要特点是电动机通过转轴 3 带动两摩擦盘高速旋转，轴 3 既带动摩擦盘 2、5 转动，又可带动两摩擦盘作轴向移动。由于两摩擦盘间的距离比飞轮 4 直径稍大，操纵手柄 14，则可控制两摩擦盘中的一个与飞轮边缘接触，利用摩擦力带动飞轮 4 和螺杆 6 旋转，根据螺杆与螺母相对运动的原理，从而使滑块向上（或向下）运动，完成冲压工序。摩擦压力机结构简单，制造容易，维修方便，动力费用省，对厂房要求低，生产成本低。摩擦压力机工作行程随动性大，当超载时，由于飞轮和摩擦盘之间产生打滑现象，滑块不会继续运动，因此不会损坏模具和设备。摩擦压力机的缺点是生产效率低，精度较低。摩擦压力机主要用于整形、校平、弯曲等冲压工序。

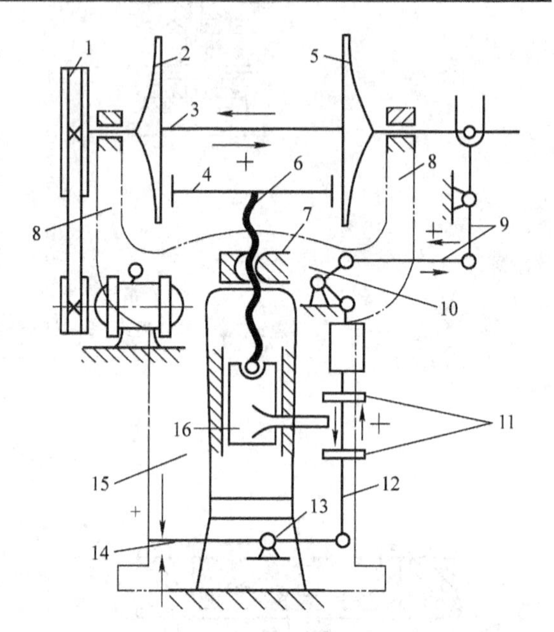

图 1-16　摩擦压力机结构简图

1—带轮　2、5—摩擦盘　3—轴　4—飞轮　6—螺杆　7—圆螺母　8—支架　9、12—传动杆　10—横梁　11—挡块　13—工作台　14—手柄　15—机身　16—滑块

2. 液压机

表 1-9 为四柱万能液压机的主要技术参数。

表 1-9　四柱万能液压机的主要技术参数

型号	技术参数						
	公称压力/kN	滑块行程/mm	顶出力/kN	工作台尺寸(前后×左右×距地面高)/(mm×mm×mm)	工作行程速度/(mm/s)	活动横梁至工作台最大距离/mm	液体工作压力/MPa
Y32—50	500	400	75	490×520×800	16	600	20
YB32—63	630	400	95	490×520×800	6	600	25
Y32—100A	1000	600	165	600×600×700	20	850	21
Y32—200	2000	700	300	760×710×900	6	1100	20
Y32—300	3000	800	300	1140×1210×700	4.3	1240	20
YA32—315	3150	800	630	1160×1260	8	1250	25
Y32—500	5000	900	1000	1400×1400	10	1500	25
Y32—2000	20000	1200	1000	2400×2000	5	800～2000	26

图 1-17 为最常见的 Y32 系列万能液压机；它们具有典型的三梁四柱结构。电动机带动液压泵向液压缸输送高压油，推动活塞（或柱塞）带动活动横梁作上下往复运动。模具装在活动横梁和工作台上，能够完成弯曲、拉深、翻边、整形等冲压工序。液压机的工作行程长，并在整个行程上都能承受标称载荷，不会发生超负荷的危险，但工作效率低。如果不采取特殊措施，液压机不能用于冲裁工序。

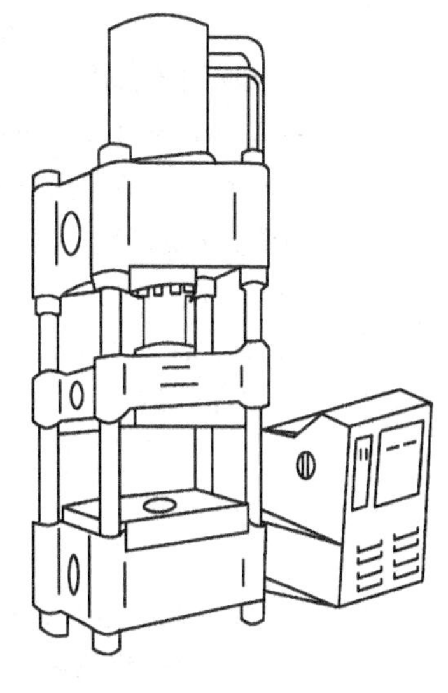

图 1-17　Y32 系列万能液压机

四、冲压设备的选用

1. 类型选择

冲压设备类型较多，其刚度、精度、用途各不相同，应根据冲压工艺的性质、生产批量、模具大小、制件精度等正确选用。一般生产批量较大的中小制件多选用操作方便、生产效率高的开式曲柄压力机。例如，生产洗衣桶这样的深拉深件，最好选用有拉深垫的拉深液压机。而生产汽车覆盖件则最好选用工作台面宽大的闭式双动压力机。

2. 规格选用

确定压力机的规格时应遵循如下原则：

1）压力机的公称压力必须大于冲压工序所需压力，当冲压工作行程较长时，还应注意在全部工作行程上，压力机许可压力曲线应高于冲压变形力曲线（图 1-18）。

2）压力机滑块行程应满足制件在高度上能获得所需尺寸，并在冲压工序完成后能顺利地从模具上取出来。对于拉深件，行程应大于制件高度两倍以上。

3）压力机的行程次数应符合生产率和材料变形速度的要求。

4）压力机的闭合高度、工作台面尺寸、滑块尺寸、模柄孔尺寸等都应满足模具的正确安装要求。对于曲柄压力机，模具的闭合高度与压力机闭合高度之间要符合以下公式（参见图 1-19），即

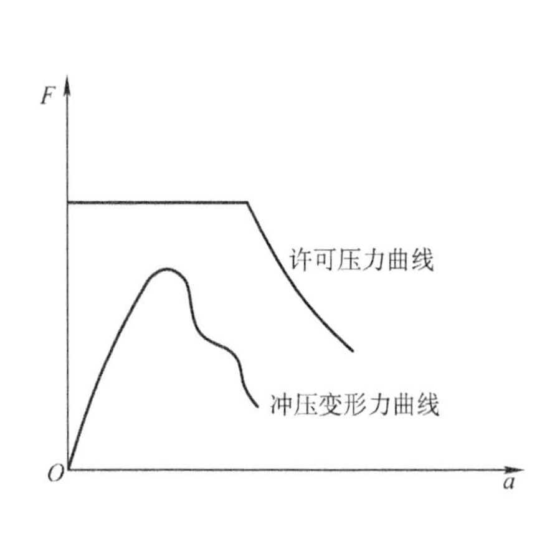

图 1-18　曲柄压力机许可压力曲线

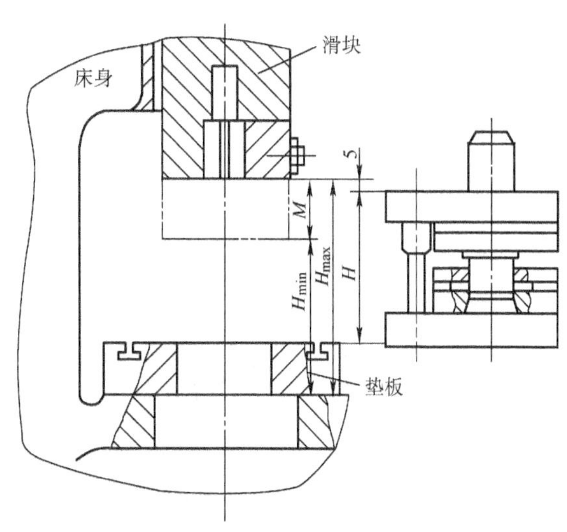

图 1-19　模具的闭合高度与压力机闭合高度的关系

$$H_{max} - 5mm \geqslant H + h \geqslant H_{min} + 10mm$$

式中 H——模具的闭合高度；

H_{max}——压力机的最大闭合高度；

H_{min}——压力机的最小闭合高度；

M——压力机的闭合高度调节量；

h——压力机的垫板厚度。

工作台尺寸一般应大于模具下模座50～70mm，以便于安装，垫板孔径应大于制件或废料投影尺寸，以便于漏料；模柄尺寸应与模柄孔尺寸相符。

思 考 题

1. 什么是金属的塑性？什么是塑性变形？由图1-4说明B区材料转移到A区经历了什么变形阶段，C区材料脱离模具后可能出现什么情况。

2. 冲压材料的屈强比$\frac{\sigma_s}{\sigma_b}$值对冲压变形有何实用价值？

3. 材料塑性变形中，应变硬化指数值对塑性变形有何实际影响？

4. 试述曲柄压力机闭合高度的调整原理及步骤。

5. 液压机为什么不能使用于冲裁工序？

6. 已知一拉深件高度为60mm，直径为150mm，需冲压力为245kN，生产纲领为10万件/年。试选择压力机的型号、规格，并据此确定模具外形尺寸范围。

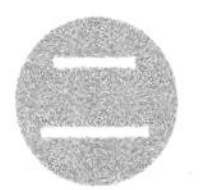

第二章 冲裁工艺

冲裁是利用模具在压力机上使板料相互分离的工序。主要包括冲孔、落料、切断、切边等工序内容。

一般来说，冲裁工艺主要是指落料与冲孔两大工序。落料是冲裁后，冲裁封闭曲线以内的部分为制件；冲孔是冲裁后，冲裁封闭曲线以外的部分为制件。如垫圈制件，中央小孔的冲压为冲孔工序，外轮廓的冲压为落料工序，所以一个简单的垫圈制件是由两个工序复合而成的。

冲裁除直接在平板毛料上进行外，还可在弯曲、拉深等工序后的半成品制件上进行，作为这些工序的后续工序。因此冲裁工艺是冷冲压工艺中的一项重要内容，所占比例也相当大。

第一节 冲裁变形过程及质量分析

一、冲裁变形过程分析

如图 2-1a 所示，将 4.8mm 厚的软钢板置于凸模压力的作用下，开始仅仅是纤维伸长，然后变形加剧、扩展，慢慢在角部发生了极大的晶粒歪斜。当凸模切入量达到 1.5mm 时，刃口侧面部分的材料裂纹更为明显，如图 2-1b 所示。冲裁时凸模刃口附近的材料发生如此变形，而凹模刃口附近的材料也同时发生相同的变形。凸模继续下降，就使上下裂纹扩展延伸，最后直至会合，这样就完成了板料分离的全过程。

从以上金相照片图上的变化，可以看出，冲裁过程实际上可分为三个阶段：①凸模刚刚接触材料的初始阶段，金属板料即产生弹性压缩与弯曲，此时如果凸模回程，板料便恢复原状，此阶段为弹性变形阶段；②凸模继续向下，变形区的材料硬化加剧，冲裁变形力也不断增大，材料内部的拉应力与弯矩也不断增大，直到刃口附近材料由于拉应力作用出现裂纹为止，这时冲裁变形力也达到了最大值，材料开始破坏，此过程称为塑性变形阶段；③第三阶段为剪裂分离阶段，凸模继续下降，上下裂纹扩大并向材料内延伸，像楔形那样发展，直至裂纹重合，材料便分离。

总之，冲裁任何材料都要经过弹性变形、塑性变形、断裂分离三个阶段，只是由于材料的性质不同，三种变形所占的时间比例各不相同。

二、冲裁断面质量分析

冲裁过程的材料变形是很复杂的，由图 2-2 可以看出，冲裁除剪切变形外，还有拉伸、弯曲、横向挤压等变形，因此，冲裁变形实际上是一个具有多种变形工艺的综合复杂工艺。也正是由于它的复杂应力与应变，造成了冲裁断面的变化。一般来说，冲裁断面可划分为四

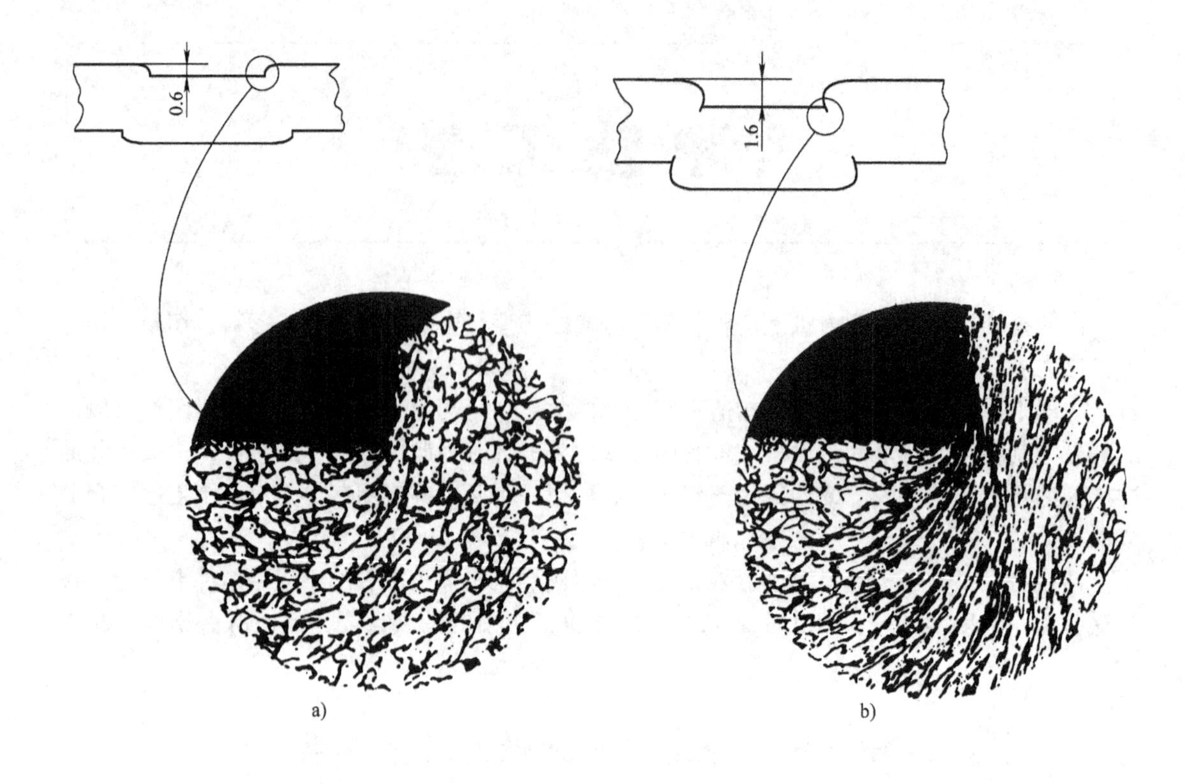

图 2-1　冲裁时凸模刃口部分的材料变形

个带区，即圆角带、光亮带、断裂带和毛刺。

如在普通冲裁时的冲孔工序中，圆角带是由于凸凹模间存在间隙，冲压力迫使材料进入凹模时所产生的弯曲力矩造成；光亮带是在塑性变形时，凸模挤压切入所形成的，所以表面光洁平整；断裂带是在拉应力与切应力作用下材料分离而成的，表面粗糙并带有一定锥度；毛刺是伴随微裂纹而形成的，随着凸模继续下降，使已形成的毛刺拉长，最后残留在冲裁件上。毛刺的高低，主要取决于凸凹模的间隙是否合理与刃口磨损状况，一般制件的毛刺高度小于料厚的10%，精度要求高的制件其毛刺的高度需小于料厚的5%。落料时各带区位置与此相反。

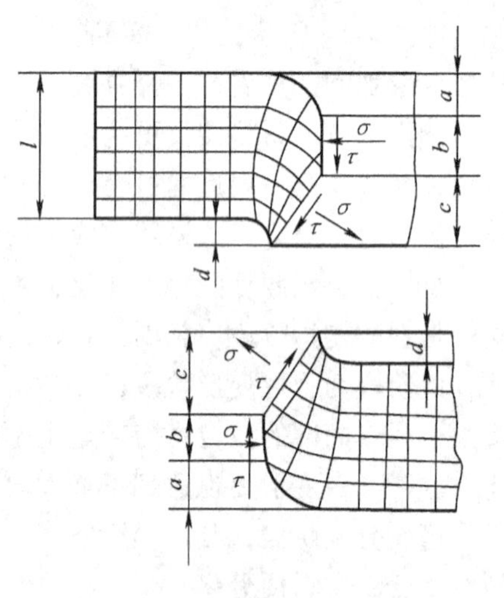

图 2-2　冲裁区应力、应变状态

冲裁断面的 4 个带区在断面上所占的比例不是一成不变的，而是随着材料性质、厚度、模具结构及模具间隙的不同而变化。

一般冲裁件断面的表面粗糙度见表 2-1。

表 2-1　冲裁件断面的表面粗糙度 *Ra*

料厚/mm	≤1	1 ~ 4	4 ~ 5
表面粗糙度 *Ra*/μm	3.2	6.3 ~ 25	50

第二节 冲裁间隙

一、间隙对断面质量的影响

凸模与凹模工作部分尺寸之差称为间隙，用 Z 表示（见图 2-3），即

$$Z = D_d - d_p$$

式中 Z——冲裁间隙（双边值）；

D_d——凹模尺寸；

d_p——凸模尺寸。

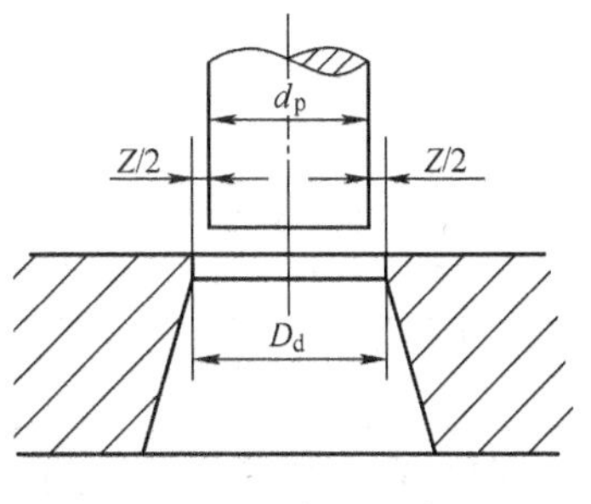

图 2-3 冲裁间隙

冲裁间隙过大或过小，对冲裁时的上下微裂纹的重合与否有直接影响。冲裁间隙合理，则上下微裂纹在冲压过程中扩展后会合，断面如图 2-4b 所示。此时，圆角带较小，光亮带所占比例较宽，对于软钢板或黄铜板，光亮带约占板厚的三分之一。如果刃口锋利，毛刺也非常小。若间隙过大，如图 2-4c 所示，则凸模刃口附近的微裂纹较合理间隙向内错开一段距离，材料将受很大的拉伸变形，毛刺、圆角带、断裂带加宽，锥度也增大，光亮带缩小。若间隙过小，如图 2-4a 所示，凸模刃口附近的微裂纹较合理间隙时向外错开一段距离，上下裂纹中间的一部分材料，随着冲裁进行将被第二次剪切，使断面上产生两个光亮带。因此，对于普通冲裁来说，间隙过大或过小均是导致上下剪切裂纹不能重合的主要原因。所以正确控制间隙值，是冲裁模设计的一个重要内容。

二、冲裁间隙对尺寸精度的影响

冲裁制件的尺寸精度除与模具精度及料厚有密切关系外（见表 2-2），还与制件的材质及冲裁间隙有很大的关系。对于塑性材料，由于其伸长率高，弹性变形量小，冲裁后回弹也小，因而尺寸精度较高；硬质材料恰好相反。冲裁间隙过大，材料冲裁时除受剪切外，还产生拉伸弹性变形，冲裁后由于回弹，一般使制件尺寸减少；冲裁间隙过小，材料冲裁时除受剪切外，还产生压缩弹性变形，冲裁后由于回弹，使制件尺寸增大。冲孔工序与此相反。

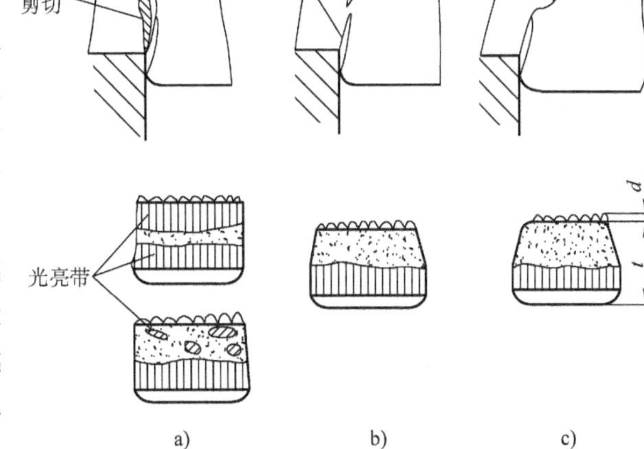

图 2-4 冲裁裂纹与断面变化

a）间隙过小 b）间隙合理 c）间隙过大

三、合理间隙值的确定

从上述冲裁过程分析可知，间隙值对冲裁件质量、模具寿命、冲裁力大小等各种冲压因素有极大的影响。冲裁间隙值大致可分为小间隙、较小间隙、中等间隙、较大间隙和大间隙五个类别。总原则是在满足冲裁件的尺寸精度的要求下，一般取偏大间隙值，这样可以降低冲裁力和提高模具寿命。

1. 间隙值对冲裁工艺的影响

表 2-2　冲裁件精度

冲模制造精度		IT6，IT7	IT7，IT8	IT9
料厚/mm	0.5	IT8	—	—
	0.8	IT8	IT9	—
	1.0	IT9	IT10	—
	1.5	IT10	IT10	IT12，IT13
	2	IT10	IT12，IT13	IT12，IT13
	3	—	IT12，IT13	IT12，IT13
	4	—	IT12，IT13	IT12，IT13
	5	—	—	IT12，IT13
	6	—	—	IT14
	8	—	—	IT14
	10	—	—	IT14
	12	—	—	IT14

（1）间隙对模具寿命的影响　间隙是影响模具寿命的主要因素。由于冲裁过程中，凸模与被冲孔之间和凹模与落料件之间均存在摩擦，间隙越小，摩擦造成的磨损越严重，所以过小间隙对模具寿命是极为不利的。间隙大些，可减小凸凹模侧面与材料间的摩擦，从而提高模具寿命。

（2）间隙对冲裁力、卸料力、推件力的影响　冲裁力随着间隙的增大虽有一定程度的降低，但当单边间隙为料厚的5%～10%时，冲裁力降低并不明显，因此一般说来，在正常冲裁力情况下，间隙对冲裁力的影响并不大。间隙大，凸模上卸料或凹模内推料都较容易，当单边间隙大到料厚的15%～20%时，卸料力几乎等于零。

（3）间隙对冲裁件尺寸精度的影响　如图2-5和图2-6所示，间隙对于冲孔和落料精度的影响规律是不相同的，且与材料纤维方向有关。

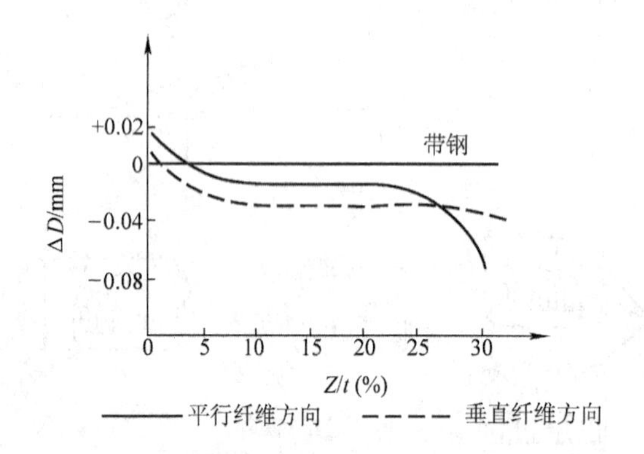

图2-5　落料时间隙对冲裁尺寸精度的影响

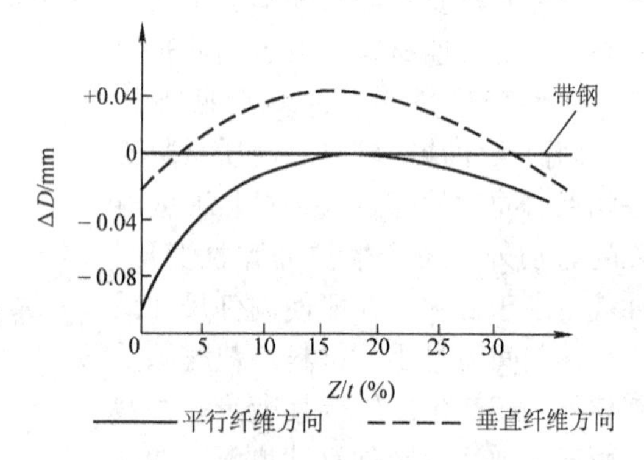

图2-6　冲孔时间隙对冲裁尺寸精度的影响

2. 间隙值的确定

间隙值的确定方法一般有理论计算法、查表法和经验公式计算法三种。

（1）理论计算法　根据图2-7的几何关系可得

$$\frac{Z}{2} = (t - s)\tan\beta = t\left(1 - \frac{s}{t}\right)\tan\beta \tag{2-1}$$

式中　t——板料厚度，简称料厚；

s——产生裂纹时凸模挤入的深度；

$\frac{s}{t}$——产生裂纹时凸模挤入材料的相对深度；

β——裂纹与垂线间的夹角。

因为β值变化不大（一般为4°~6°），所以由式（2-1）可知，间隙值大小主要取决于t与s/t两个因素。

（2）查表法 见表2-3。

由表2-3可知，非金属材料的间隙值通常都较小，最大也不会超过料厚的2%。

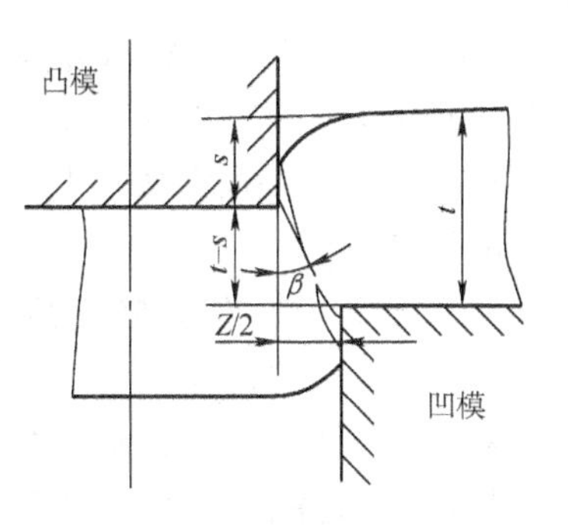

图2-7 冲裁间隙几何关系

表2-3 材料抗剪强度与间隙值的关系

材料	τ_0/MPa	$\frac{Z}{2}$	材料	τ_0/MPa	$\frac{Z}{2}$
纯铁	250~320	$(0.06\sim0.09)t$	磷青铜	500	$(0.06\sim0.10)t$
软钢	320~400	$(0.06\sim0.09)t$	锌白铜	440	$(0.06\sim0.10)t$
硬钢	550~900	$(0.08\sim0.12)t$	硬铝	130~180	$(0.06\sim0.10)t$
硅钢	540~560	$(0.07\sim0.11)t$	软铝	70~110	$(0.05\sim0.08)t$
不锈钢	520~560	$(0.07\sim0.11)t$	硬铝合金	380	$(0.06\sim0.10)t$
硬铜	250~300	$(0.06\sim0.10)t$	软铝合金	220	$(0.06\sim0.10)t$
软铜	180~220	$(0.06\sim0.10)t$	铅	200~300	$(0.06\sim0.09)t$
硬质黄铜	350~400	$(0.06\sim0.10)t$	铍莫合金	520	$(0.05\sim0.08)t$
软质黄铜	220~300	$(0.06\sim0.10)t$			

（3）经验公式法

$$\frac{Z}{2}=Ct \tag{2-2}$$

式中 C——与材料性能、厚度有关的系数（见表2-4）。

表2-4 系数C

材 料	料厚$t<3$mm	料厚$t>3$mm
软钢、纯铁	0.06~0.09	当断面质量无特殊要求时，将$t<3$mm的相应C值放大1.5倍
铜、铝合金	0.06~0.10	
硬钢	0.08~0.12	

第三节 冲裁模刃口尺寸的计算

冲裁模刃口尺寸的计算直接关系到模具间隙及制件的尺寸精度，是冲裁模设计中的一项重要计算工作。

普通冲裁制件的断面呈锥形，所以无论是落料还是冲孔，都只能以光亮带部位的尺寸为测量标准。实践证明，冲孔时的光亮带由凸模作用造成，落料时的光亮带由凹模作用造成。不难推出，冲孔孔径尺寸主要取决于凸模尺寸，落料外形尺寸主要取决于凹模孔口尺寸，再考虑模具的磨损及制造特点、冲裁件的精度要求及变形规律等因素的影响，凸模和凹模刃口尺寸及公差的计算原则如图2-8所示，具体规定叙述如下。

一、刃口尺寸的计算原则

1）落料时，首先确定凹模刃口尺寸。凹模刃口的公称尺寸取接近于制件的最小极限尺寸，以保证凹模在一定范围内磨损后还能冲出合格制件。凸模刃口的基本尺寸则等于凹模刃口的基本尺寸减去一个最小间隙值。

2）冲孔时，首先确定凸模刃口尺寸。凸模刃口的公称尺寸取接近于制件的最大极限尺寸，以保证凸模在一定范围内磨损后还能冲出合格制件。凹模刃口的基本尺寸则等于凸模刃口的公称尺寸加上一个最小间隙值。

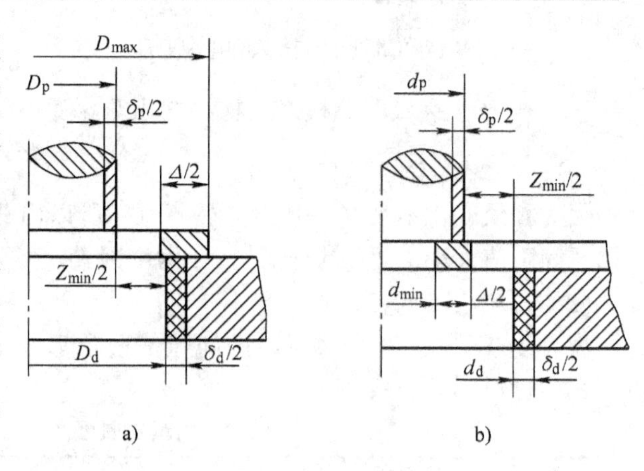

图 2-8　凸、凹模刃口尺寸的确定
a）落料　b）冲孔

3）凹模与凸模的制造公差，主要与冲裁件的精度和形状有关，一般取制件公差 Δ 值的 1/3～1/4；当凸、凹模分开加工时，其公差还应满足要求，即

$$|\delta_p| + |\delta_d| \leqslant Z_{max} - Z_{min}$$

式中　δ_p、δ_d——凸、凹模制造公差；

Z_{max}、Z_{min}——最大和最小间隙。

二、计算方法

1. 分开加工计算方法

此方法适用于圆形及简单规则几何形状的凸凹模刃口尺寸计算。

（1）落料　设制件外形尺寸为 $D_{-\Delta}^{\ 0}$，计算公式为（注：制件的下偏差必须换算成负值才能代入公式计算）

$$D_d = (D - X\Delta)_{\ 0}^{+\delta_d}$$

$$D_p = (D_d - Z_{min})_{-\delta_p}^{\ 0} = (D - X\Delta - Z_{min})_{-\delta_p}^{\ 0}$$

（2）冲孔　制件孔径尺寸应为 $d_{\ 0}^{+\Delta}$，计算公式为（注：制件的上偏差必须换算成正值才能代入公式计算）

$$d_p = (d + X\Delta)_{-\delta_p}^{\ 0}$$

$$d_d = (d_p + Z_{min})_{\ 0}^{+\delta_d} = (d + X\Delta + Z_{min})_{\ 0}^{+\delta_d}$$

式中　D_p、D_d——落料时凸、凹模的基本尺寸；

d_p、d_d——冲孔时凸、凹模的基本尺寸；

D、d——落料件和冲孔件的基本尺寸；

Δ——制件公差；

Z_{min}——最小间隙（双边值）；

δ_p、δ_d——凸、凹模制造公差，见表 2-5；

X——磨损系数，一般取 $X = 0.5 \sim 1$，见表 2-6。

2. 配加工计算法

目前模具生产中广泛采用配加工计算法。此方法使模具制造更方便，成本降低，特别对模具间隙的配制容易保证，是一种经济的加工方法。它特别适用于各种复杂几何形状的凸、凹模刃口尺寸的计算。

表 2-5 规则形状（圆形、方形）冲裁凸、凹模的制造公差 （单位：mm）

基本尺寸	凸模下偏差 δ_p	凹模上偏差 δ_d
≤18	-0.020	+0.020
18～30		+0.025
30～80		+0.030
80～120	-0.025	+0.035
120～180	-0.030	+0.040
180～260		+0.045
260～360	-0.035	+0.050
360～500	-0.040	+0.060
>500	-0.050	+0.070

表 2-6 磨损系数 X

料厚 t/mm	非圆形			圆形	
	1	0.75	0.5	0.75	0.5
	制件公差 Δ/mm				
≤1	<0.16	0.17～0.35	≥0.36	<0.16	≥0.16
1～2	<0.20	0.21～0.41	≥0.42	<0.20	≥0.20
2～4	<0.24	0.25～0.49	≥0.50	<0.24	≥0.24
>4	<0.30	0.31～0.59	≥0.60	<0.30	≥0.30

（1）落料 以图 2-9a 所示的制件为例。落料时应以凹模为基准件来配加工凸模，并按凹模磨损后尺寸变大、变小和不变的规律分三类情况分别计算（见图 2-9b）。

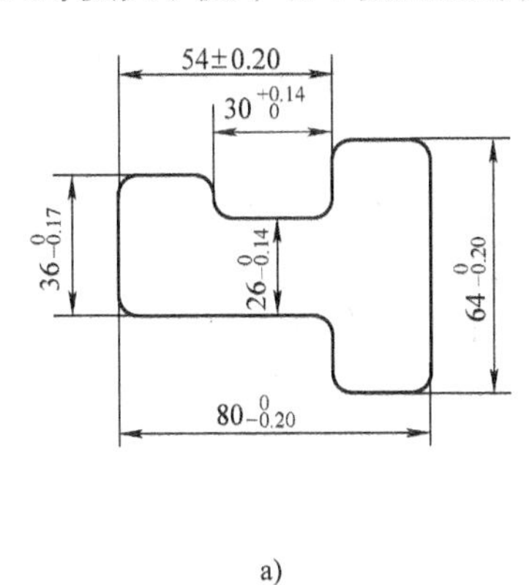

a)

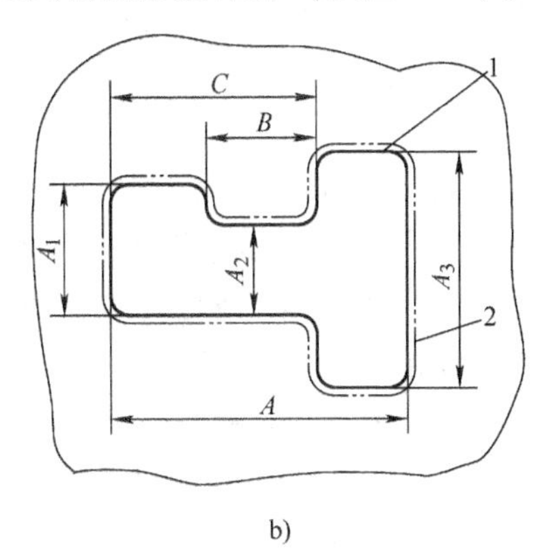

b)

图 2-9 凹模的分析计算

a）冲裁制件 b）凹模

1）凹模磨损后变大的尺寸：A、A_1、A_2 及 A_3。

$$A_d = (A - X\Delta)^{+\delta_d}_{0}$$

2）凹模磨损后变小的尺寸：B。

$$B_d = (B + X\Delta)^{0}_{-\delta_d}$$

3）凹模磨损后不变的尺寸：C。此情况按制件尺寸偏差标注方案的不同又分为三种情况：

① 当制件尺寸按 $C^{+\Delta}_{0}$ 标注时：

$$C_d = (C + 0.5\Delta) \pm \delta_d$$

② 当制件尺寸按 $C^{0}_{-\Delta}$ 标注时：

$$C_d = (C - 0.5\Delta) \pm \delta_d$$

③ 当制件尺寸按 $C \pm \Delta'$ 标注时：

$$C_d = C \pm \delta_d$$

式中 A、B、C——制件的基本尺寸；

A_d、B_d、C_d——相应凹模的基本尺寸；

Δ——制件尺寸公差；

Δ'——制件尺寸偏差；

δ_d——凹模制造公差。

通常 $\delta_d = \Delta/4$，但当标注为 $\pm \delta_d$ 时，则 $\delta_d = \Delta/8$。

配加工时，凹模按计算尺寸标注，凸模只标注基本尺寸，不标尺寸公差，但应在技术要求项目内注写：凸模尺寸按凹模实际尺寸配作，保证最小间隙值 Z_{min}。

（2）冲孔　冲孔时应以凸模为基准来配作凹模，凸模同样根据以上磨损分类原理来分析计算。

三、配加工计算实例

例 2-1　制件如图 2-10 所示，材料为 10 钢，料厚为 2mm，求凸、凹模刃口尺寸及尺寸公差。

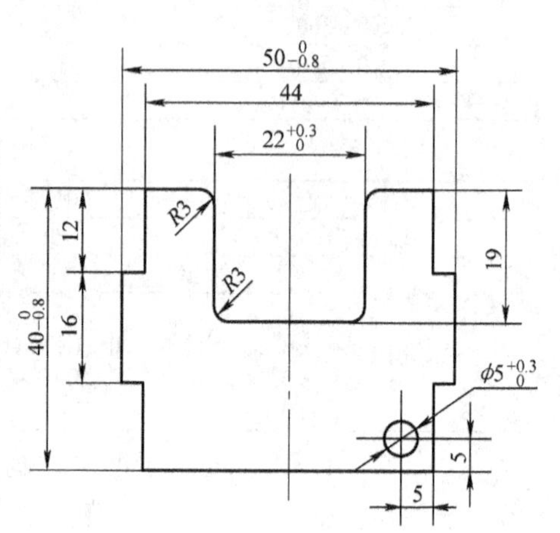

图 2-10　灭弧栅片

解　此制件外形属落料，ϕ5mm 孔为冲孔，故应分别计算。

1）查表 2-4 并代入式（2-2），得 Z_{max} = 0.36mm；Z_{min} = 0.24mm。

2）外形落料尺寸计算：根据磨损情况分为三类。

① 凹模磨损后尺寸变大：$50_{-0.8}^{0}$mm；$40_{-0.8}^{0}$mm；$44_{-0.62}^{0}$mm；$16_{-0.43}^{0}$mm。其中 44mm 及 16mm 的公差，可根据未注精度查得，一般按 IT14 取值。再根据尺寸公差值与料厚查表 2-6，得磨损系数 $X = 0.5$，然后进行计算。

$$A_{d1} = (50 - 0.5 \times 0.8)_{0}^{+0.8/4}\text{mm} = 49.6_{0}^{+0.2}\text{mm}$$

$$A_{d2} = (44 - 0.5 \times 0.62)_{0}^{+0.62/4}\text{mm} = 43.7_{0}^{+0.16}\text{mm}$$

$$A_{d3} = (16 - 0.5 \times 0.43)_{0}^{+0.43/4}\text{mm} = 15.8_{0}^{+0.11}\text{mm}$$

$$A_{d4} = (40 - 0.5 \times 0.8)_{0}^{+0.8/4}\text{mm} = 39.6_{0}^{+0.2}\text{mm}$$

② 凹模磨损后尺寸变小：$22_{0}^{+0.3}$mm。

$$B_{d1} = (22 + 0.75 \times 0.3)_{-0.3/4}^{0}\text{mm} = 22.23_{-0.075}^{0}\text{mm}$$

③ 凹模磨损后尺寸不变：（19 ±0.26）mm；（12 ±0.215）mm。

$$C_{d1} = (19 \pm 1/8 \times 0.52)\text{mm} = (19 \pm 0.07)\text{mm}$$

$$C_{d2} = (12 \pm 1/8 \times 0.43)\text{mm} = (12 \pm 0.05)\text{mm}$$

题中 R3mm 与中心距 5mm 可不计算。R3mm 由修模时得到；5mm 中心距由模具装配保证。如要计算，可按一半磨损考虑，但在实际生产中没有什么意义。

3）冲孔：$\phi5_{0}^{+0.3}$。

$$d_p = (5 + 0.5 \times 0.3)_{-0.3/4}^{0}\text{mm} = 5.2_{-0.075}^{0}\text{mm}$$

四、线切割加工

电火花线切割加工的刃口尺寸的计算原则也属于配加工法，但由于钼丝直径和放电间隙的存在，因此在具体的工艺尺寸确定上有一定的差异。

第四节　排　　样

一、冲裁排样

冲裁件在板料或条料上布置排列的方法称为排样。

制件的排样与材料的利用率有密切关系，对制件的成本影响很大，为此要设法在有限的材料面积上冲出最多数量的制件（即废料最少）。

实际上，冲压制件的材料费在制件成本中所占的比例相当大，对金、银、铜等贵重金属尤其如此。此外，排样好坏还影响生产率、模具寿命及经济效益等。因此，排样是一项既复杂又灵活，还要凭一定的实际经验进行综合处理的重要设计工作。如图 2-11 所示，由于排样方法的逐渐改进，材料利用率不断提高。但是仅仅考虑材料利用率的提高还不够，还必须综合考虑操作的方便性和模具结构的合理性等问题。又如图 2-12 所示，可以清楚地看出材料利用率从 80% 提高到 90%，材料费几乎没有多大变化，此区间的主要目的在于改进模具结构。

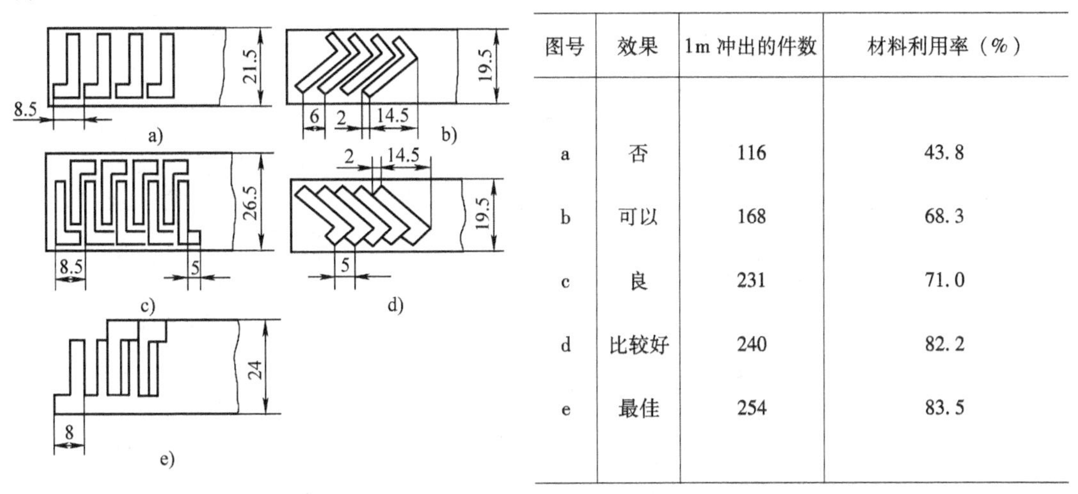

图号	效果	1m 冲出的件数	材料利用率（%）
a	否	116	43.8
b	可以	168	68.3
c	良	231	71.0
d	比较好	240	82.2
e	最佳	254	83.5

图 2-11　改进排样提高材料利用率实例

冲裁排样可分为两大类：第一类根据废料的情况可分为有废料排样、少废料排样和无废料排样三种；第二类是按制件排列形式来分，可分为直排法、斜排法、对排法、混合排法、多排法和冲裁搭边六种，见表 2-7。第二类分类法在实际生产中应用极广。

表 2-7 中有废料排样部分，由于材料宽度较大，所以排样时的材料宽度值应尽量设法取偏小值。表中少废料排样及无废料排样部分，材料利用率虽高，但冲裁时由于凸模刃口受不均衡侧压力的作用，从技术上来说，给模具设计带来一定困难，必须注意以下两点：①相邻两制件的相接线必须重合；②相邻制件的毛刺方向各不相同。

表 2-7 中直排法用于长方形简单几何体，斜排法用于形状稍复杂的“L”形制件。对排法一般用于“T”形制件，这种排样方法可大大提高生产率和材料的利用率，但其缺点是送

料操作中容易发生故障，导致生产率降低，所以必须特别注意设计材料的导向和挡料销的结构及布局。混合排样法是在同一块料上采用套裁的方法，这种排样方法可大大提高材料利用率和生产率，但必须注意制件厚度要相等。多排法有效地利用了材料宽度，材料利用率可显著提高，生产率也高，此方法对生产批量大、形状简单的制件特别有效，但是模具制造费用一般较高。生产实践证明，当排列行数为三排和双排时，材料利用率急骤提高，而在四排以上时，材料利用率提高甚微，因而失去了实际的生产意义，这是每个冲压工艺设计者均应注意的问题，盲目地多排列，往往会事倍功半，适得其反。

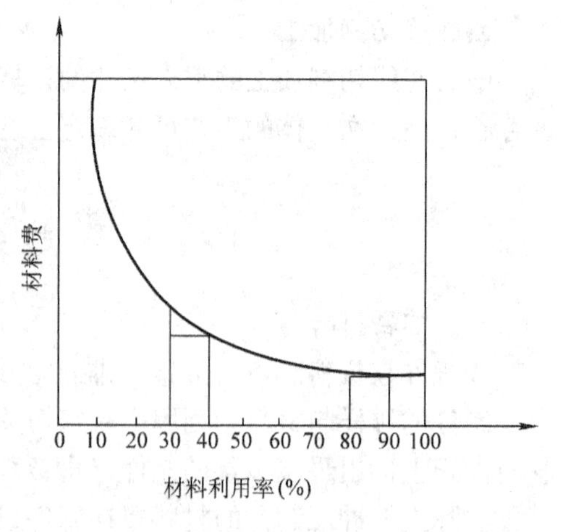

图 2-12　材料费与材料利用率的关系

表 2-7　排样形式分类表

排样形式	有废料排样	少废料及无废料排样
直排	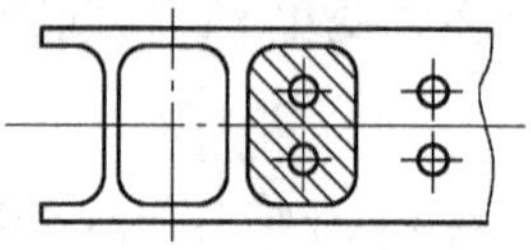	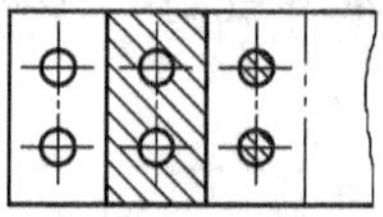
斜排	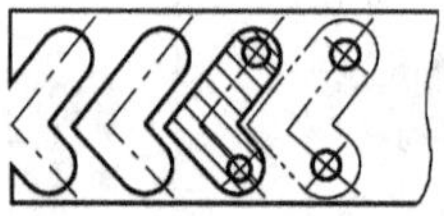	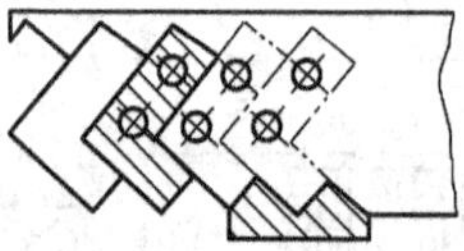
对排	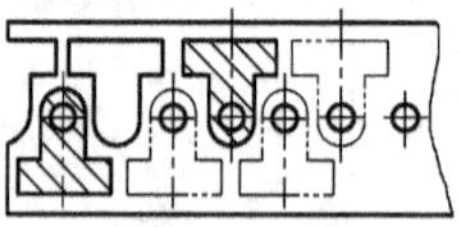	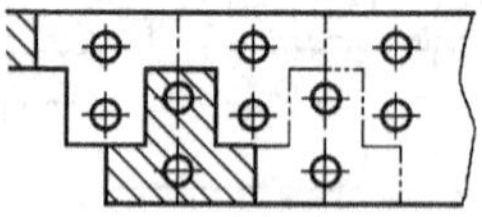
混合排样	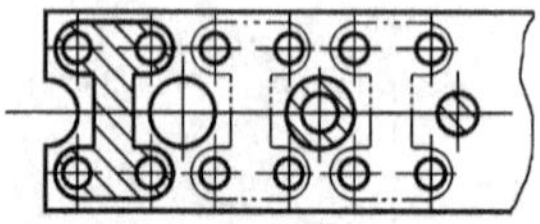	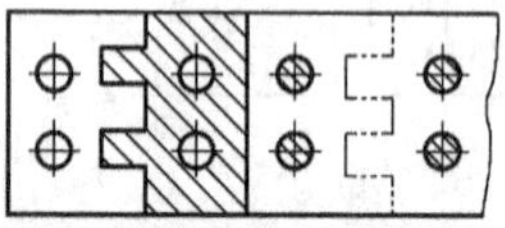
多排	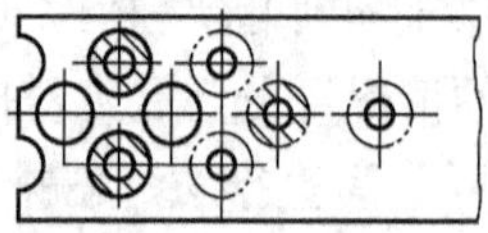	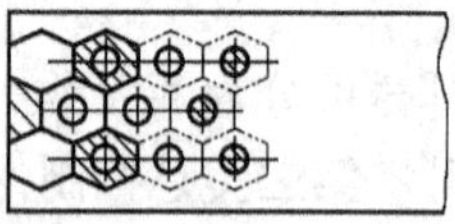
冲裁搭边	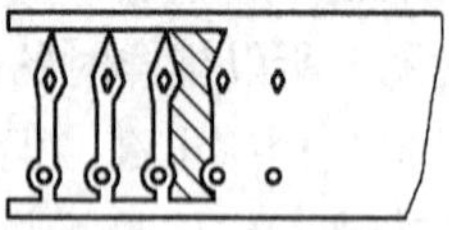	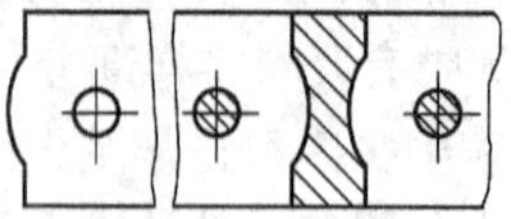

二、工艺废料的确定

工艺废料主要指冲裁时的搭边余料。排样时，制件与制件间、制件与条（板）料边缘之间的余料称为搭边。搭边虽然是废料，但在冲压工艺上起了很大的作用：①能补偿定位误差，保证冲出合格制件；②能保持条料的刚性，便于送料。

搭边值的大小取决于制件的形状、材质、料厚及下料方法。搭边值太小，虽可提高材料利用率，但将造成送料不易正确、制件尺寸精度差、圆角带增大、侧压力左右不同、凸模弯曲变形、模具寿命短等缺陷。因此，正确选择搭边值也是模具设计中不可忽视的问题。

下面介绍两种下料和冲裁工艺废料的取法。

1. 普通冲裁的下料

搭边值由经验确定，见表2-8。

表2-8　搭边值　（单位：mm）

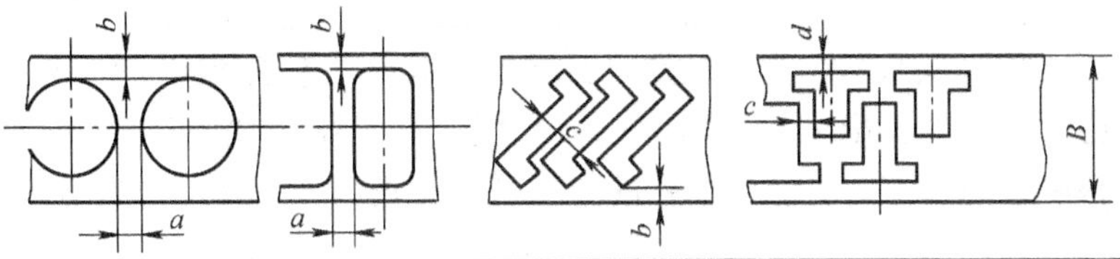

料厚	a	c	b	d
0.3	1.4	2.3	1.4	2.3
0.5	1.0	1.8	1.0	1.8
1.0	1.2	2.0	1.2	2.0
1.5	1.4	2.2	1.4	2.2
2.0	1.6	2.5	1.6	2.5
2.5	1.8	2.8	1.8	2.8
3.0	2.0	3.0	2.0	3.0
3.5	2.2	3.2	2.2	3.2
4.0	2.5	3.5	2.5	3.5
5.0	3.0	4.0	3.0	4.0

注：自动送料时比表中值少20%。

2. 多工序级进冲压时的板材下料

主要研究切断、切口、切边等工艺废料值的确定和下料时必要的经济性。

（1）切断工序中工艺废料值的确定　它主要指制件与制件之间被切除的废料带的值，见表2-9。材料厚度 $t>1.5$mm 时，切断宽度尺寸取 C 值；$t<1.5$mm 时，由凸模尺寸、形状和制造等因素确定，一般以 C_{min} 值作为参考数。可见，C 值最适当的数值为 $(1.2\sim2)t$，如果取的 C 值比 C_{min} 值小，就采用 C_{min} 值。

表2-9　切断工序中工艺废料带的标准值　（单位：mm）

头部有形状要求的废料带标准值			平行带状废料带标准值		
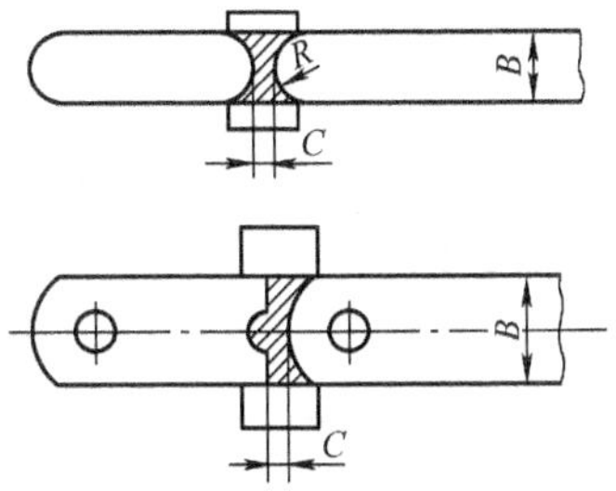			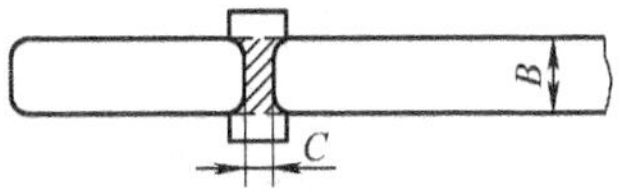		
带钢宽度 B	C	C_{min}	带钢宽度 B	C	C_{min}
0 ~ 25	$1.2t$	1.5	0 ~ 20	$1.2t$	2.0
25 ~ 50	$1.5t$	2.0	20 ~ 50	$1.5t$	3.0
50 ~ 100	$2t$	3.0	50 ~ 100	$2t$	4.5

注：头部 $R<t$ 时或接近于角状时，C 值应比表中值增加25% ~50%。

（2）切口工序中工艺废料值的确定　在级进式冲压加工中，切口工序使用极广。设计时可参考表2-10所示的切口工序中工艺废料标准值。其具体取值原则与切断工序相同。

表2-10　切口工序中工艺废料标准值

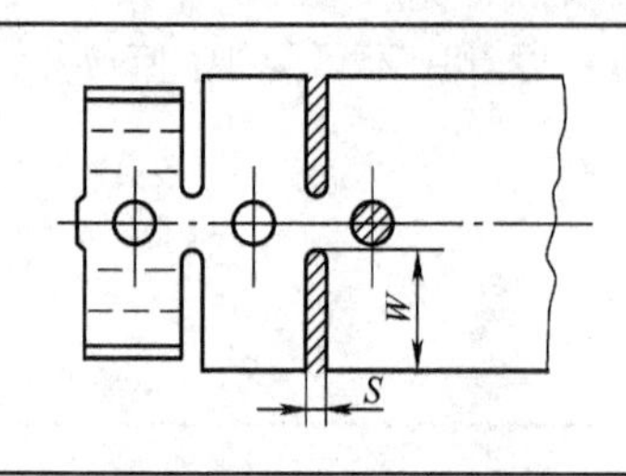

切槽长度 W/mm	S	S_{min}/mm
0～20	1.2t	1.8
20～40	1.5t	2.5
40～80	2t	3.5

（3）材料侧面切口值的确定　送进方向上材料边缘的工艺废料切除量与送料进距有密切的关系。送料进距（国家标准GB/T 8845—2006规定）是指滑块每行程一次材料所送进的长度。切除条料侧边的工艺废料有两个目的：一是便于送料；二是与导料板配合，确保板料定位准确。

表2-11所示的结构形式即是上述目的的具体化。由表中提供的送料进距 L 可以方便地求出侧刃切进长度尺寸 L。一般取侧刃长度等于送料进距 L，然后根据材料厚度 t 与侧刃切进长度 L（或材料宽度 B），便可求得切边宽度 F。

（4）拉深毛坯尺寸的冲切标准值　当采用多工序级进冲压法进行拉深加工时，常用切口

表2-11　侧面切口值尺寸

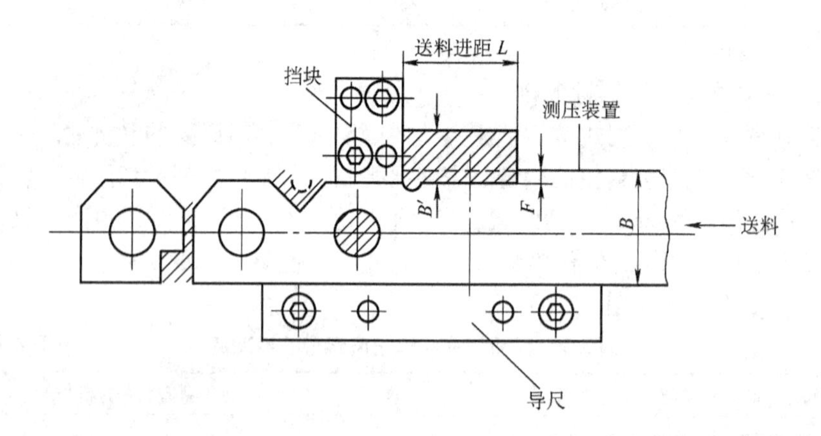

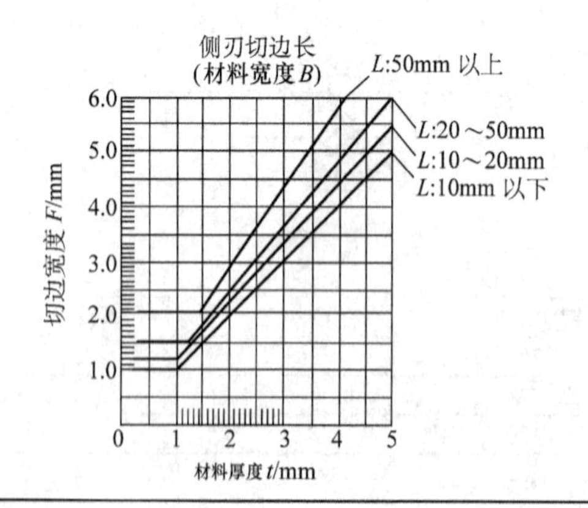

（单位：mm）

侧刃切进长度（送料进距 L）	料宽 B	凸模高度 H
10	6	50～70
10～20	8	60～80
20～50	10	60～80
50以上	12	60～80

与切缝法来获得拉深毛坯尺寸，其切口与切缝的标准尺寸见表 2-12。材料较薄、材质较软、浅拉深时各参数应取表中小值，相反，则取大值。

表 2-12 级进式冲压时拉深毛坯尺寸的冲切标准值

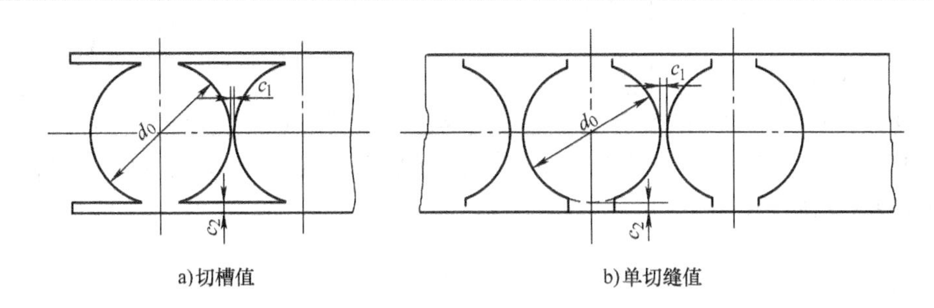

a)切槽值　　b)单切缝值

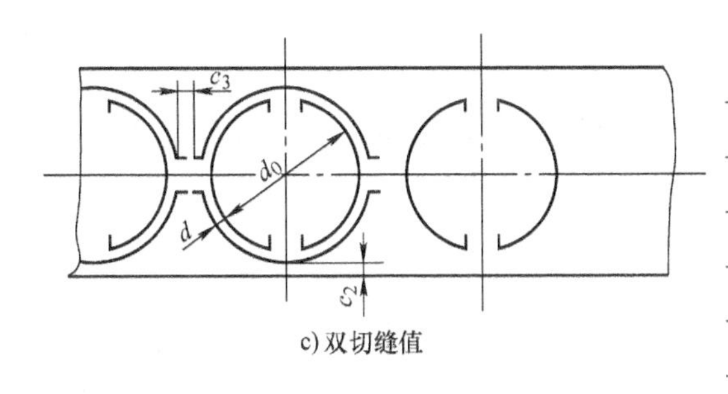

c)双切缝值

（单位：mm）

毛坯直径 d_0	c_1	c_2	c_3	d
10	0.8～1.5	1.0～1.7	1.5～2.0	1.0～1.5
10～30	1.3～2.0	1.5～2.3	1.8～2.5	1.2～2.0
30～60	1.8～2.5	3.0～2.8	2.3～3.0	1.5～2.5
60 以上	2.2～3.0	2.5～3.8	2.7～3.7	2.0～3.0

三、材料利用率的计算

1. 材料宽度 B 的确定

（1）有侧压装置　$B=(L+2a)_{-\Delta}^{\ 0}$

（2）无侧压装置　$B=(L+2a+c)_{-\Delta}^{\ 0}$

（3）采用侧刃　$B=(L+1.5a+nF)_{-\Delta}^{\ 0}$

式中　L——制件垂直于送料方向的基本尺寸；

Δ——材料宽度公差（见表 2-13）；

n——侧刃数；

a——侧面搭边值；

F——侧刃裁切的条料的切口宽（见表 2-14 或表 2-11）；

c——送料保证间隙：$B\leqslant100$mm，$c=0.5\sim1.0$mm；$B>100$mm，$c=1.0\sim1.5$mm。

2. 材料利用率的计算

表 2-13 材料宽度公差 Δ　　（单位：mm）

材料宽度 B	材料厚度 t			
	≤1	1～2	2～3	3～5
≤50	0.4	0.5	0.7	0.9
50～100	0.5	0.6	0.8	1.0
100～150	0.6	0.7	0.9	1.1
150～220	0.7	0.8	1.0	1.2
220～300	0.8	0.9	1.1	1.3

表 2-14 侧刃裁切的条料的切口宽 F （单位：mm）

材料厚度 t	F	
	金属材料	非金属材料
≤1.5	1.5	2
1.5~2.5	2.0	3
2.5~3	2.5	4

（1）通用计算法 制件的实际面积与板料面积的百分比称为材料利用率，一般用 η 表示。冲压工艺中，通用计算法中采用一个进距的条料面积与此单位面积内得到的制件总面积的百分比来表示材料利用率，即

$$\eta=\frac{A_0}{A}\times 100\%$$

式中 A_0——所得到的制件总面积；

A——一个进距的条料面积（$L\times B$）。

（2）规则几何形状计算法 如圆形制件，当料边值等于搭边值时，材料利用率的经验公式为

$$\eta=\frac{0.785n}{\left(1-\frac{a}{d}\right)\left[1+2\frac{a}{d}+0.866\ (n-1)\ \frac{a}{d}\right]}$$

式中 n——制件排列行数；

a——料边值或搭边值；

d——圆形制件的直径。

第五节 冲裁力和压力中心的确定

一、总冲裁力的计算

1. 冲裁力的计算

冲裁时材料对凸模的最大抵抗力称为冲裁力。它是选择冲压设备和检验模具强度的一个重要依据。冲裁力的大小与材质、料厚、冲裁周边长度、刃口间隙及形状有关。平刃冲模的冲裁力计算公式为

$$F_{冲}=KLt\tau_0 \tag{2-3}$$

或

$$F_{冲}=Lt\sigma_b$$

式中 L——冲裁周边长度；

K——系数，$K=1.3$；

τ_0——材料的抗剪强度。

2. 降低冲裁力的措施

如果式（2-3）计算所得的冲裁力大于工厂所有设备的吨位，不能满足冲压工艺的需要，或者虽能满足但需要减少冲击振动和噪声，则可采用斜刃冲裁、阶梯冲裁和加热冲裁等方法。

（1）斜刃冲裁 如图 2-13a 所示，斜刃冲裁是减小冲裁力的有效方法之一，但在生产实践中使用不广泛。为了得到平整的制件，斜刃开设的方向性是斜刃冲压的核心。落料时，斜

刃应开设在凹模上，凸模为平刃；冲孔时，凸模为斜刃，凹模为平刃。除此以外，斜刃开设还应保持平衡和对称。

（2）阶梯冲裁　在同一副模具上将多个凸模做成不同的高度，如做成阶梯形式（图2-13b），便可分散全部凸模同时压下时的冲裁力，从而降低冲裁力，减少冲击振动。由于凸模先后冲裁，所以设计时应特别注意平衡和金属的流动方向。

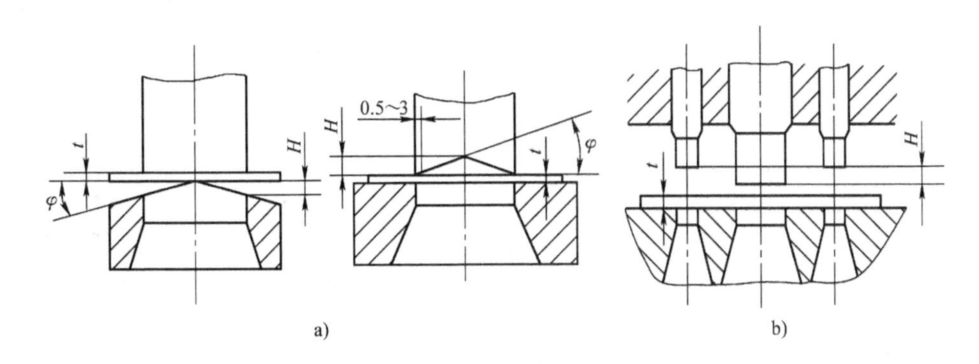

图 2-13　斜刃冲裁与阶梯冲裁

a）斜刃冲裁　b）阶梯冲裁

凸模阶梯高度 H 与材料厚度有关：当材料厚度 $t \leqslant 3$mm 时，$H=t$；当 $t>3$mm 时，$H=t/2$。阶梯冲裁时，应该以冲裁过程中冲裁力最大层的冲裁力之和作为选择压力机的依据。

（3）加热冲裁　它是一种对材料加热，使抗剪强度显著降低以减小冲裁力的方法，工厂中俗称“红冲”。其冲裁力的计算与平刃冲裁相同。抗剪强度见表 2-15。冲压温度通常比加热温度低 150～200℃。

表 2-15　钢在加热状态的抗剪强度　　（单位：MPa）

钢的牌号 \ 加热温度/℃	200	500	600	700	800	900
Q195、Q215、10、15	360	320	200	110	60	30
Q235、Q255、20、25	450	450	240	130	90	60
Q235、30、35	530	520	330	160	90	70
Q275、40、50	600	580	380	190	90	70

3. 卸料力、推料力、顶料力的计算

如图 2-14 所示，冲裁完毕时，从凸模或凸凹模上将制件或废料卸下来所需要的力称为卸料力；从凹模内顺冲裁方向将制件或废料推出所需要的力称为推料力；从凹模内逆冲裁方向将制件从凹模孔内顶出的力称为顶料力。上述三种力分别采用下列经验公式计算

$$F_{卸}=K_{卸}F_{冲}$$

$$F_{推}=K_{推}F_{冲}n$$

$$F_{顶}=K_{顶}F_{冲}$$

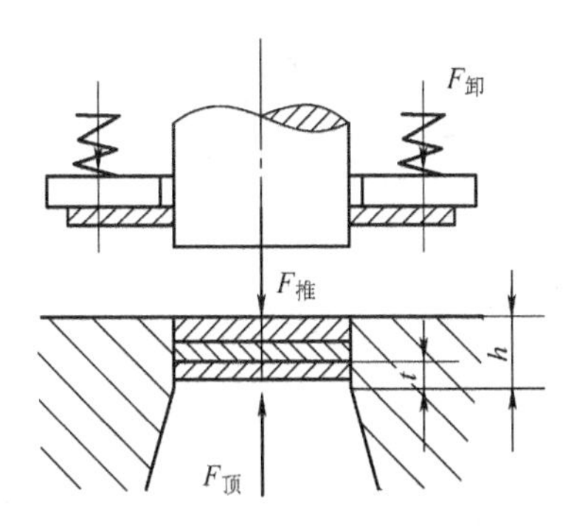

图 2-14　卸料力、推料力、顶料力

式中　$K_{卸}$、$K_{推}$、$K_{顶}$——系数，分别按表2-16取值；

n——卡在凹模直壁洞口内的制件（或废料）件数。

表2-16　卸料力、推料力和顶料力系数

	材料厚度/mm	$K_{卸}$	$K_{推}$	$K_{顶}$
钢	≤0.1	0.06～0.09	0.1	0.14
	0.1～0.5	0.04～0.07	0.065	0.08
	0.5～2.5	0.025～0.06	0.05	0.06
	2.5～6.0	0.02～0.05	0.045	0.05
	>6.5	0.015～0.04	0.025	0.03
铝、铝合金		0.03～0.08	0.03～0.07	
纯铜、黄铜		0.02～0.06	0.03～0.09	

注：卸料力系数$K_{卸}$在冲多孔、大搭边和轮廓复杂制件时取上限值。

4. 压力机总吨位的确定

$F_{卸}$、$F_{推}$和$F_{顶}$三种力是依靠压力机、卸料装置和顶料装置获得的，因此，计算压力机所需总压力时必须具体分析。

采用刚性卸料装置时：$F_{总}=F_{冲}+F_{推}$。

采用弹性卸料装置时：$F_{总}=F_{冲}+F_{推}+F_{卸}$。

采用弹性卸料及顶料装置时：$F_{总}=F_{冲}+F_{顶}+F_{卸}$。

二、模具压力中心的确定

冲压力合力的作用点称为模具的压力中心。模具压力中心应与压力机滑块轴线重合，使滑块免受偏心载荷影响。否则便会加速滑块和模具导向部分的磨损，以致影响冲裁件的质量，降低模具的寿命。

模具压力中心的求解，通常用求平行力系合力作用点的方法，包括解析法和图解法两种。

1. 非封闭曲线刃口压力中心的计算

非封闭曲线刃口压力中心的计算公式见表2-17。

表2-17　非封闭曲线刃口压力中心的计算公式

图　形	计　算　公　式
a, X_0	$X_0=0.5a$
b, b/2, a/2, a, α_0, X_0, L	$X_0=\dfrac{bL}{a+b}$

（续）

图　　形	计　算　公　式
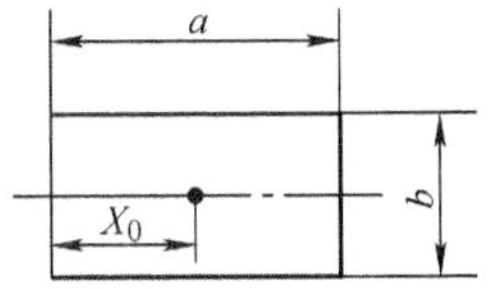	$X_0=\frac{ab+a^2}{2a+b}$
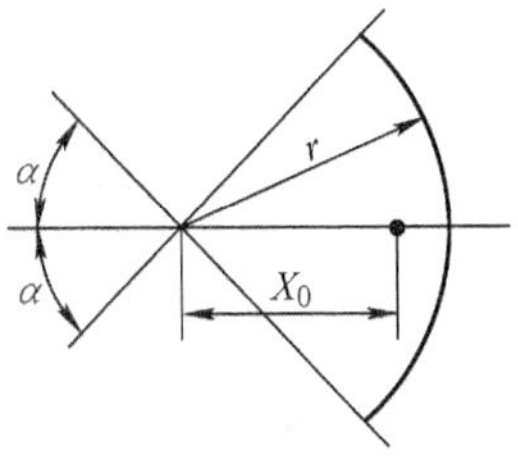	1. 2α 为任意夹角时：$X_0=\frac{57.29}{\alpha}r\sin\alpha$ 2. $\alpha=90°$时：$X_0=0.6366r$ 3. $\alpha=45°$时：$X_0=0.9003r$ 4. $\alpha=30°$时：$X_0=0.9549r$

2. 封闭曲线刃口压力中心的计算

对于对称形状的制件，其压力中心均位于制件轮廓图形的几何中心，如为圆形件则压力中心在圆心；如为矩形（方形）件则压力中心在对角线交点处。其他图形见表 2-18。

表 2-18　封闭曲线刃口压力中心的计算公式

图　　形	计　算　公　式
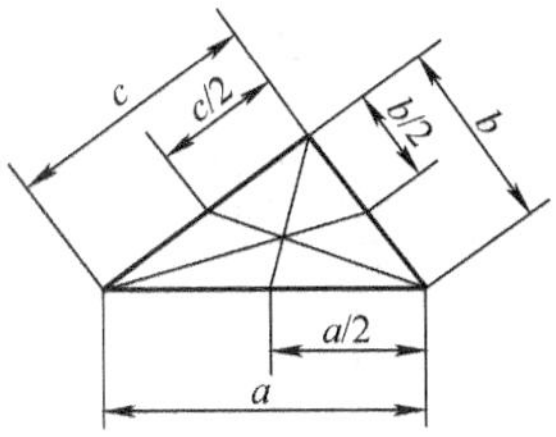	三边平分线的交点
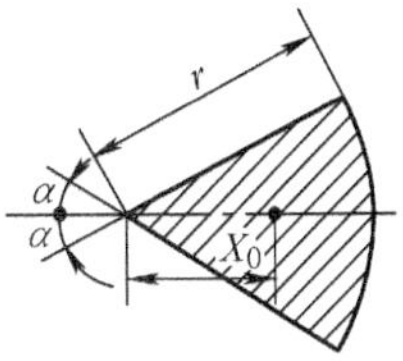	1. 任意 2α 角时：$X_0=\frac{38.1972}{\alpha}r\sin\alpha$ 2. $\alpha=90°$时：$X_0=0.4244r$ 3. $\alpha=45°$时：$X_0=0.6002r$ 4. $\alpha=30°$时：$X_0=0.6366r$
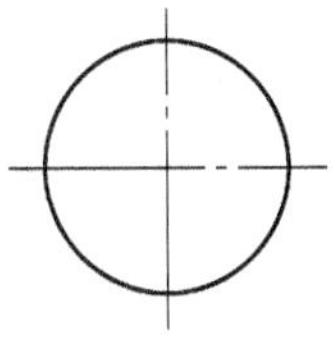	圆心
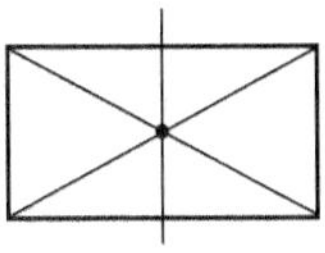	对角线交点

（续）

图　形	计 算 公 式
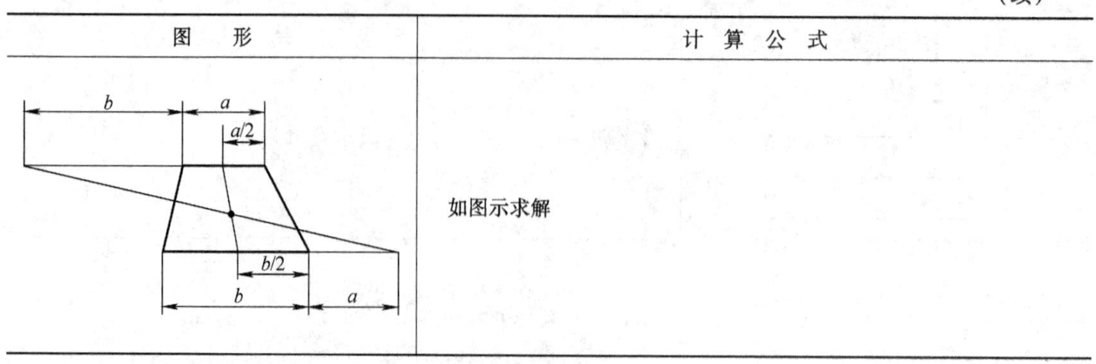	如图示求解

3. 异形制件压力中心的计算

如图 2-15 所示，异形制件压力中心的计算公式为

$$X_G = \frac{X_1S_1 + X_2S_2 + X_3S_8 + X_4S_3 + X_5S_7 + X_6S_4 + X_7S_6 + X_8S_5}{S_1 + S_2 + S_8 + S_3 + S_7 + S_4 + S_6 + S_5}$$

$$Y_G = \frac{Y_1S_4 + Y_2S_3 + Y_3S_2 + Y_4S_1 + Y_5S_5 + Y_6S_8 + Y_7S_7 + Y_8S_6}{S_4 + S_3 + S_2 + S_1 + S_5 + S_8 + S_7 + S_6}$$

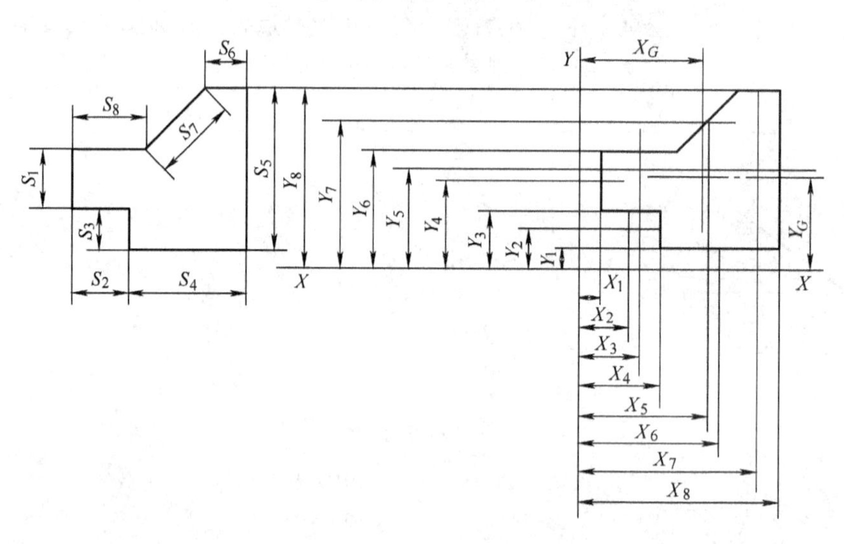

图 2-15　异形制件压力中心

4. 多工序级进式冲裁加工压力中心的计算

如图 2-16 所示，首先确定出各工序所需的冲压力 F_1、F_2、F_3，然后配置坐标，确定冲压力的位置 X_1、X_2、X_3。采用相同比例将 F_1、F_2、F_3 换算成长度尺寸（如 1t 或 10×10^3N 为 10mm），将 F_1、F_2、F_3 首尾连成直线，在线外任取一点 O，过 O 点与 F_1、F_2、F_3 连成Ⅰ、Ⅱ、Ⅲ、Ⅳ四条射线，过 F_1 延长线上的任意点 1 作Ⅰ′平行于Ⅰ，过点 1 作Ⅱ′线平行于Ⅱ与 F_2 相交于点 2，过点 2 作Ⅲ′线平行于Ⅲ与 F_3 交于点 3，过点 3 作Ⅳ′线平行于Ⅳ，与Ⅰ′线相交于 G'，过 G' 作 Y 轴平行线交于 X 轴的点 G（X_G，0）。因为制件与 X 轴对称，所以 G 点即是此多工序级进冲裁的压力中心。否则还要用相同的方法找到所求压力中心的 Y 坐标。图 2-17 所示多工序冲裁加工的压力中心亦可用上述方法求解，只需将图 2-15 计算公式中的 S 变成 F 即可。

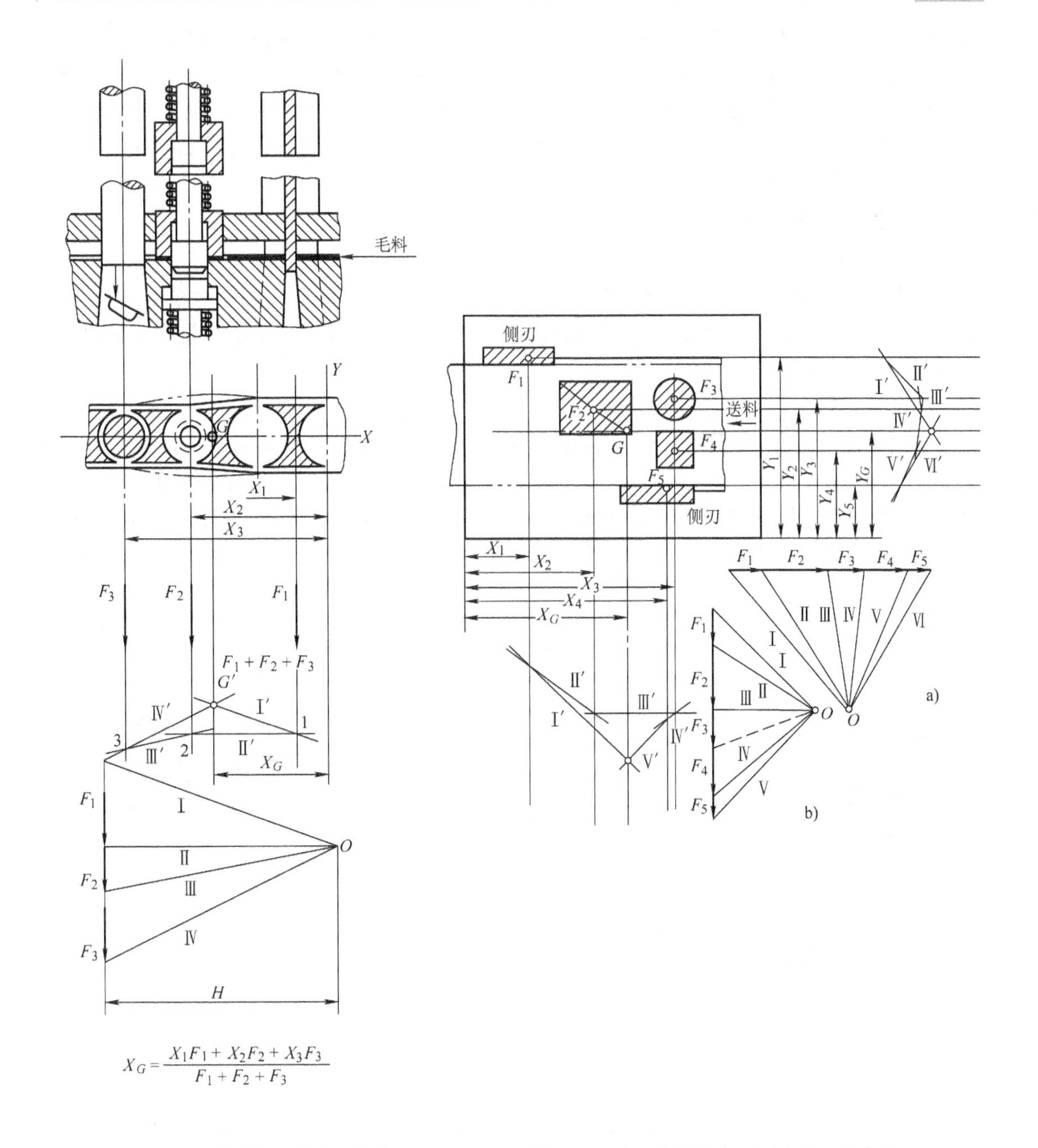

图 2-16　级进式冲裁模压力中心的求法

图 2-17　多工序冲裁加工压力中心的求法

第六节　精密冲裁

如前所述，普通冲裁所得到的冲裁制件的尺寸精度在 IT10 ~ IT11 以下，表面粗糙度 Ra 大于 20μm，断面微带斜度，而且断面光亮带的宽度不大。普通冲裁虽能满足一般产品的要求，但对冲压制件（如钟表、照相机、VCD 机、DVD 机、计算机和办公机械中薄而小的制件，汽车及仪表行业中的许多制件）的尺寸精度、表面粗糙度和垂直度有较高要求时，就无法满足了，此时可采用精密冲裁等工艺方法来获得高精度、高质量的冲裁制件。

精密冲裁的机理实际上是改变冲裁过程中的应力与应变条件，使材料在冲裁过程中处于三向压应力状态，增强变形区的静水压，提高材料塑性，抑制材料的断裂，使其在不出现剪切裂纹的冲裁条件下以塑性变形的方式来实现材料的分离，使塑性变形后光亮带几乎扩大到整个断面，以提高冲裁制件的质量。

一、精密冲裁常用的方法

1. 强力压边精密冲裁

如图 2-18 所示，采用带 V 形环强力压边的精密冲裁工艺，可以获得尺寸精度 IT6、表面粗糙度大于 *Ra*0. 16μm 的制件，精冲制件厚度可近 20mm。这是目前提高冲裁件质量的一个有效方法（后面再作详细介绍）。

2. 小间隙圆角刃口半精密冲裁法

如图 2-19 所示，小间隙圆角刃口半精密冲裁，又称为光洁冲裁。圆角刃口的开设方法是，落料时开在凹模上，凸模锋利；冲孔时开在凸模上，凹模锋利。刃口小圆角一般取冲压料厚的 10%。冲模间隙为 0. 01 ~0. 02mm，冲裁力比普通冲裁时大 50% 左右。小间隙圆角刃口半精密冲裁适用于塑性好的材料，冲裁制件尺寸精度可近 IT9 ~ IT11，表面粗糙度 *Ra*2. 5 ~0. 63μm。

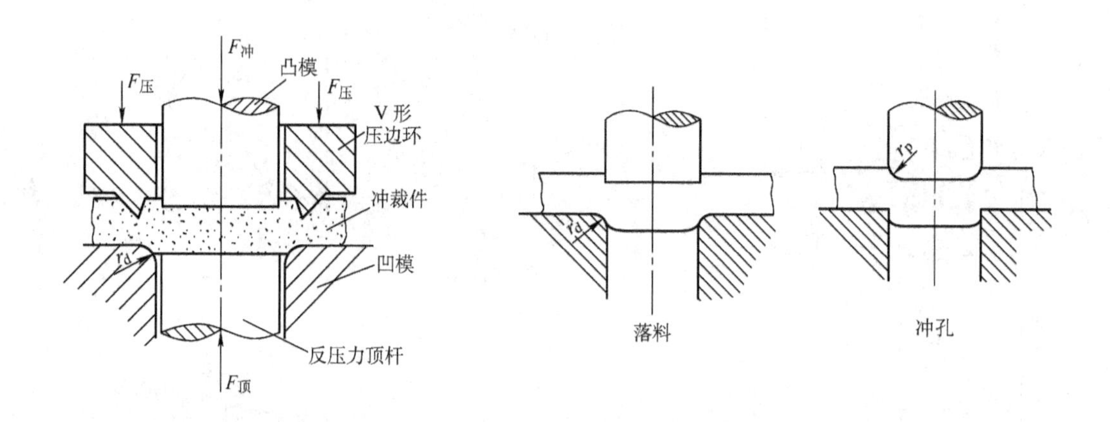

图 2-18　强力压边精密冲裁

图 2-19　小间隙圆角刃口半精密冲裁

3. 负间隙半精密冲裁

如图 2-20 所示，负间隙半精密冲裁原理与小间隙圆角刃口半精密冲裁法相同。不同之处仅是凹模刃口为圆角，其值为料厚的 5% ~10%，凸模刃口越锋利越好。负间隙值凸模一般比凹模大（0. 05 ~0. 3）t。为了减少冲裁力和提高模具寿命，冲裁时需要润滑良好。冲裁制件尺寸精度可近 IT9 ~ IT11，表面粗糙度 *Ra*1. 25 ~0. 63μm。

4. 往复冲裁

如图 2-21 所示，往复冲裁的特点是在一个冲裁过程中有两次往复运动。当凸模切入深度达到（0. 05 ~0. 3）t 时即停止，然后再加另一相反方向冲裁而获得制件。制件具有扩大了的光亮带（两个光亮带区）和双圆角，以及无毛刺的断面。但由于往复冲裁对模具结构和精密冲裁设备都有特殊要求，故目前在生产中很少应用。

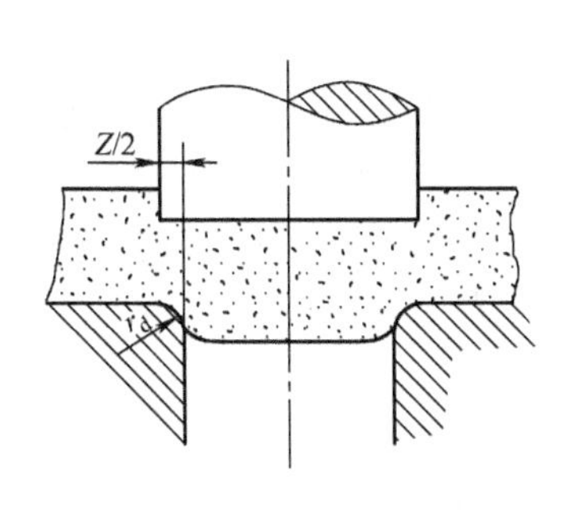

图 2-20 负间隙半精密冲裁

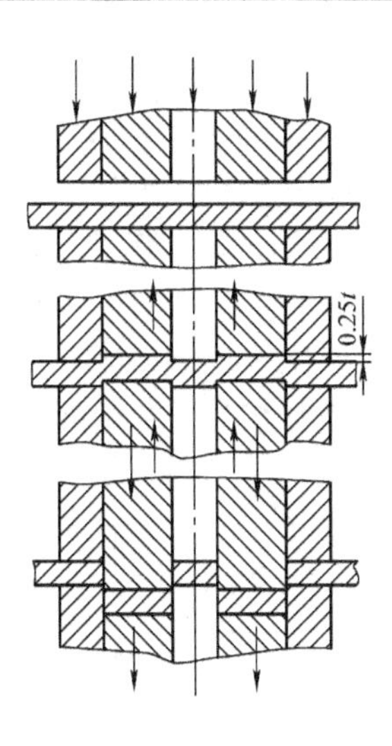

图 2-21 往复冲裁

二、强力压边精密冲裁

强力压边精密冲裁俗称齿圈压板冲裁，如图 2-18 所示。它与普通冲裁的弹顶落料模（反向压紧固定支承方式）相似，压板带有齿形凸梗，凹模带小圆角，间隙小，压边与反顶压力较大，所以它使板料冲裁区处于三向压应力状态，形成精密冲裁的必要条件，达到精密冲裁的目的。

冲裁制件可获得高质量的断面，表面粗糙度可达 $Ra1.6 \sim 0.2\mu m$，尺寸精度 IT6 ~ IT9（内孔可比外形高一级）。而且还可与其他成形工序（如弯曲、挤压、压印等）合在一起进行复合或连续冲压，从而大大提高生产率，降低生产成本。

1. 齿圈压板冲裁的过程

板料送进模具（图 2-22a）→模具闭合，板料被齿圈压板、凹模、凸模和顶出器压紧（图 2-22b）→板料在受压状态下被冲裁（图 2-22c）→冲裁完毕，上、下模分开（图 2-22d）→齿圈压板卸下废料并向前送料（图 2-22e）→顶出装置顶出制件（图 2-22f），并送走制件。在工艺过程中特别要注意：先卸废料，再顶出制件，这样才能防止制件卡入废料，避免损伤制件的断面质量。

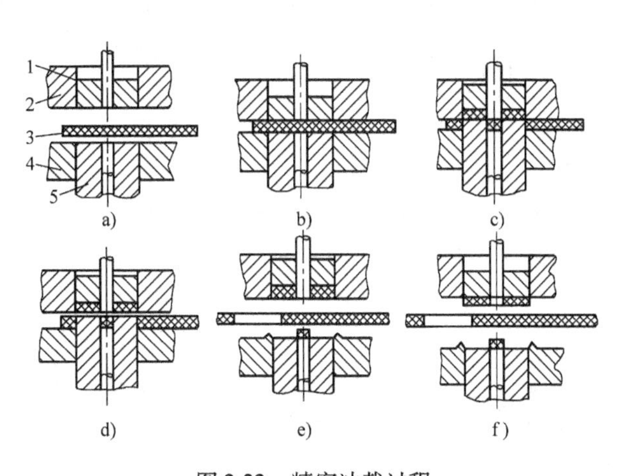

图 2-22 精密冲裁过程

1—顶出器 2—凹模 3—材料 4—齿圈压板 5—凸模

2. 精密冲裁制件的工艺性

（1）材料 精密冲裁材料必须具有良好的变形特性，以便在冲裁过程中不发生撕裂现象。低碳钢 $\sigma_b = 400 \sim 500\text{MPa}$、$w_C = 0.35\% \sim 0.7\%$ 的材料精密冲裁效果最佳。甚至更多的碳钢以及铬、镍、钼含量低的合金钢，经退火处理后仍可获得良好的精密冲裁效果。特别注意的是，对含碳量高的材料，金相组织对精密冲裁断面质量影响很大，最理想的组织是球化退火后均布的细粒碳化物（即球状渗碳体）。

非铁金属，包括纯铜、铜的质量分数大于62%的黄铜、软青铜、铝及铝合金（σ_b < 250MPa）都能进行精密冲裁。铝黄铜精密冲裁质量不好。

（2）圆角半径　为了保证制件质量和模具寿命，要求制件避免尖角和太小的圆角半径。否则，会在制件相应的剪切面上发生撕裂，在凸模的夹角处发生崩裂。制件轮廓的最小圆角半径与材料的厚度、力学性能以及尖角角度有关，具体设计时可参考图2-23。制件轮廓上凹进部分的圆角半径相当于凸起部分所需圆角半径的2/3。

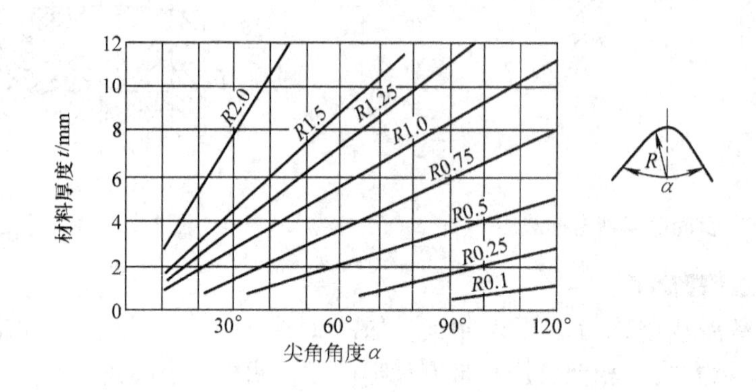

图2-23　最小圆角半径

注：1. 对于σ_b大于或小于400MPa的材料，R应按σ_b之差的比例增加或减小。

2. 对凹入部分的R值，应按图中给定的数值减小25%～30%。

（3）孔径和槽宽　精密冲裁允许的最小孔径主要由冲孔凸模所能承受的最大压应力来决定，其值与材料厚度等有关，从图2-24可查出，如t=6mm，则σ_b=400MPa，查图2-24得d=3.6mm。

冲窄长槽时，凸模将受到侧压力，所能承受的压力比同样断面的圆孔凸模小，故要按槽长与槽宽比值来决定，可从图2-25中查得。

例如，已知材料厚度t=4.5mm，材料抗拉强度σ_b=600MPa，先从图2-25中材料厚度线与抗拉强度曲线的交点得出槽宽换算值3mm。因槽长L=50mm，均为槽宽换算值b'的17倍，故在线性比例尺L=15b上找出槽长50mm的点，再与b'上的3mm点连成直线交最小槽宽线性尺寸于一点，即得出最小槽宽为3.7mm。

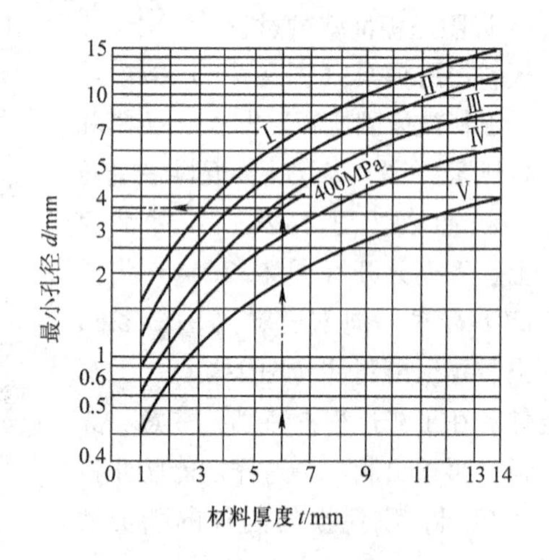

图2-24　最小孔径

Ⅰ—σ_b=750MPa　Ⅱ—σ_b=600MPa　Ⅲ—σ_b=450MPa

Ⅳ—σ_b=300MPa　Ⅴ—σ_b=150MPa

（4）壁厚　精密冲裁件的壁厚是指孔、槽之间，或孔、槽内壁与制件外缘之间的距离，

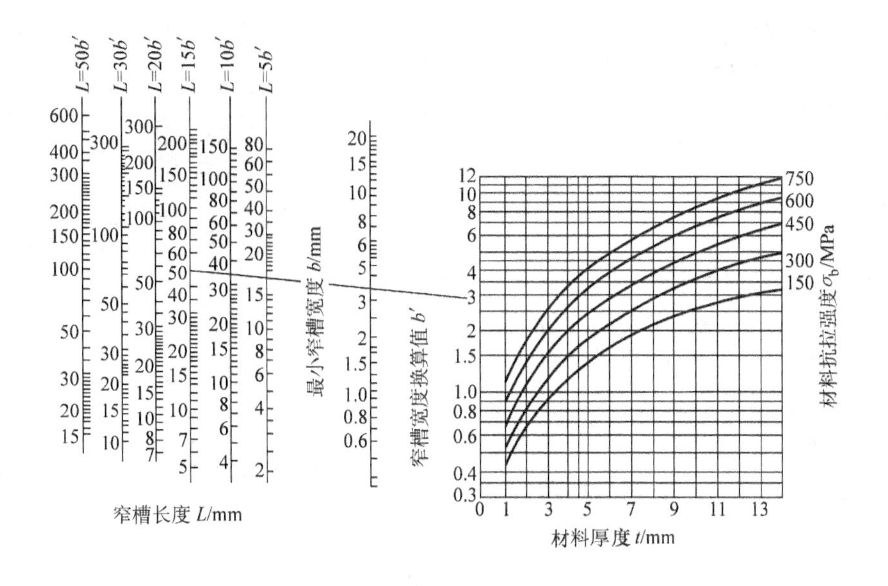

图 2-25 精密冲裁件最小窄槽宽度

如图 2-26 所示。最小壁厚 W_1 和 W_2 可按图 2-26a 来决定。例如，料厚 $t=5\text{mm}$，由图查得最小壁厚 W_2 约为 2.7mm，而 W_1 处的壁厚要再减少 15%，约为 2.3mm。图 2-26b 所示 W_3 与 W_4 的壁厚值，可用最小槽宽的方法求得，如图 2-25 所示。

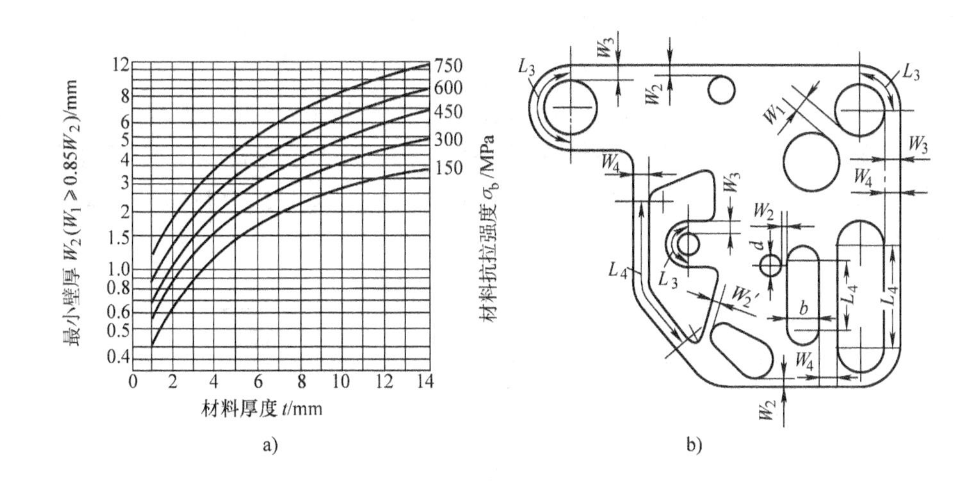

图 2-26 精密冲裁件最小壁厚

(5) 齿形 精密冲裁齿轮时，凸模齿形部分承受着压应力与弯曲应力，为避免齿根部断裂，必须限制其最小模数 m 与齿宽 b 的值，具体可查图 2-27。

3. 精密冲裁模设计方法

(1) 精密冲裁力 精密冲裁材料处于三向压应力状态下，其变形抗力比普通冲裁要大得多。

1)精密冲裁时的冲裁力($F_{冲}$)。必须考虑间隙大小、材料的相对厚度等因素，抗剪强度

不能用平均值来考虑，因此

$$\tau_{cp} = (Mt/d + 0.75)\,\sigma_b$$
$$\approx (5t/d + 1.25)\,\sigma_s$$

式中 σ_b——材料抗拉强度；

σ_s——材料屈服点；

d——制件直径；

Z——凸凹模双面间隙。

M——系数，当 $Z = 0.005t$ 时，$M = 3$；$Z = 0.001t$ 时，$M = 2.85$；

所以 $F_{冲} = Lt\tau_{cp}$

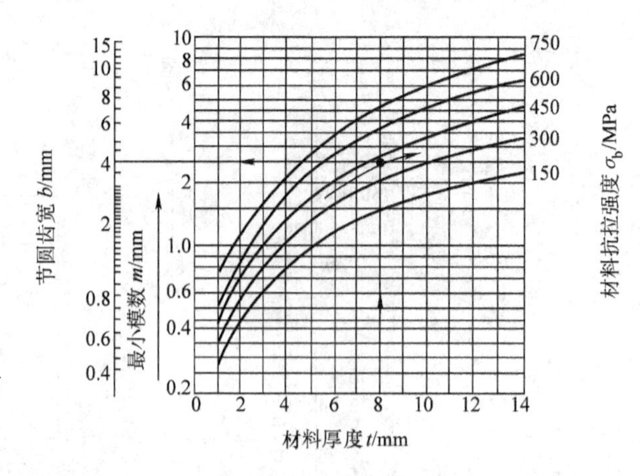

图 2-27 精密冲裁齿轮模数、齿宽的极限值

2）压边力（$F_{压}$）。一般按近似选取法，即

$$F_{压} = (0.2 \sim 0.4)\,F_{冲}$$

3）顶出器反推力（$F_{顶}$）。顶出装置反推力过小会增大制件塌角与穹弯现象，降低制件尺寸精度。但压力也不能太大，太大将会影响凸模寿命。顶出器反推力为

$$F_{顶} = (0.10 \sim 0.15)\,F_{冲}$$

4）精密冲裁时的总压力，即

$$F_{总} = F_{冲} + F_{压} + F_{顶}$$

选用压力机吨位时，若为专用精密冲裁压力机，应以 $F_{冲}$ 为依据。若用普通压力机，则以总压力（$F_{总}$）为依据。

（2）凸、凹模间隙确定 为了减少冲裁变形区的拉应力成分，增强静水压，间隙应越小越好，但间隙太小会影响模具寿命，所以精密冲裁的间隙值大小与材料性质、材料厚度、制件形状等因素有关。对塑性好的材料，间隙值可取大一点，低塑性材料间隙则要取小一点。具体值可查表 2-19。

表 2-19 凸、凹模双面间隙 Z

材料厚度 t/mm	Z/t（%）（外形）	Z/t（%）（内形）		
		$d<t$	$d=(1\sim5)t$	$d>5t$
0.5	1	2.5	2	1
1	1	2.5	2	1
2	1	2.5	1	0.5
3	1	2	1	0.5
4	1	1.7	0.75	0.5
6	1	1.7	0.5	0.3
10	1	1.5	0.5	0.5
15	1	1	0.5	0.5

（3）精密冲裁凸、凹模刃口尺寸计算

1）凹模与冲孔凸模刃口的圆角。一般取 0.01～0.03mm。但实际生产中有些工厂的经

验，对材料厚度 $t<3\text{mm}$ 的制件一般取 0.05～0.1mm，效果也较好。注意，在试冲时是先采用最小圆角，只有在增加齿圈压力仍不能获得光洁切断面时，才增大圆角值。

2）凸、凹模刃口尺寸的确定。精密冲裁刃口尺寸设计与普通冲裁模刃口尺寸设计基本相同，落料制件以凹模为基准，冲孔制件以凸模为基准。不同时冲孔或落料制件在内孔和外形上均有微量的收缩，一般外形比凹模小 0.01mm 以下。另外，还应考虑使用中的磨损，故精密冲裁时刃口尺寸计算公式为

落料

$$D_{\mathrm{d}}=\left(D_{\min}+\frac{1}{4}\Delta\right)^{+\delta_{\mathrm{d}}}_{0}$$

冲孔

$$d_{\mathrm{p}}=\left(d_{\max}-\frac{1}{4}\Delta\right)^{0}_{-\delta_{\mathrm{p}}}$$

孔中心距

$$C_{\mathrm{d}}=\left(C_{\min}+\frac{1}{2}\Delta\right)\pm\delta'$$

式中 D_{d}，d_{p}——凹、凸模尺寸；

C_{d}——凹模孔中心距尺寸；

$D_{\min}$——制件最小极限尺寸；

$d_{\max}$——制件最大极限孔径；

$C_{\min}$——制件孔中心距最小极限尺寸；

Δ——制件公差；

δ_{d}，δ_{p}——模具制造时凹模制造公差与凸模制造公差，一般取 $1/4\Delta$；

δ'——模具制造时孔中心距的制造偏差，一般取 $1/8\Delta$。

其中，落料时凸模按凹模实际尺寸配制，以保证双面间隙 Z；冲孔时凹模按凸模实际尺寸配制，以保证双面间隙 Z。

4. 齿圈压板设计

齿圈压板是在压板上离冲裁周边一定距离处作出 V 形凸梗。其作用是将 V 形凸梗压入材料后，限制冲裁变形区外围材料随着凸模下降向外扩展，以形成三向压应力状态，从而避免产生剪裂现象。精密冲裁小孔时，由于凸模刃口外围材料对冲裁变形区有较大的约束作用，材料向外扩展困难，所以不需要用齿圈压板。当冲孔直径在 40mm 以上时，应在顶板上作出齿圈。落料制件厚度 $t>4\text{mm}$ 时，应在压板和凹模双方均作出齿圈。但注意上、下点位置应错开。简单形状的制件，齿圈可与制件周边一致；复杂形状的制件，可在有特殊要求的部位做出与制件外形相似的齿圈，其余部位可简化，如图 2-28 所示。

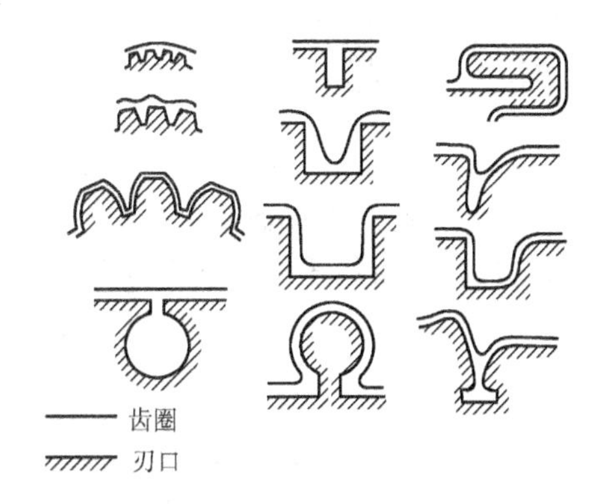

图 2-28 齿圈与刃口形状

齿形的几何参数如图 2-29 所示。

g 值：$t=1\sim4$mm 时，$g=0.05\sim0.08$mm；

$t>4$mm 时，$g=0.08\sim0.1$mm。

h 值：$t=1\sim4$mm 时，$h=(0.2\sim0.8)t$；

$t>4$mm 时，$h=0.17t$。

a 值：$t=1\sim4$mm 时，$a=(0.66\sim0.75)t$；

$t>4$mm 时，$a=0.6t$。

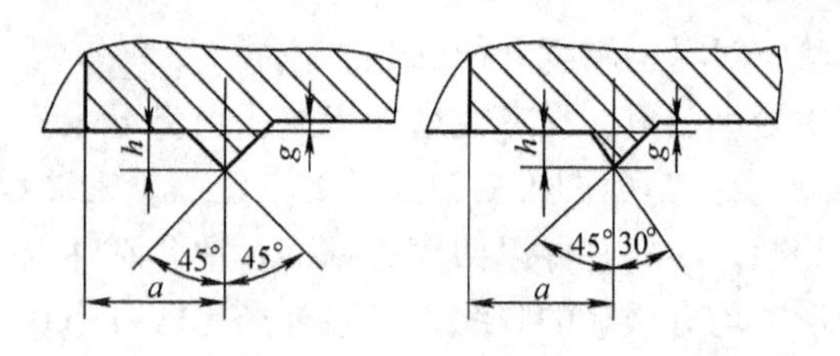

图 2-29　齿形的几何参数

压板为单面齿尺寸，可查表 2-20；压板为双面齿尺寸，可查表 2-21。

表 2-20　单面齿圈尺寸（压板）　　（单位：mm）

料厚 t	A	h	r
1 ~ 1.7	1	0.3	0.2
1.8 ~ 2.2	1.4	0.4	0.2
2.3 ~ 2.7	1.7	0.5	0.2
2.8 ~ 3.2	2.1	0.6	0.2
3.3 ~ 3.7	2.5	0.7	0.2
3.8 ~ 4.5	2.8	0.8	0.2

表 2-21　双面齿圈尺寸（压板与凹模）　　（单位：mm）

材料厚度 t	A	H	R	h	r
4.5 ~ 5.5	2.5	0.8	0.8	0.5	0.2
5.6 ~ 7	3	1	1	0.7	0.2
7.1 ~ 9	3.5	1.2	1.2	0.8	0.2
9.1 ~ 11	4.5	1.5	1.5	1	0.5
11.1 ~ 13	5.5	1.8	2	1.2	0.5
13.1 ~ 15	7	2.2	3	1.6	0.5

5. 精密冲裁搭边和排样

精密冲裁时齿圈压板要紧压材料，故精密冲裁的搭边值比普通冲裁时要大些，具体可查表 2-22。搭边为 a、a_1 值的排样图，如图 2-30 所示。其中，a、a_1 值均取（$1.5\sim2$）t，但 a 值不能小于 1mm。

表 2-22　精密冲裁搭边数值　　（单位：mm）

材料厚度		0.5	1.0	1.25	1.5	2.0	2.5	3.0	3.5	4.0	5	6	8	10	12.5	15
搭边	a	1.5	2	2	2.5	3	4	4.5	5	5.5	6	7	8	9	10	12.5
	a_1	2	3	3.5	4	4.5	5	5.5	6	6.5	7	8	10	12	15	18

6. 精密冲裁模具结构特点

(1) 精密冲裁模具必要的技术要求

1) 模架必须精密，导向准确。各滑动部分无松动，配合间隙为 0.002 ~ 0.005mm。

2) 确保凸、凹模同心，使间隙均匀。

3) 模架和凸模、凹模、顶杆、齿圈压板等重要零件都必须有足够的强度和刚度，以免产生有害的弹性变形。

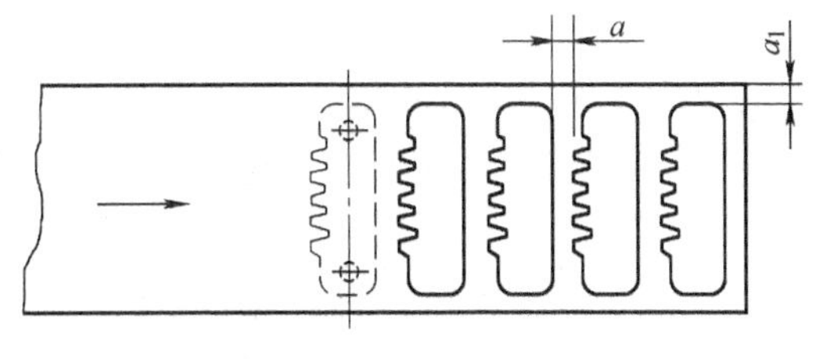

图 2-30 精密冲裁排样图

4) 为了避免刃口损坏，要严格控制凸模进入凹模的深度，使之为 0.025 ~ 0.05mm 为宜。

5) 顶杆（或推杆）的位置，设置要合理；顶板（或推板）受力要均匀。在模具安装后，顶板（或推板）应高出凹模面 0.2mm。

6) 模具工作部分应选择耐磨、淬透性好、热处理变形小的材料。

7) 正确考虑模具工作部分的排气，以免影响顶出器的移动距离（因为是无间隙滑动配合）。

(2) 精密冲裁模具分类 精密冲裁模具按结构特点可分为固定凸模式和活动凸模式两类。

1) 固定凸模式。固定凸模式精密冲裁模具是凸模与凹模固定在模板内，而齿圈压板活动。此种模具刚性较好，适用于冲裁大、形状复杂或材料厚的制件，但其维修与调整困难，如图 2-31 所示。

2) 活动凸模式。活动凸模式精密冲裁模是凹模与齿圈压板均固定在模板内，而凸模活动，并靠下底板孔及压料板内的孔导向，凸模移动量等于加工板料的材料厚度。此种结构适用于中、小制件的冲裁，如图 2-32 所示。

除了以上两种正规的精密冲裁模以外，对于尺寸公差要求不高、批量也不太大的制件，可用碟形弹簧作为齿圈压板力和顶板反压力的压力元件，也可设计出与普通弹簧顶落料模或顺装复合模相似的简易冲裁模，即可在刚性好的普通压力机上实现精密冲裁。图 2-33 所示为简易精密冲裁模具的结构图。

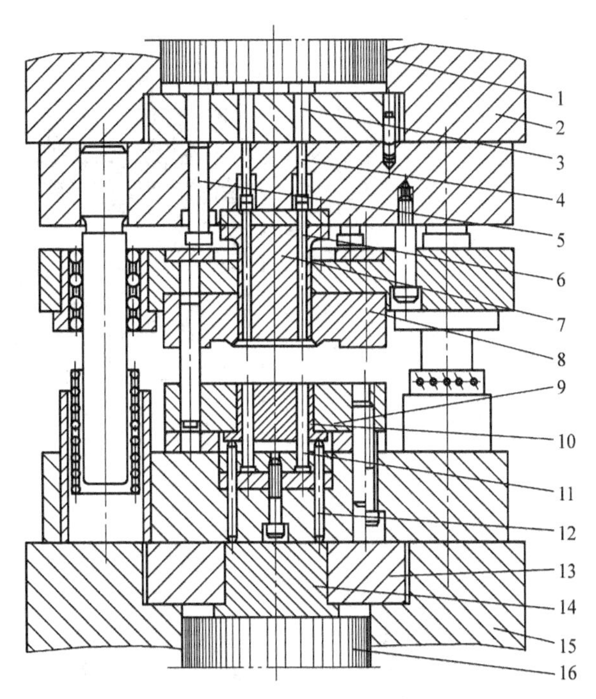

图 2-31 固定凸模式精密冲裁模具

1—上柱塞 2—上工作台 3、4、5—传力杆 6—推杆 7—凸凹模 8—齿圈压板 9—凹模 10—顶板 11—冲孔凸模 12—顶杆 13—垫板 14—顶块 15—下工作台 16—下柱塞

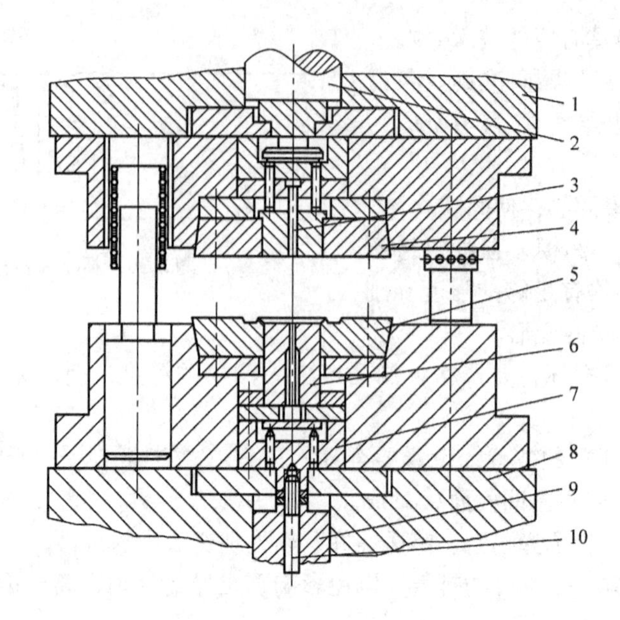

图 2-32　活动凸模式精密冲裁模具

1—上工作台　2—上柱塞　3—冲孔凸模　4—落料凹模　5—齿圈压板
6—凸凹模　7—凸模座　8—下工作台　9—滑块　10—凸模拉杆

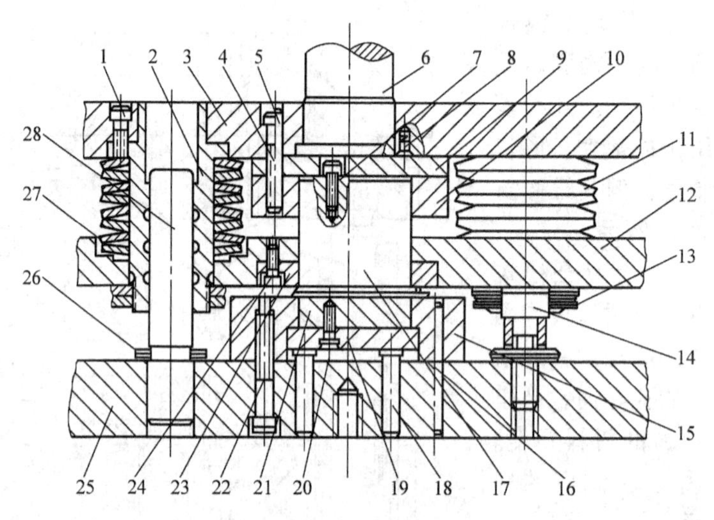

图 2-33　简易精密冲裁模具

1、4、7、20、22、24—螺钉　2—导套　3—上模座　5、8、16—销　6—模柄
9—垫板　10—凸模固定板　11—碟形弹簧　12—导板　13—螺母　14—限制柱
15—凹模　17—凸模　18—顶杆　19、21—组合顶板　23—齿圈压板
25—下模座　26—弹簧卡箍　27—垫板　28—导柱

鉴于目前我国各行业使用的冲裁间隙值相差较大，故附几个主要行业使用的冲裁间隙表，与表 2-4 计算值比较。

机电行业的冲裁间隙见表 2-23。

电器仪表行业的冲裁间隙见表 2-24。

非金属材料的冲裁间隙见表 2-25。

表 2-23 冲裁模刃口双面间隙 Z (单位：mm)

材料厚度 t	T8、45 1Cr18Ni9		Q215、Q235、35CrMo QSnP10-1、D41、D44		08F、10、15 H62、T1、T2、T3		1060、1050A、 、1035、1200	
	Z_{min}	Z_{max}	Z_{min}	Z_{max}	Z_{min}	Z_{max}	Z_{min}	Z_{max}
0.35	0.03	0.05	0.02	0.05	0.01	0.03	—	—
0.5	0.04	0.08	0.03	0.07	0.02	0.04	0.02	0.03
0.8	0.09	0.12	0.06	0.10	0.04	0.07	0.025	0.045
1.0	0.11	0.15	0.08	0.12	0.05	0.08	0.04	0.06
1.2	0.14	0.18	0.10	0.14	0.07	0.10	0.05	0.07
1.5	0.19	0.23	0.13	0.17	0.08	0.12	0.06	0.10
1.8	0.23	0.27	0.17	0.22	0.12	0.16	0.07	0.11
2.0	0.28	0.32	0.20	0.24	0.13	0.18	0.08	0.12
2.5	0.37	0.43	0.25	0.31	0.16	0.22	0.11	0.17
3.0	0.48	0.54	0.33	0.39	0.21	0.27	0.14	0.20
3.5	0.58	0.65	0.42	0.49	0.25	0.33	0.18	0.26
4.0	0.68	0.76	0.52	0.60	0.32	0.40	0.21	0.29
4.5	0.79	0.88	0.64	0.72	0.38	0.46	0.26	0.34
5.0	0.90	1.00	0.75	0.85	0.45	0.55	0.30	0.40
6.0	1.16	1.26	0.97	1.07	0.60	0.70	0.40	0.50
8.0	1.75	1.87	1.46	1.58	0.85	0.97	0.60	0.72
10	2.44	2.56	2.04	2.16	1.14	1.26	0.80	0.92

表 2-24 冲裁模初始双面间隙 Z (单位：mm)

材料厚度 t	软 铝		纯铜、黄铜、软钢 (w_C = 0.08% ~ 0.2%)		杜拉铝、中等硬钢 (w_C = 0.3% ~ 0.4%)		硬 钢 (w_C = 0.5% ~ 0.6%)	
	Z_{min}	Z_{max}	Z_{min}	Z_{max}	Z_{min}	Z_{max}	Z_{min}	Z_{max}
0.2	0.008	0.012	0.010	0.014	0.012	0.016	0.014	0.018
0.3	0.012	0.018	0.015	0.021	0.018	0.024	0.021	0.027
0.4	0.016	0.024	0.020	0.028	0.024	0.032	0.028	0.036
0.5	0.020	0.030	0.025	0.035	0.030	0.040	0.035	0.045
0.6	0.024	0.036	0.030	0.042	0.036	0.048	0.042	0.054
0.7	0.028	0.042	0.035	0.049	0.042	0.056	0.049	0.063
0.8	0.032	0.048	0.040	0.056	0.048	0.064	0.056	0.072
0.9	0.036	0.054	0.045	0.063	0.054	0.072	0.063	0.081
1.0	0.040	0.060	0.050	0.070	0.060	0.080	0.070	0.090
1.2	0.060	0.084	0.072	0.096	0.084	0.108	0.096	0.120
1.5	0.075	0.105	0.090	0.120	0.105	0.135	0.120	0.150
1.8	0.090	0.126	0.108	0.144	0.126	0.162	0.144	0.180
2.0	0.100	0.140	0.120	0.160	0.140	0.180	0.160	0.200
2.2	0.132	0.176	0.154	0.198	0.176	0.220	0.198	0.242
2.5	0.150	0.200	0.175	0.225	0.200	0.250	0.225	0.275
2.8	0.168	0.224	0.196	0.252	0.224	0.280	0.252	0.308

（续）

材料厚度 t	软铝		纯铜、黄铜、软钢（w_C=0.08%～0.2%）		杜拉铝、中等硬钢（w_C=0.3%～0.4%）		硬钢（w_C=0.5%～0.6%）	
	Z_{min}	Z_{max}	Z_{min}	Z_{max}	Z_{min}	Z_{max}	Z_{min}	Z_{max}
3.0	0.180	0.240	0.210	0.270	0.240	0.300	0.270	0.330
3.5	0.245	0.315	0.280	0.350	0.315	0.385	0.350	0.420
4.0	0.280	0.360	0.320	0.400	0.360	0.440	0.400	0.480
4.5	0.315	0.405	0.360	0.450	0.405	0.495	0.450	0.540
5.0	0.350	0.450	0.400	0.500	0.450	0.550	0.500	0.600
6.0	0.480	0.600	0.540	0.660	0.600	0.720	0.660	0.780
7.0	0.560	0.700	0.630	0.770	0.700	0.840	0.770	0.910
8.0	0.720	0.880	0.800	0.960	0.880	1.040	0.960	1.120
9.0	0.810	0.990	0.900	1.080	0.990	1.170	1.080	1.260
10.0	0.900	1.100	1.000	1.200	1.100	1.300	1.200	1.400

注：1. 初始间隙的最小值相当于间隙的公称数值。

2. 初始间隙的最大值是考虑到凸模和凹模的制造公差所增加的数值。

3. 在使用过程中，由于模具工作部分的磨损，间隙将有所增加，因而间隙的使用最大数值要超过表列数值。

表 2-25　非金属材料冲裁模初始双面间隙　（单位：mm）

材料厚度 t	Z_{min}	冲孔或落料时的尺寸			
		≤10	10～50	50～120	120～260
		Z_{max}			
≤0.5	0.005	0.020	0.030	0.040	0.050
0.5～0.6	0.010	0.020	0.030	0.040	0.050
0.6～0.8	0.015	0.030	0.040	0.050	0.060
0.8～1.0	0.020	0.035	0.045	0.055	0.065
1.0～1.2	0.025	0.040	0.050	0.060	0.070
1.2～1.5	0.030	0.045	0.055	0.065	0.075
1.5～1.8	0.035	0.050	0.060	0.070	0.080
1.8～2.1	0.040	0.055	0.065	0.075	0.085
2.1～2.5	0.045	0.060	0.070	0.080	0.090
2.5～3.0	0.050	0.065	0.075	0.085	0.095

注：1. 在模具设计图样上只注明最小双面间隙。

2. 最大双面间隙只是作为制造时参考。冲裁时应尽可能小于最大间隙以便延长冲模寿命。

3. 落料或冲孔模凸、凹模公称尺寸的确定和冲制金属材料一样。

思考题

1. 简述冲裁工序中落料与冲孔的区别。

2. 冲裁时微裂纹的产生为什么不在刃口的尖角处？

3. 冲裁断面上的四个带区是如何形成的？

4. 取合理间隙值应考虑哪些因素？

5. 凸、凹模刃口尺寸公差计算原则是什么？为什么要这样确定？

6. 从冲裁工艺的应力、应变方面考虑，如何才能在冲裁后得到光洁而又平整的断面？

7. 精密冲裁的机理是什么？

8. 按制件年产量为500万件要求完成图2-10所示灭弧栅片制件进行冲裁的全工艺过程计算（包括排样，材料宽度的计算，材料利用率，凸、凹模刃口尺寸公差计算，模具结构选择，冲裁力计算并选用压力机）。

第三章 冲裁模具的结构及设计

冲压加工用的冲模，与切削加工时的车刀、铣刀等工具一样，是必不可少的工艺装备。冲压时，在一组上、下模（凸模、凹模）间送入材料，通过压力机施力，可得到所需尺寸和形状的制件。冲裁模在冲模中所占的比例极大，其凸、凹模均具有锋利的刃口，是实现板料分离工序的典型模具。本章主要介绍冲裁模的结构与设计。

第一节 冲裁模的结构分析

一、冲裁模的分类

冲裁模一般按工序性质、工序组合和有无导向分为三类。下面仅将生产实践中常用的工序组合分类法列于表 3-1 中作为参考。

表 3-1 普通冲裁模的对比关系

模具种类 比较项目	单工序模		级进模	复合模
	无导向的	有导向的		
制件公差等级	低	一般	可达 IT10 ~ IT13 级	可达 IT8 ~ IT9 级
制件特点	尺寸大	中小型尺寸	可加工复杂制件，如宽度极小的异形件、特殊形件	形状与尺寸要受模具结构与强度的限制
制件平面度	差	一般	一般	较高
生产效率	低	较低	高	略低
使用高速自动压力机的可能性	不能使用		可以使用	不作推荐
安全性	不安全，需采取安全措施		比较安全	不安全，需采取安全措施
模具制造工作量和成本	低	比无导向的略高	冲裁较简单的制件时比复合模低	冲裁复杂制件时比级进模低

二、冲裁模的结构分析

1. 单工序冲裁模

如图 3-1 所示的单工序冲裁模，在压力机滑块每次行程中只能完成一种冲裁工序。此模主要由上、下模座，导柱，导套，凸、凹模及弹压装置等辅助装置组成。模具结构简单，制造方便，成本低廉，但不能精确保证外形与内孔的位置精度，且生产率低。

2. 复合冲裁模

复合冲裁模是多工序模，压力机滑块每往复一次，便可使板料在模具同一位置上完成两个或两个以上的冲裁工序（图 3-2）。此类模具的结构特征是有一个既作落料凸模同时又作冲孔凹模的零件，故称为凸凹模。当滑块向下运动时，一个或几个凸模（凹模）同时或先后很接近地分层工作，完成落料和冲孔工序。

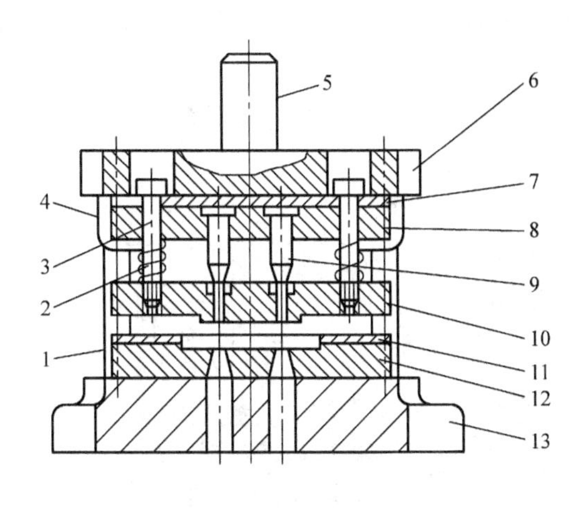

图 3-1　单工序冲裁模

1—导柱　2—弹簧　3—卸料螺钉　4—导套　5—模柄　6—上模座　7—垫板　8—凸模固定板　9—凸模　10—卸料板　11—定位板　12—凹模　13—下模座

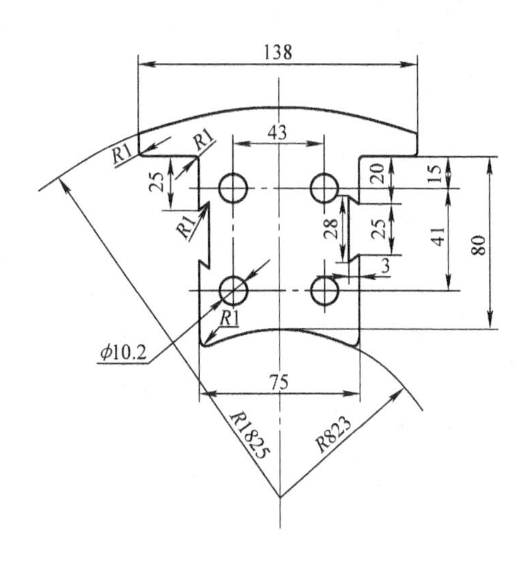

图 3-2　磁极

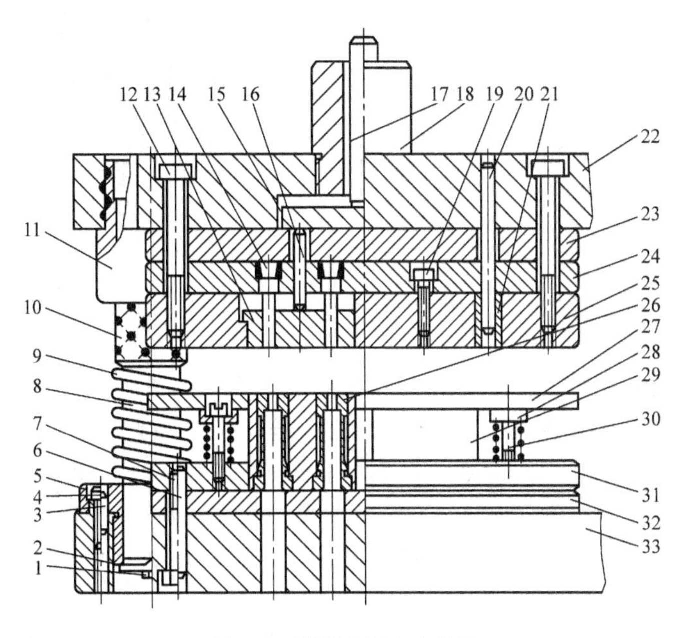

图 3-3　倒装式复合冲裁模

1、4、7、12、19—螺钉　2—垫圈　3、6、20—圆柱销　5—衬套　8—导柱　9—弹簧　10—钢球保持圈　11—导套　13—推件块　14—冲孔凸模　15—推板　16—连接推杆　17—打杆　18—模柄　21—衬套　22—上模座　23、32—垫板　24—凸模固定板　25—凹模　26—凸凹模镶件　27—卸料板　28—弹簧挡圈　29—凸凹模　30—卸料螺钉　31—固定板　33—下模座复合冲裁模根据落料凹模安装的位置，可分为两种。落料凹模安装在下模上时，称为正装式复合模；安装在上模上时，称为倒装式复合模，图3-3所示即为倒装式复合模。正装式复合冲裁模冲出的制件较为平整，一般用于直线度和平面度要求高但冲裁时容易弯曲的薄料。而倒装式复合冲裁模由于克服了正装式复合冲裁模操作中的不方便、不安全等缺陷，因而得到了极其广泛的应用。

复合冲裁模的优点是结构紧凑，制件精度高，特别是制件内外轮廓的位置精度高；缺点是加工、装配困难，制造周期长，生产成本高。

3. 级进冲裁模

级进冲裁模在条料送进方向上具有两个以上的工位，并在压力机一次行程中，在不同的工位上完成两道或两道以上的冲裁工序（图3-4、图3-5）。此类模具克服了以上两类模具的缺点，因此，当前在国内、国外广为推广应用。级进模又名连续模、跳步模或顺序模等。

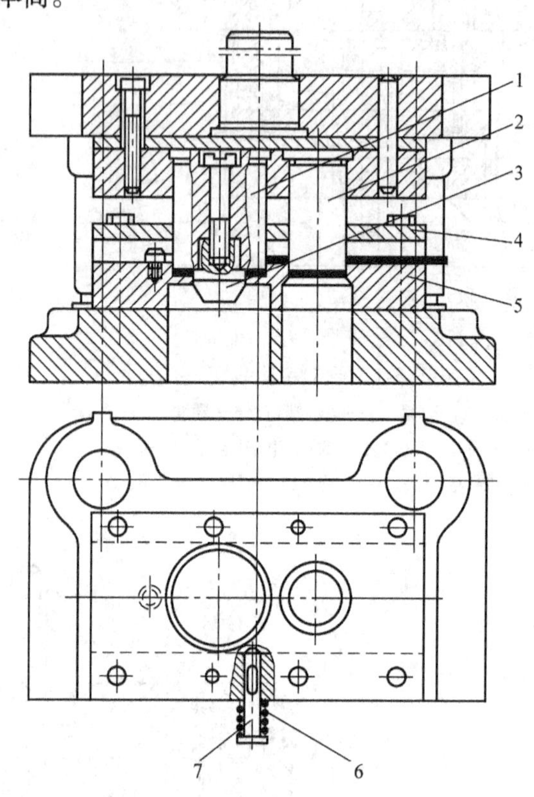

图3-4　垫圈级进冲裁模

1—落料凸模　2—冲孔凸模　3—导正销　4—卸料板　5—凸模　6—弹簧　7—始用挡料销

级进模是按一定程序将条料步进送进，在几对或几十对凸模及凹模的作用下，可累计完成冲孔、落料等几道或几十道工序。板料在级进模中的定位是一个关键问题，一般常采用两种方法：第一种如图3-4所示板料的定位是采用挡料销与导正销相结合来实现的。工作时，板料借助于凹模上平面、导料板内侧面及始用挡料销进行定位，以实现冲孔；然后使板料步进并将孔套在导正销上（确保已冲孔与外形的相对位置）实现落料（一条板料只使用一次始用挡料销）。导正销定位法适用于制件精度要求不高、料厚较厚的场合。第二种为如图3-5所示薄板所采用的导料板与定距侧刃相结合的定位方案。定距侧刃定位法是目前级进模常用的方法。它具有操作方便，定位准确，生产率高等优点；缺点是会造成工艺废料的增加。

级进式模具总的特征是生产率高，制件精度高，操作方便，便于实现冲压自动化；缺点是模具结构尺寸较大。

合理地确定冲裁模的类型十分重要。一般可根据制件生产批量的大小、精度的高低、结构特征（如型腔壁厚等）、模具制作的设备状况及工艺水平、操作工人的安全以及经济性等因素进行论证分析后选用。

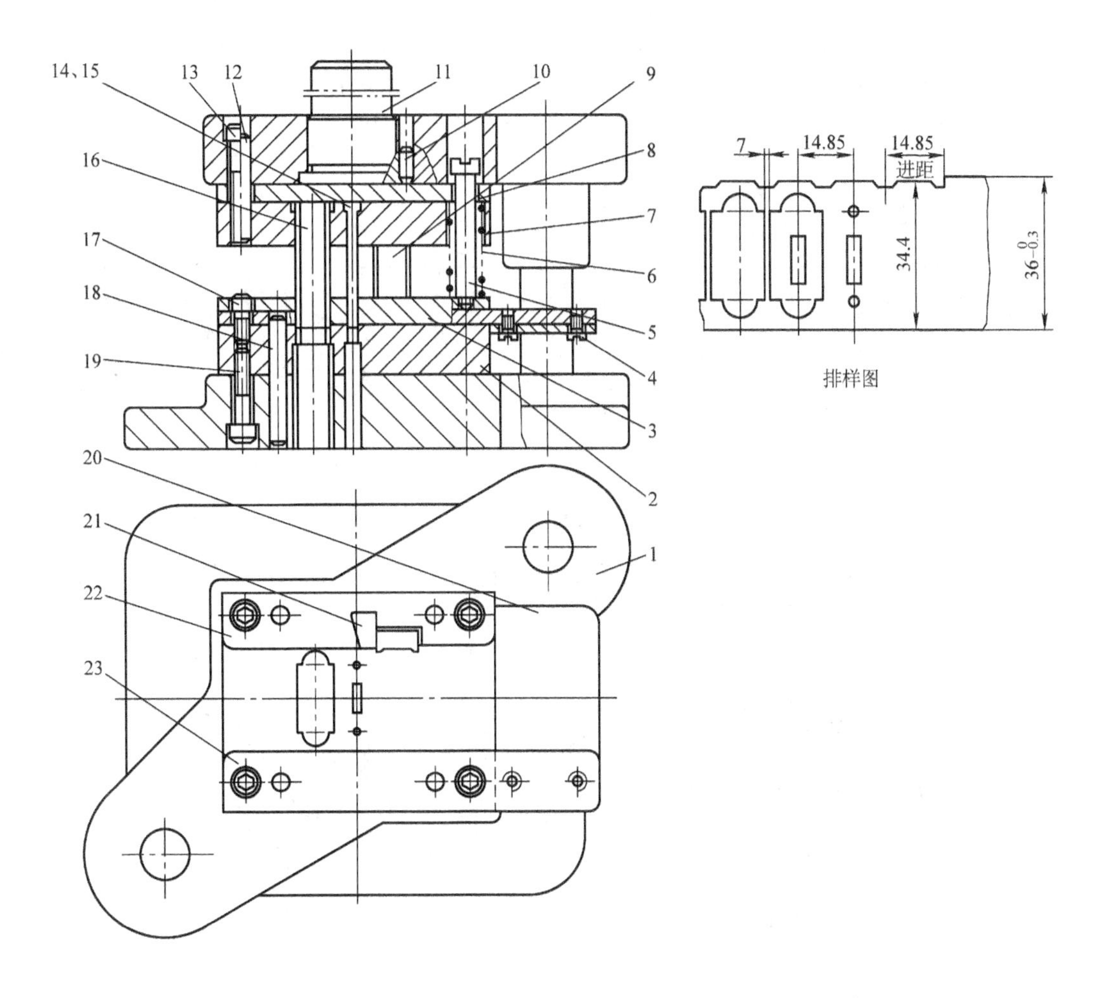

图 3-5　换向片级进冲裁模

1—下模座　2—凹模　3—卸料板　4、13、17、19—螺钉　5—卸料螺钉　6—卸料弹簧　7—凸模固定板　8—垫板　9—侧刃　10—防转销　11—模柄　12、18—圆柱销　14、15—冲孔凸模　16—落料凸模　20—承料板　21—侧刃挡块　22、23—导料板

第二节　冲裁模零部件的设计与选用

一、模具零件的分类

模具零件的分类如图 3-6 所示。

二、凸、凹模的结构设计

凸、凹模是模具中的工作零件，直接影响着制件的尺寸、形状和精度。

（一）结构设计

1. 凸、凹模分类

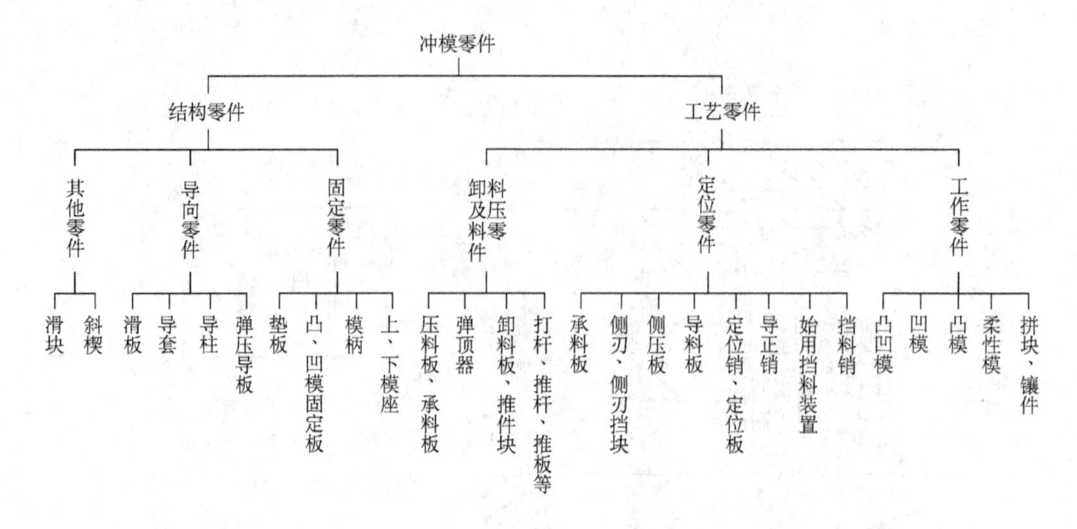

图 3-6　模具零件的分类

凸模种类很多，常用的凸模有以下三种，即轴台式凸模（图 3-7a）、同端面凸模（图 3-7b）和护套式凸模（图 3-7c）。

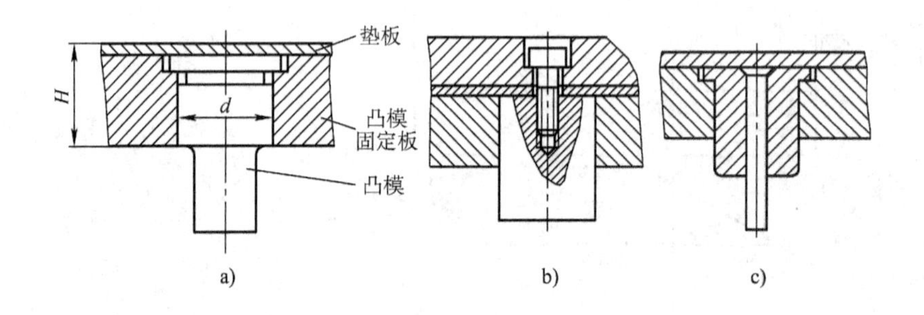

图 3-7　凸模的结构形式

轴台式凸模使用最广。其特点是加工简单，装配修磨方便，冲裁性能良好。

同端面凸模一般用于复杂形状的场合。由于形状复杂，加工困难，因此，上下做成相同的断面。

护套式凸模适用于冲孔直径较小的场合（$D \approx t$）。为了加强凸模的强度与刚度，故采用在凸模外加套的方法作为补偿。其设计推荐尺寸见表 3-2。

常用凹模也可分为三种，即圆柱形孔口凹模（图 3-8a）、锥形孔口凹模（图 3-8b）和过渡圆柱形孔口凹模（图 3-8c）。

圆柱形孔口凹模的特征是工作刃口强度高，修磨后工作部分尺寸不变，因此适用于冲裁形状复杂和精度要求较高的制件，使用最广。

锥形孔口凹模的特征主要是加工方便，但刃口磨损快，强度差，磨损修复后各工作部分的尺寸略有增大，因此适用于精度要求不高，形状简单的小型制件。

过渡圆柱形孔口凹模的特征介于上述两者之间，主要用于较小尺寸的冲裁。其 h 值可参照圆柱形孔口凹模来确定。圆柱形孔口与锥形孔口凹模设计推荐尺寸见表 3-3。

表 3-2　护套式凸模设计推荐尺寸　（单位：mm）

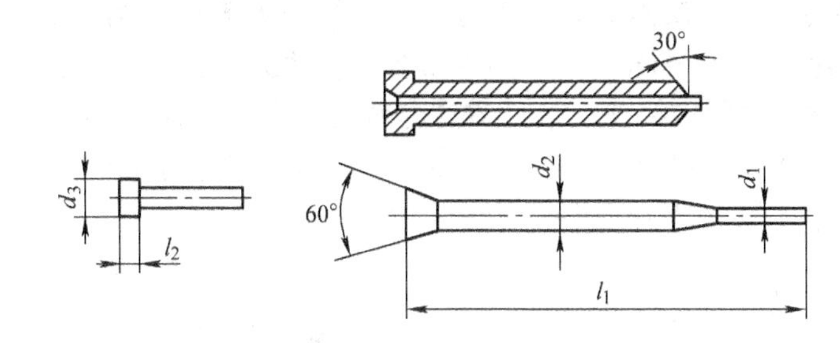

d_1	使用材料直径	d_3	l_2	l_1
0.8 以下	1.0	—	—	30 ~ 50
0.8 ~ 1.5	1.0	—	—	30 ~ 55
	1.5	—	—	
1.5 ~ 3.0	2	2.7	1.8	35 ~ 60
	2.5	3.2	2.2	
	3.0	3.8	2.5	

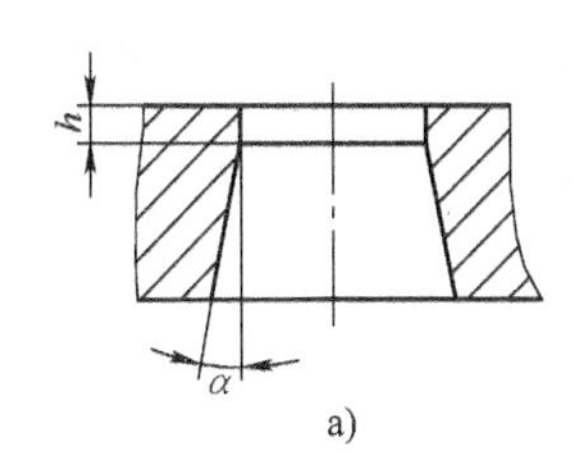

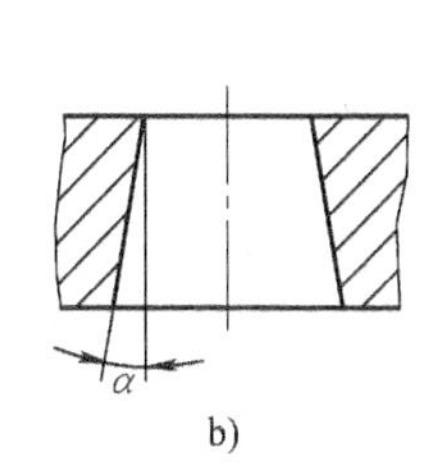

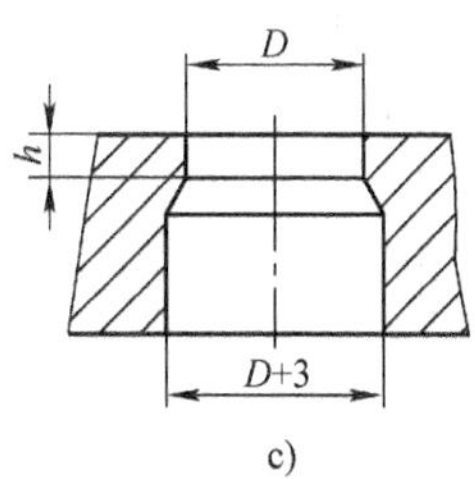

图 3-8　凹模结构形式

表 3-3　圆柱形孔口和锥形孔口凹模设计推荐尺寸

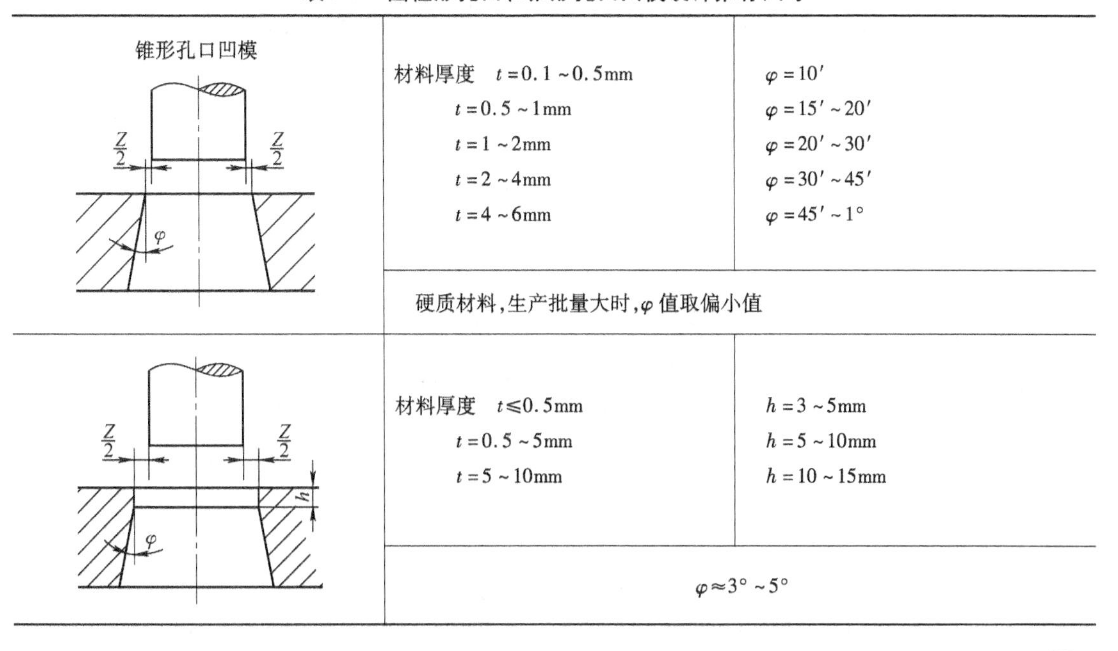

锥形孔口凹模	材料厚度	
（图，$\frac{Z}{2}$，φ）	材料厚度　$t=0.1\sim0.5$mm $t=0.5\sim1$mm $t=1\sim2$mm $t=2\sim4$mm $t=4\sim6$mm	$\varphi=10'$ $\varphi=15'\sim20'$ $\varphi=20'\sim30'$ $\varphi=30'\sim45'$ $\varphi=45'\sim1°$
	硬质材料，生产批量大时，φ 值取偏小值	
（图，$\frac{Z}{2}$，h，φ）	材料厚度　$t\leqslant0.5$mm $t=0.5\sim5$mm $t=5\sim10$mm	$h=3\sim5$mm $h=5\sim10$mm $h=10\sim15$mm
	$\varphi\approx3°\sim5°$	

2. 凸、凹模固定方法

（1）凸模固定方法　凸模固定方法可分三类。第一类为普通固定法，如图 3-9a、b、c 所示。图 3-9a 为凸模压入凸模固定板后同磨结合面，然后校正凸模位置，借助一面双销使固定板定位，再用螺钉紧固在模座上。此方法是轴台式凸模常用的固定方法。图 3-9b 所示凸模尾部兼有导向功能，节省销钉。此方法在多工位级进模中经常使用。图 3-9c 所示凸模使用压紧调节块固定。第二类为快换固定法，如图 3-9d、e、f、g、h、i 所示。其中图 3-9d

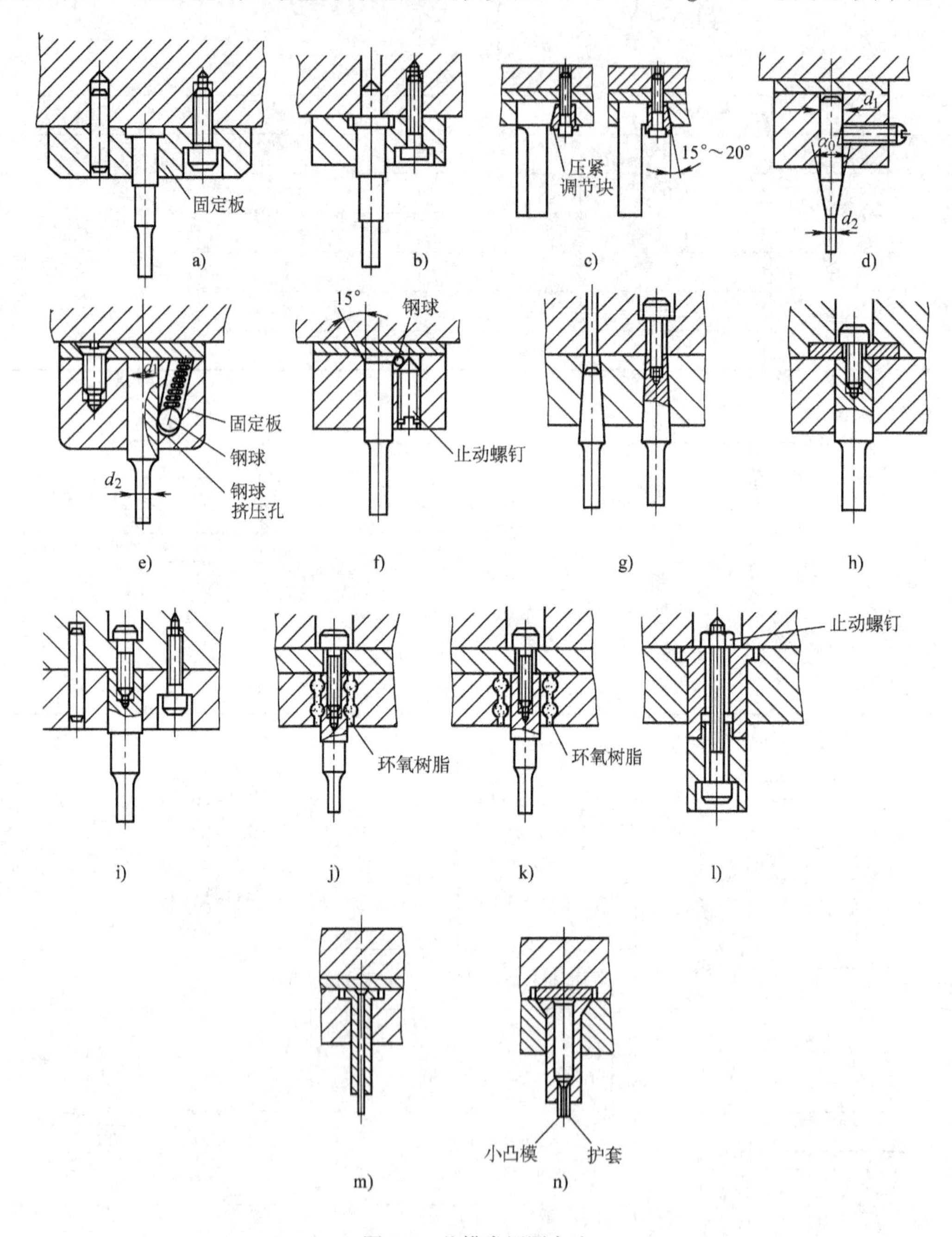

图 3-9　凸模常用固定法

是小直径、小批量生产时用的螺钉固定法。锥角 $\alpha_0 = 30° \sim 42°$；d_1 为 $\phi5$mm 时，$d_2 = \phi0.8 \sim \phi2$mm；d_1 为 $\phi6$mm 时，$d_2 = \phi1.2 \sim \phi3$mm。图 3-9e 为互换性凸模的固定法。头部 d_2 直径一般为 $\phi3 \sim \phi25$mm。第三类为其他固定法，如图 3-9j、k、l、m、n 所示。其中图 3-9j 和图 3-9k 的凸模采用粘结方法固定，粘结剂一般使用低熔点合金或环氧树脂，这样可大大简化模具加工工艺及装配工艺。图 3-9m 和图 3-9n 是护套式凸模的固定法，护套式凸模的推荐尺寸见表 3-2。图 3-9n 适用的凸模直径为 $\phi0.4 \sim \phi1.5$mm，冲裁材料厚度为 0.7 ~ 1.3mm；图 3-9m 为针状凸模，适用的凸模直径在 $\phi3$mm 以下。

（2）凹模固定法　凹模固定法常用的有两类，如图 3-10 所示。第一类为普通凹模固定法（图 3-10a），在单工序模和复合模中使用很广。第二类为凹模压入固定法（图 3-10b），为了防止使用过程中凹模松动或转动，采用了调整螺钉、定位销、键或低熔点合金来进一步固定。常用的国外低熔点合金是赛露玛合金（各元素质量分数为 Bi52%、Pb28%、Sn12%、Sb8%）。此方法更换凹模方便。图 3-10e 所示为下压入式凹模固定法，凹模压入后与凹模固定板一起磨削，其位置是依靠凹模固定板在下模座上的定位与夹紧来固定的。此方法使用较广，但是更换凹模不太方便。图 3-10h 所示的是凹模压入与排屑槽的结构关系，此方法在级进模中使用极广。图 3-10i 所提供的是斜面压入式凹模的冲压许用斜角 α 与冲孔直径 d 的关系，可供弯曲制件冲斜孔时参考：当凸模直径在 5mm 以下时，$\alpha_{max} = 15°$；当凸模直径为 5 ~ 10mm 时，$\alpha_{max} = 20°$；当凸模直径在 10mm 以上时，$\alpha_{max} = 30°$。

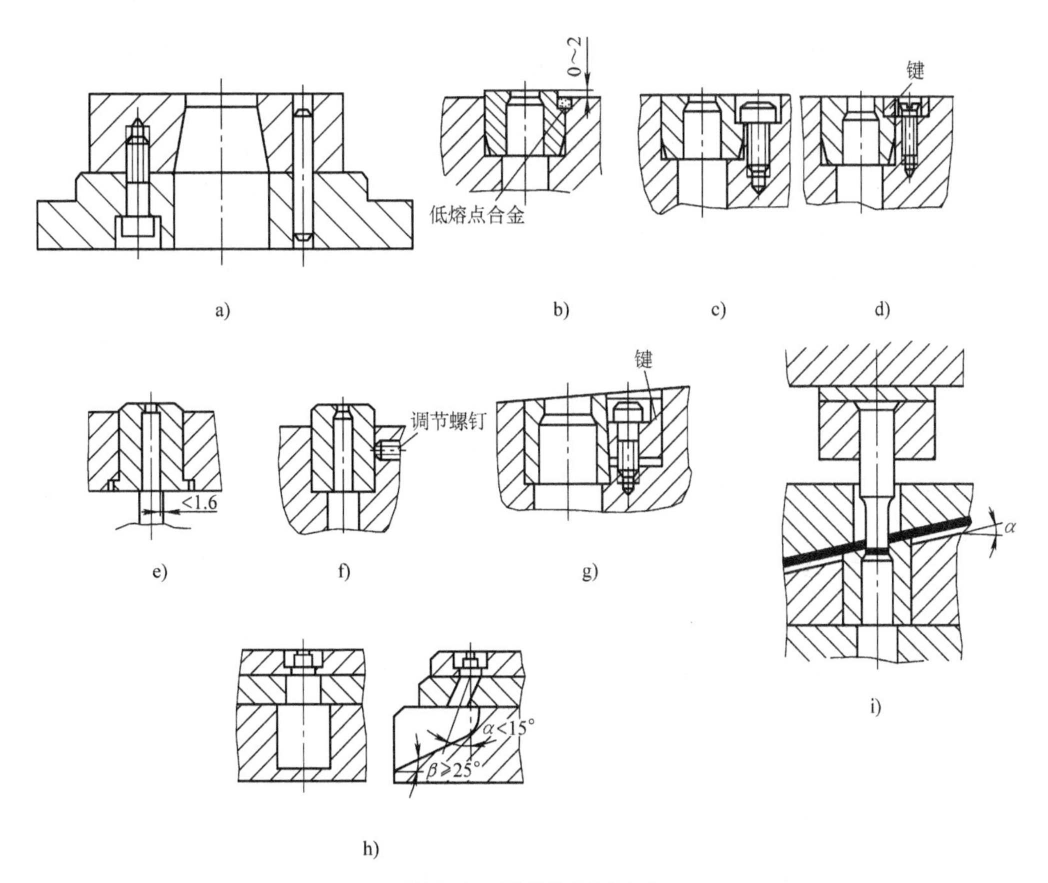

图 3-10　凹模常用固定法

（二）凸、凹模使用的材料

凸、凹模使用的材料有钢材、硬质合金、非铁金属、塑料、橡胶及其他材料等。材料种类很广，但不同的材料，对模具的制造工艺、使用性能及寿命，乃至模具成本均有极大影响。选材是又一个十分重要的大问题。下面分类进行介绍。

（1）钢材　经热处理的模具材料从性能上来说应达到如下要求：①耐磨性和韧性好；②疲劳强度和抗压强度高；③加工方便；④热处理变形小；⑤价格便宜。

目前，凸、凹模常用的钢材为碳素工具钢、高速工具钢以及合金工具钢（表3-4）。其中CrWMn等合金工具钢是最合适的材料。首先是此材料退火后的硬度在220HBW以下，易于切削加工；其次是淬火温度低（仅在780～880℃），经油冷后硬度即可达到60～63HRC，具备良好的耐磨性能；第三是淬火变形小，不易产生裂纹，是制作几何形状复杂、精度要求高的凸、凹模较为理想的材料。尽管合金工具钢的原材料成本费远高于其他钢材，然而平摊到冲压数量极大的制件上却是微不足道的。一般情况下，工厂常用的还是T10A、T8A等碳素工具钢，由于碳素工具钢性能稳定，热处理容易掌握，其材料性能虽然比不上合金工具钢，但价格便宜却是合金工具钢所无法比拟的，故在中、小批量冲压生产的模具上得到极其广泛的应用。但应特别注意，淬火后的工具钢材料不宜再用线切割方法来加工，由于它易开裂，因此不能用在复杂几何形状的凸凹模零件上。

（2）硬质合金　模具常用的硬质合金可分为钨钴硬质合金和钢结硬质合金两类。由于它们具有高硬度和高耐磨性，所以是做冷冲模凸、凹模的好材料。

硬质合金材料费及加工费很高，因此模具成本也高，但优越的高硬度、高耐磨性对于大批量冲压生产的模具来说是极有利的，它比一般钢材模具可提高寿命5～10倍（表3-5）。

常用钢结硬质合金有YE65、YE50，其热处理硬度可达68～73HRC，抗弯强度和冲击韧度均可达到使用要求。

常用硬质合金如表3-6所示，其热处理硬度可达85～89HRA。

表3-4　凸、凹模常用的钢材及热处理要求

零件名称			选用材料牌号	热处理	硬度HRC	
模具类型	冲件情况				凸　模	凹　模
冲裁模	Ⅰ	形状简单、冲裁材料厚度 $t<3mm$ 的凸、凹模和凸凹模	T8A T10A 9Mn2V Cr6WV	淬火	58～62	60～64
		带台肩的、快换式的凸模、凹模和形状简单的镶块				
	Ⅱ	形状复杂的凸、凹模和凸凹模	9SiCr CrWMn 9Mn2V Cr12，Cr12MoV Cr4W2MoV	淬火	58～62	60～64
		冲裁材料 $t>3mm$ 的凸、凹模和凸凹模				
		形状复杂的镶块				
	Ⅲ	要求耐磨的凸、凹模	Cr12MoV，GCr15	淬火	60～62	62～64
			YG15	—	—	
	Ⅳ	冲薄材料用的凹模	T8A	—	—	
	Ⅴ	板模的凸、凹模	T7A	淬火	43～48（对 $\tau\leqslant$ 294MPa的不处理）	

（续）

零件名称			选用材料牌号	热处理	硬度 HRC	
模具类型		冲件情况			凸模	凹模
弯曲模	Ⅰ	一般弯曲的凸、凹模及镶块	T8A，T10A	淬火	56～60	
	Ⅱ	要求高度耐磨的凸、凹模及镶块形状复杂的凸、凹模及镶块 生产批量特别大的凸、凹模及其镶块	CrWMn Cr12 Cr12MoV	淬火	60～64	
	Ⅲ	热弯曲的凸、凹模	5CrNiMo，5CrNiTi 5CrMnMo	淬火	52～56	
拉深模	Ⅰ	一般拉深的凸、凹模	T8A，T10A	淬火	58～62	60～64
	Ⅱ	连续拉深的凸、凹模	T10A，CrWMn			
	Ⅲ	要求耐磨的凹模	Cr12，YG15 Cr12MoV，YG8		—	62～64
	Ⅳ	不锈钢拉深用凸、凹模	W18Cr4V		62～64	—
			YG15，YG8	—	—	
	Ⅴ	热拉深用凸、凹模	5CrNiMo，5CrNiTi	淬火	52～56	52～56

表 3-5 各种材料寿命对照表

模具零件名称	材质	件数
凸模	Cr12 高速钢 硬质合金 25% Co，85HRA 硬质合金 15% Co，87HRA	10000 15000 25000 125000
凹模	高速钢 硬质合金 15% Co，87HRA	150000 1000000

表 3-6 常用硬质合金与用途

<table>
<tr><td>材料牌号</td><td>YG6</td><td>YG8</td><td>YG11</td><td>YG15</td><td>YG20</td><td>YG25</td></tr>
<tr><td rowspan="3">冲压工艺</td><td colspan="2">简单成形</td><td colspan="4"></td></tr>
<tr><td></td><td colspan="3">拉深成形</td><td colspan="2"></td></tr>
<tr><td></td><td colspan="2"></td><td colspan="3">冲裁</td></tr>
</table>

（三）提高模具寿命的措施

（1）拟订合理的冲压工艺　首先冲压制件的设计一定要合乎冲压工艺性的要求；在冲压过程中要作好润滑和工序间的软化处理，减少模具的磨损，如冲裁润滑后的硅钢片，模具寿命可提高 10 倍左右；间隙和搭边对模具凸模的磨损影响极大，一般要求搭边大于材料厚度。

（2）改进模具的结构设计　当前模具的结构从国内外发展来看是增厚上、下模座，加大导柱和导套直径，提高导向精度，以加强模具整体的刚度和强度，减少振动与变形，从而提高模具的导向和冲裁精度；从设计方面考虑，应注意合理地选用模具间隙，保证工作状态下间隙均匀，缩小模具工作部位和导向部位的相对位置误差；对于凸、凹模结构上容易开裂及磨损的地方，可采用镶拼式结构来提高寿命。

（3）合理选用模具材料及热处理方法　模具的使用条件及对模具材料的性能要求见表3-7，供选材及热处理时参考。

表3-7　模具材料的选择基准

使用条件	对模具材料的性能要求
冲击负荷大的模具	韧性好
被加工材料变形阻力大	韧性和耐磨性好
模具表面受材料流动变形大的模具	耐磨性好
模具形状复杂	韧性好、热处理变形小
大型模具	价格低廉，加工处理容易
生产批量大	耐磨性好

热处理时应注意强韧匹配，柔硬兼顾，合理拟订并严格执行热处理工艺规程。可以采用的方法有渗氮、渗硼、渗硫、电火花强化、气相沉积 TiC 或 VC 等。还可用喷丸方法进行表面硬化处理，用高频感应淬火和机械滚压等来提高疲劳强度。特别是在热处理过程中增加低于 -78℃ 的冷处理或低于 -130℃ 的深冷处理，更可大大地提高模具的耐磨性。

（4）模具的正确使用和维护保养　正确地安装和调试模具是提高模具寿命的重要措施之一。冲压时要保持模具清洁，当制件毛刺超过标准值时，应立即停止操作，进行刃口修磨，修复后使其表面粗糙度小于等于 $Ra0.10\mu m$。此外还要注意模具的润滑和冷却，避免表面硬度下降。

（四）凸、凹模有关尺寸计算

此部分主要介绍凸模长度、凹模高度及凹模孔壁厚的计算。

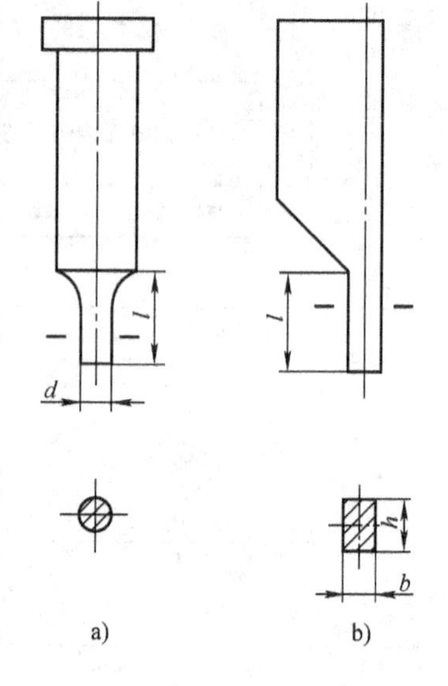

图3-11　凸模形状
a）圆形凸模　b）角形凸模

（1）凸模总长度计算　凸模在冲裁时由于受往复的冲击载荷，因此不但应考虑有足够的强度而且还要有足够的刚性。如图3-11所示的凸模形状，必须首先考虑凸模工作部分的长度（l 值），l 值可用欧拉公式计算确定，即

$$l = \pi\sqrt{\frac{aEJ}{F_{冲}}}$$

式中　l——不引起屈服时的最大长度；

E——凸模材料的纵弹性模量，模具钢为（21～22）$\times 10^{10}$Pa；

a——与凸模导向条件有关的系数：模具无导向时 $a=1$，有导向时 $a=2$；

J——凸模最小断面的惯性矩，圆形凸模 $J=\frac{\pi d^4}{64}$，矩形凸模 $J=\frac{bh^3}{12}$。

第二步再考虑凸模的总长度 L。凸模一般均与凸模固定板在一起，凸模可直接压入凸模固定板并采用$\frac{H7}{m6}$配合；或用螺钉、销钉固接，并保持其位置精度要求（图3-12）。凸模固定

板的厚度 H 与凸模压入部分的直径 d 应保持下式关系：$H \geqslant 1.5d$（但 H 的最小值应不小于 13mm）。

凸模全长的 L 值又应与固定板保持以下关系

$$H = \frac{L}{3} \quad 或 \quad L \approx 3H$$

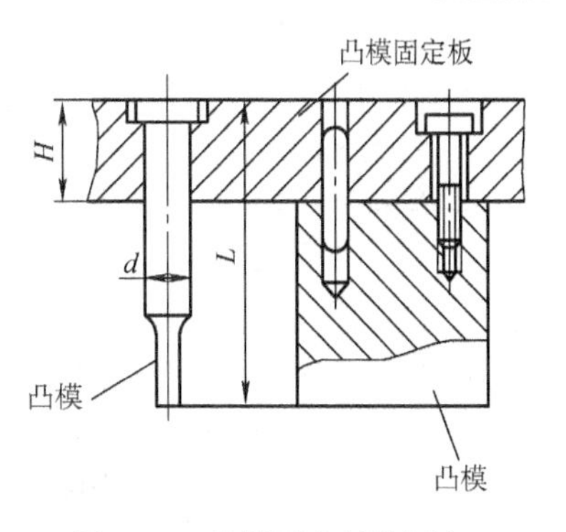

图 3-12　凸模固定板的固定

（2）凹模厚度及凹模孔壁厚度的计算

1）凹模厚度（H）的计算：凹模形状大致可分为三种。第一种为整体式凹模，即多个型腔开在一块模板上，外形大多为矩形或圆形；第二种为圆柱压入式凹模，与凹模固定板采用过盈配合$\left(\frac{H7}{r6}\right)$连成一体；第三种为镶拼式凹模。

凹模的厚度与模具强度有直接关系，所以凹模厚度与冲裁力的关系式如下

$$H = \sqrt[3]{F_{冲} \times 10^{-1}} \tag{3-1}$$

式中　H——凹模厚度；

$F_{冲}$——冲裁力。

式（3-1）计算出的 H 最小不能小于 7.5mm。当冲裁轮廓线全长超过 50mm 时，还应乘上修正系数 K 值（表 3-8）。表 3-8 中凹模材料为合金工具钢，如采用碳素工具钢，则再在此值上乘以 1.3 倍。此方法计算出的 H 已考虑了凹模磨损的修磨量。

2）凹模孔壁厚 W 的确定：凹模孔轮廓线到凹模边缘的许用尺寸 W，可以分为三种情况处理（图 3-13）：

凹模孔口轮廓线为曲线时：$W_1 = 1.2H$。

凹模孔口轮廓线为直线时：$W_2 = 1.5H$。

凹模孔口形状复杂或带尖角时：$W_3 \geqslant 2H$。

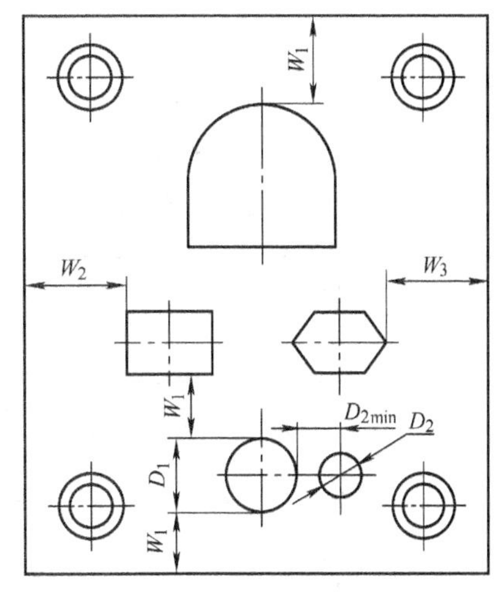

图 3-13　凹模孔轮廓线到凹模边缘的许用尺寸 W

（3）凹模其他尺寸的确定　凹模外周边至螺钉孔轴线间许用尺寸的确定见表 3-9。

表 3-8　凹模厚度的修正系数 K

轮廓长度/mm	50～75	75～150	150～300	300～500	500 以上
修正系数 K	1.12	1.25	1.37	1.50	1.6

表 3-9　凹模外周边至螺钉孔最小许用尺寸

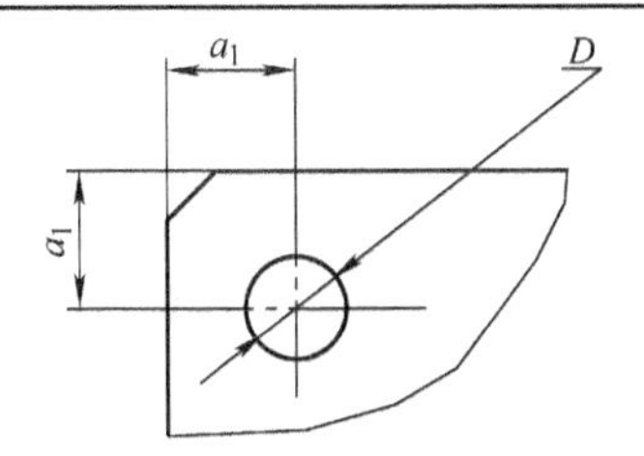

与凹模周边等距离

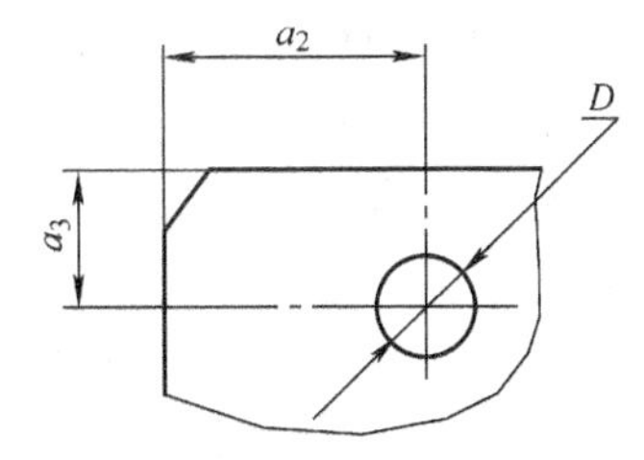

与凹模周边不等距离

（续）

模具材料状态	等距螺孔	不等距螺孔	
	a_1	a_2	a_3
未热处理	1.13D	1.5D	1D
热处理后	1.25D	1.5D	1.13D

注：标准尺寸 a_1 =（1.7～2）D。

螺孔至凹模孔间壁厚（F 值）的确定见表 3-10。

表 3-10　螺孔至凹模孔及销孔间壁厚的最小许用尺寸

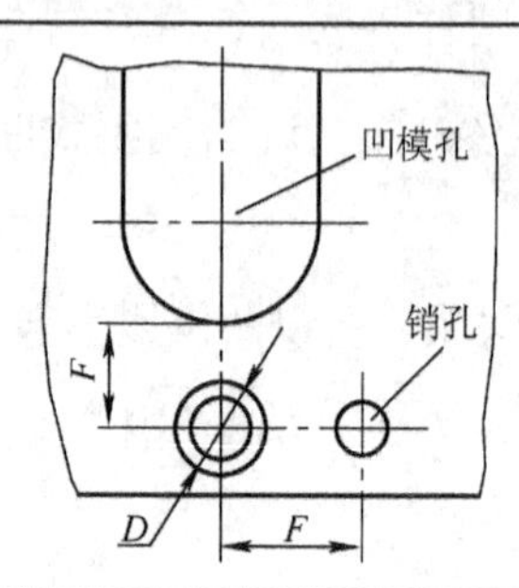

模具材料状态	最小尺寸（F_{min}）
未热处理	1D
热处理后	1.3D
标准值：$F>2D$	

螺孔与螺孔间的许用距离见表 3-11。

表 3-11　螺孔间距离　（单位：mm）

螺孔尺寸	最小距离	最大距离	模具厚度
M5	15	50	10～18
M6	25	70	15～25
M8	40	90	22～32
M10	60	115	27～38
M12	80	150	35 以上

注：此表尺寸也适用于镶拼式凹模和凹模固定板固定时使用。

凹模厚度及其螺钉的尺寸关系见表 3-12。

表 3-12　凹模厚度及其螺钉的尺寸关系

凹模厚度/mm	≤13	13～19	19～25	25～32	≥32
安装螺钉	M4、M5	M5、M6	M6、M8	M8、M10	M10、M12

注：螺钉选择时还应注意凹模表面积尺寸大小。

（五）凸、凹模镶拼法

凸、凹模镶拼法具有节约材料，便于加工，减少热处理困难，修磨容易，提高制件精度和模具寿命等特点，因此在设计大型制件或中小型复杂制件的模具时应酌情采用镶拼结构。镶拼模结构的主要缺点是组装比较困难。

镶拼模镶拼的方法一般有两种：一种是拼接法；另一种是嵌入法。拼接法是将凸模或凹模分段加工，然后拼接成整体（图 3-14）。嵌入法是将刃口形状复杂或不便于整体加工的狭小细长结构作为嵌件，加工后嵌入凹模或凸模体内，如图 3-15c 所示。

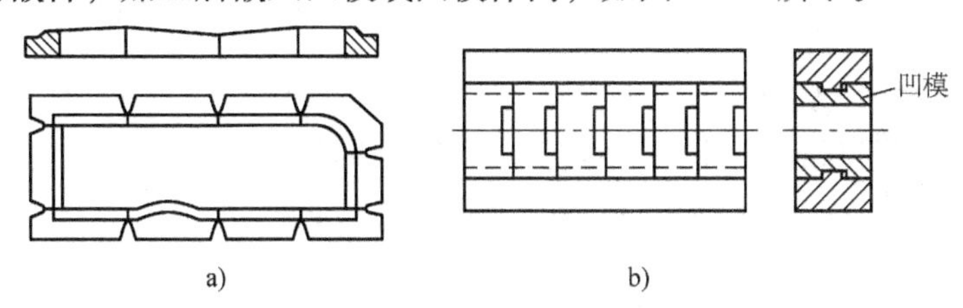

图 3-14　模具拼接法

镶拼式凸（凹）模的设计应根据制件形状、尺寸、厚度以及镶块侧壁承受能力来确定，具体镶拼原则如下：

1）刃口尖角部分不仅加工困难，而且热处理容易开裂，因此应按拼接部位处理（图 3-15a）。

2）圆角部位应单独分段，并应注意圆弧与直线相接时，应在离切点 3～5mm 处；圆弧与圆弧相接时，应在切点处（图 3-15b）。

3）模具中容易磨损处的结构应单独分段，以便于更换。

4）应尽量将拼接件或嵌入件的内腔结构变成外形结构，以便于机械加工，减少钳工手工工作量（图 3-15c）。

5）应尽量采用镶拼结构，减少凸（凹）模的热处理变形，便于加工，利于调试（图 3-15d）。

6）拼接时应尽量减少拼接面（图 3-15e），使拼合紧密，减少加工工作量。

7）上、下模的拼合线位置应错开 3～5mm，以避免影响制件质量。

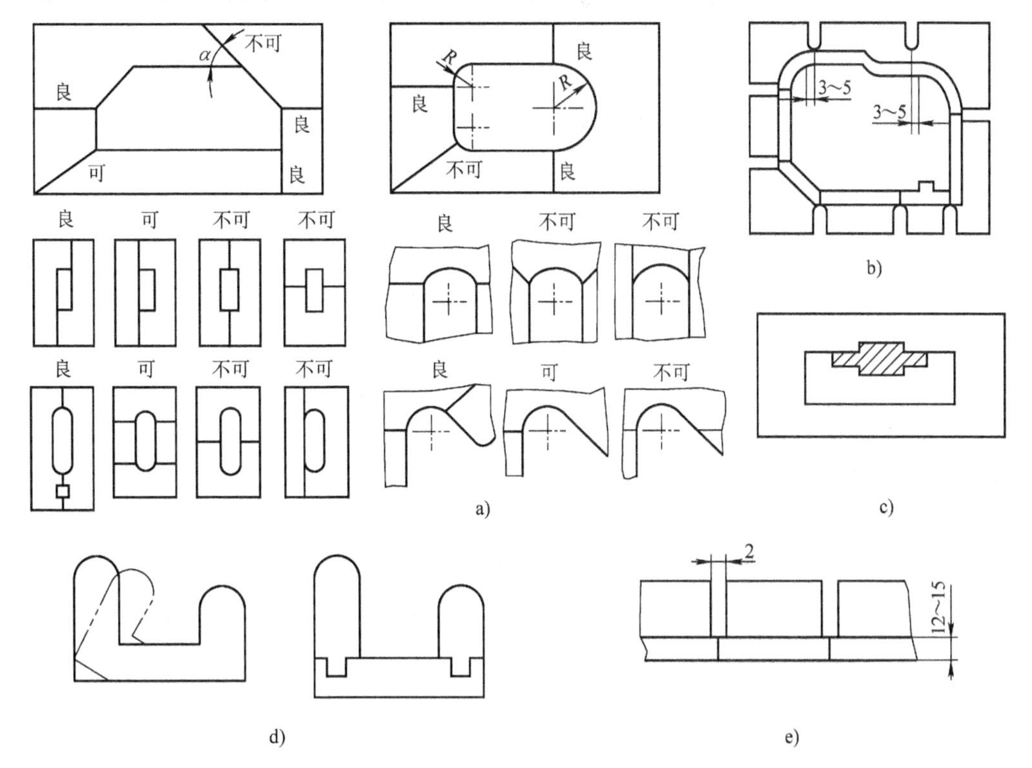

图 3-15　镶拼模的分段原则

8）材料厚度 $t>3$mm 的制件尖角处，应将对应的凸模镶块做成尖角，而凹模做成圆角，来保证凸、凹模之间的间隙均匀。

三、定位零件的结构设计

定位零件的作用是保证板料（或坯料）在模具中的精确位置。常用的有挡料销、定位板（销）、定距侧刃、导正销及其他辅助装置。

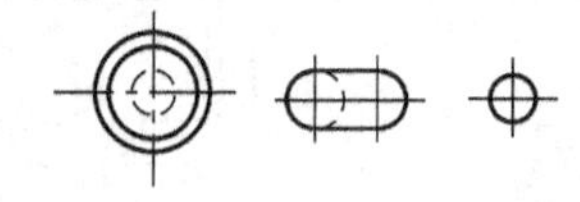

（一）挡料销

挡料销一般分成固定式和活动式两种。

固定挡料销如图 3-16 所示（三种）。图 3-16a 为圆柱头挡料销，使用最广。图 3-16b 为钩形挡料销，优点是可使挡料销孔与凹模孔之间壁间距增大，从而增加凹模刃口强度。图 3-16c 为圆头挡料销，此尺寸较小，用于小孔制件。

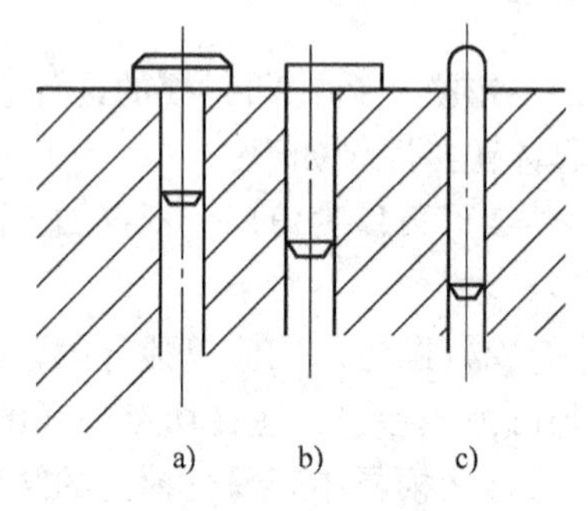

图 3-16　挡料销结构

活动挡料销从功能上来分，分为回带式（图 3-17a）、隐藏式（图 3-17b）及临时挡料销（图 3-17c）三种。回带式挡料销送料时，要将条料前送、后退，才能使搭边抵住挡料销而定位，操作不便。隐藏式挡料销常用于倒装式复合模，挡料销安装在卸料板或凹模上。临时挡料销装在导料板内，用于级进模中作条料的首次定位。

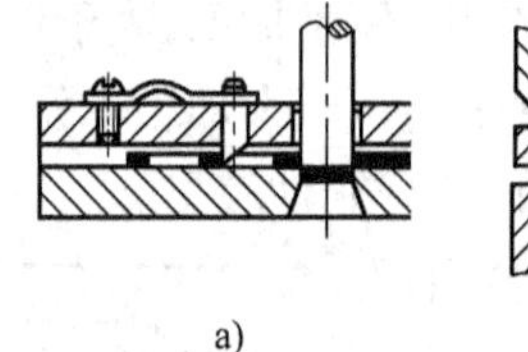
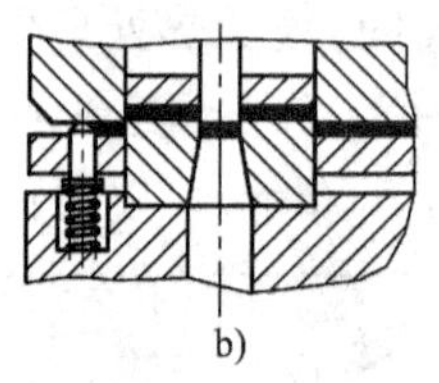
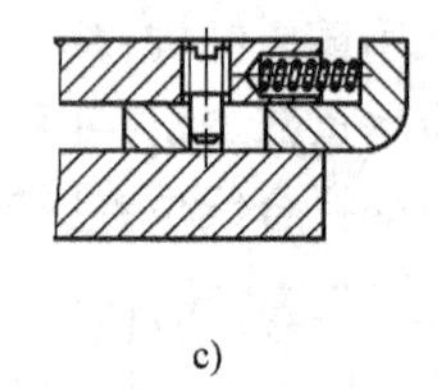

图 3-17　活动挡料销结构

挡料销应具有一定的耐磨性，常根据制件的批量酌情选用 45 钢或 T7A，热处理后 45 钢的硬度为 43～48HRC，T7A 的硬度为 52～56HRC。

（二）定位板（销）

定位板或定位销，用于块料（或坯件）定位，定位形式分内孔定位与外形定位两种。外形定位如图 3-18 所示，内孔定位如图 3-19 所示。

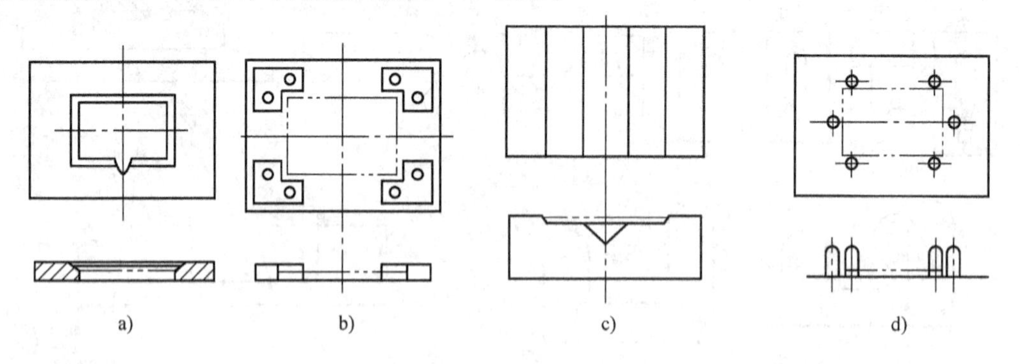

图 3-18　外形定位形式

a）整体式　b）组合式　c）模具一体式　d）定位销式

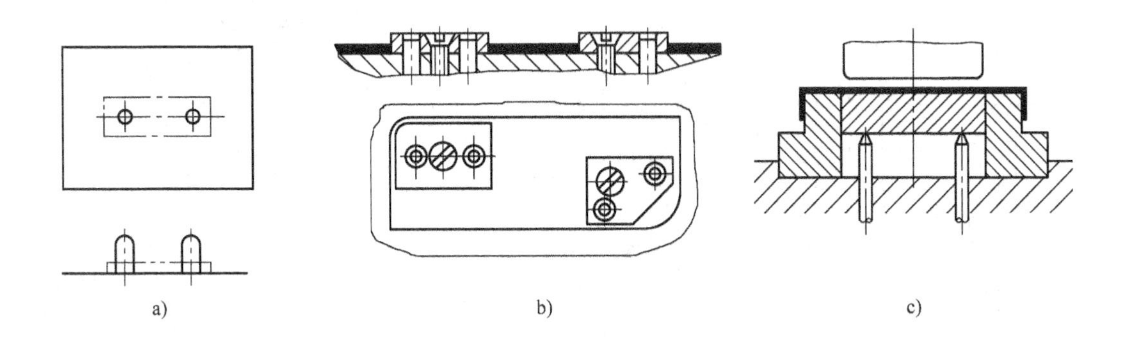

图 3-19　内孔定位形式

a）孔定位　b）内孔定位块　c）模具一体式

定位块与定位销使用材料为 45 钢、T7 和 T8，热处理后硬度与挡料销相同。

（三）定距侧刃

侧刃定位用于级进模中。它利用条料边缘被侧刃切除后出现的台阶来定位，因此定位可靠，操作简便，生产率高。常用的侧刃分三类，如图 3-20 所示。长方形侧刃制造方便，应用最广。成形侧刃一般是制件侧向有形状要求，为简化落料模具形状时才使用，由于侧刃形状复杂，所以制造困难，因而非制件形状等特殊情况外，一般不使用。尖角侧刃冲掉的废料少，常用于贵重金属材料的冲压，并与弹性挡料销同时配合使用。

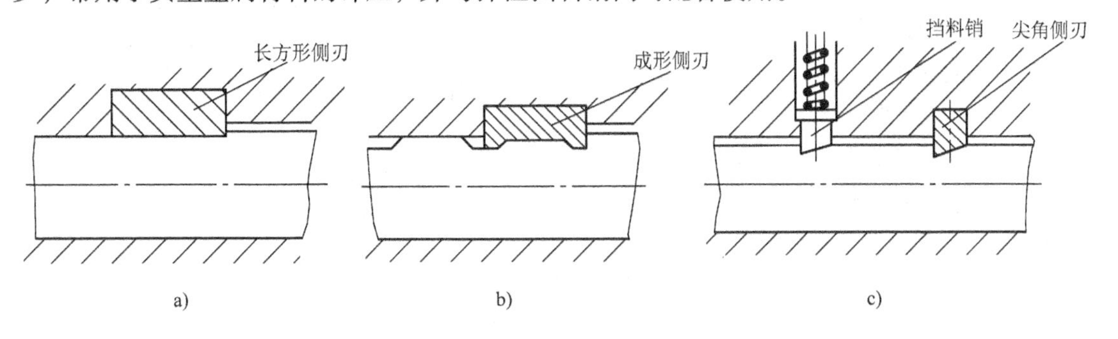

图 3-20　侧刃结构形式

a）长方形侧刃　b）成形侧刃　c）尖角侧刃

侧刃长度尺寸为进距的基本尺寸加上 0.05 ~ 0.10mm；宽度尺寸按强度取标准值（参考表 2-11）。常用材料为 T8A、T10A，热处理后硬度为 58 ~ 62HRC，其他要求与凸模完全一致。

（四）导正销

1. 导正销与导正销形式

导正销也是级进模中用来正确决定材料位置的精定位装置之一。它可以单独使用或与凸模组合使用。单独使用称为间接导正，就是利用废料上冲的工艺孔导正；间接导正可分为固定式和活动式两种，如图 3-21 所示。

固定式用于较薄的材料；活动式用于较厚的材料，可以避免或减少因材料送进误差而使

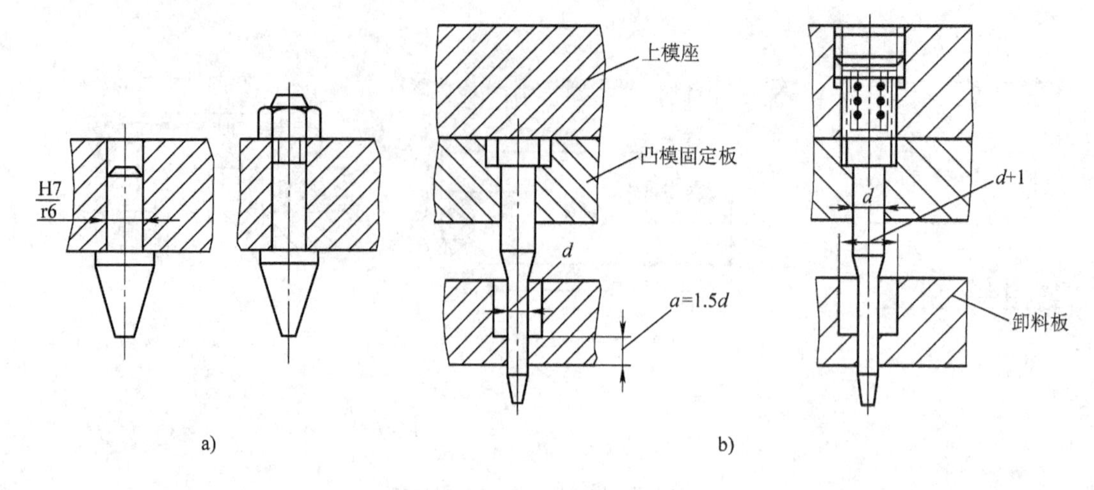

图 3-21　间接导正形式

a）固定式　b）活动式

导正销过早磨损或损坏。导正销与凸模组合使用时称为直接导正，即用制件本身冲好的孔来导正。这种导正方式较间接导正更能保证内外腔较高的位置精度，如图 3-22所示。导正销的种类很多，按头部形状可以分为三种常用结构，如图 3-23 所示。

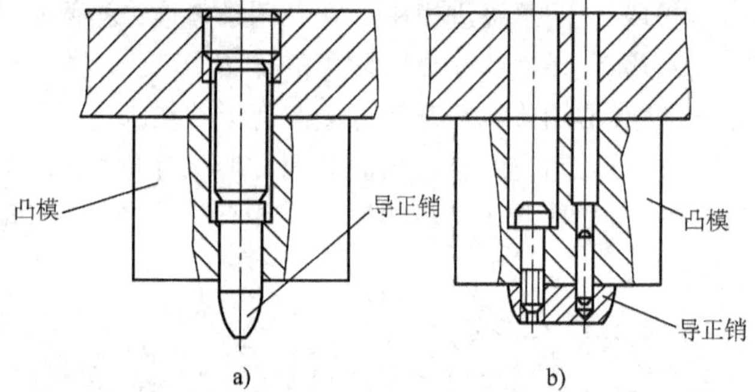

图 3-22　直接导正形式

a）小直径导正销　b）大直径导正销

2. 导正销的尺寸计算

导正销直径为

$$d_1 = d_p - 2a$$

式中　d_p——凸模直径；

$2a$——导正销与孔的双边间隙值，见表 3-13。

导正销与挡料销的位置尺寸 e，如图 3-24 所示。

表 3-13　2a 的数值　（单位：mm）

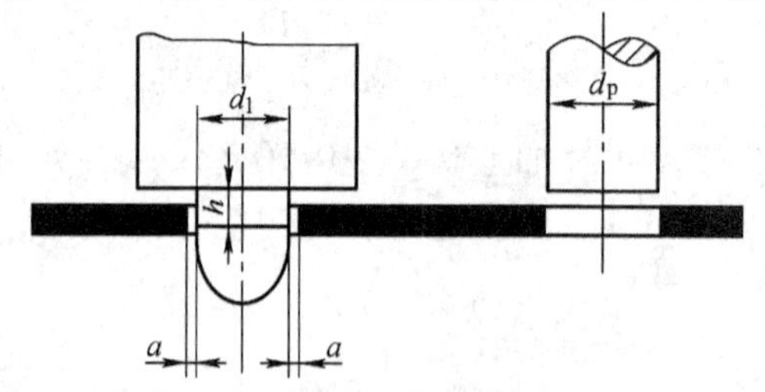

材料厚度 t	冲孔凸模直径 d_p						
	1.5～6	6～10	10～16	16～24	24～32	32～42	42～60
<1.5	0.04	0.06	0.06	0.08	0.09	0.10	0.12
1.5～3	0.05	0.07	0.08	0.10	0.12	0.14	0.16
3～5	0.06	0.08	0.10	0.12	0.16	0.18	0.20

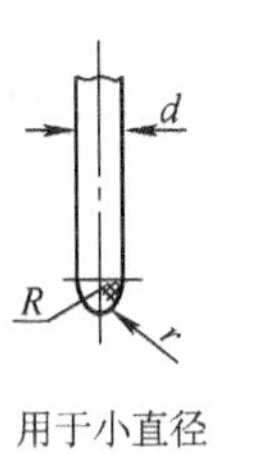

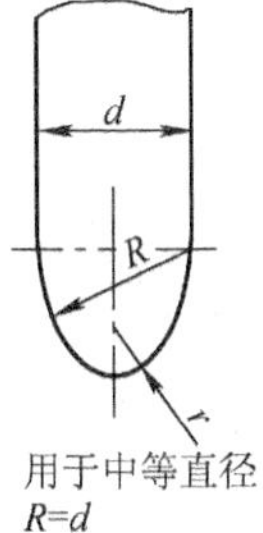

d
d
d
R
r
R
r
R
r
E
T
用于小直径
R=(2～3)d
r=1/4d
用于中等直径
R=d
r=1/4d
用于大直径
R=d
r=3～5mm

(单位：mm)

定位直径 d	T
20～25	12
20～25	14
25～30	16
35～40	18

a)

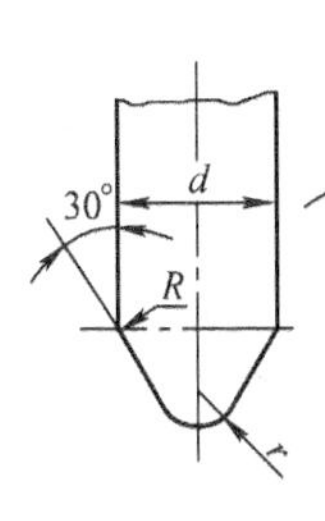

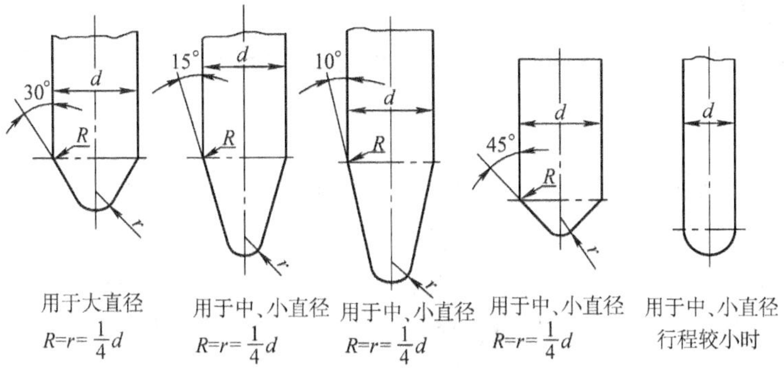

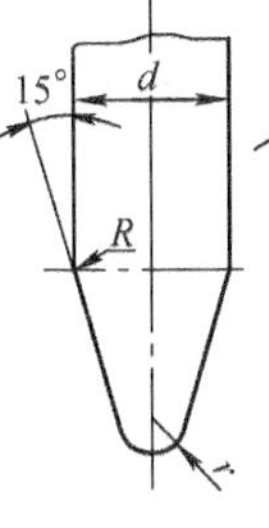

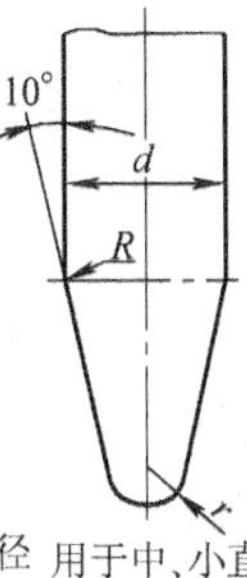

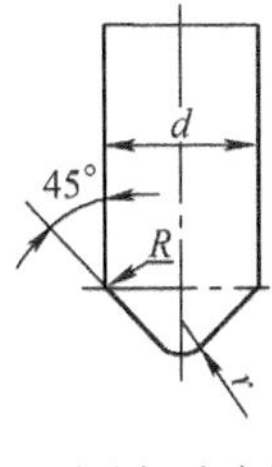

30°
15°
10°
45°
d
R
r
用于大直径
R=r=1/4d
用于中、小直径
R=r=1/4d
用于中、小直径
R=r=1/4d
用于中、小直径
R=r=1/4d
用于中、小直径
行程较小时

b)　　　　c)

导正销可矫正的基准值 ±δ　　　　(单位：mm)

导正销直径 d \ 材料厚度 t	0.2	0.4	0.8	1.5	3.0
3	0.05	0.08	0.13	—	—
5	0.08	0.13	0.20	0.25	—
6	0.10	0.20	0.25	0.35	—
8	0.12	0.20	0.25	0.40	0.65
10	0.13	0.20	0.30	0.50	0.75
13	0.15	0.25	0.38	0.75	0.80
19	0.15	0.25	0.40	0.80	1.00

图 3-23　导正销结构形式

a) 弹头形　b) 圆锥形　c) 半球形

$$e = L - \left(\frac{d_p - d}{2}\right) + 0.1\text{mm}$$

式中　e——挡料销的位置尺寸；

L——步距；

d——挡料销头部直径。

式中加上的 0.1mm 是条料导正过程中的补偿间隙。

导正销常用材料为 T7、T8、45 钢，热处理后硬度为 52～56HRC。

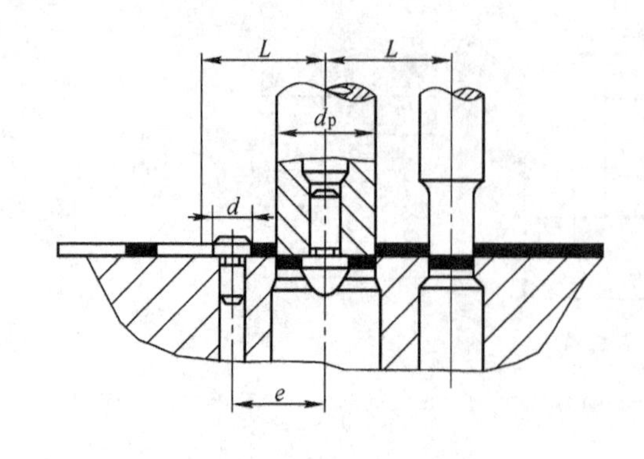

图 3-24　导正销与挡料销的位置尺寸

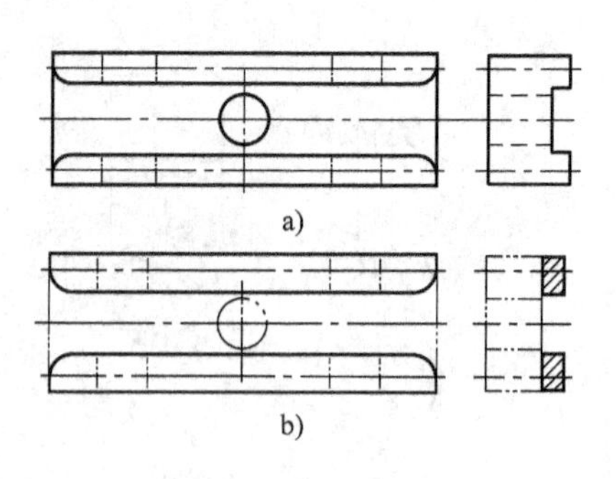

图 3-25　导料板结构形式

（五）其他辅助装置

其他辅助装置主要指导料板与侧压装置。它们相互配合，可防止条料送进时的左右偏摆。

1. 导料板

如图 3-25 所示，导料板常用在级进模上，并与卸料板结合使用。导料板分两种：一种与凹模做成一体（图 3-25a）；另一种为装配式（图 3-25b）。

一般取导料板厚度 $H=4\sim25\text{mm}$，详细情况见表 3-14。装配式导料板安装时的宽度尺寸根据材料宽度尺寸确定，以保证材料最大极限尺寸能顺利通过为宜。

表 3-14　导料板厚度　　（单位：mm）

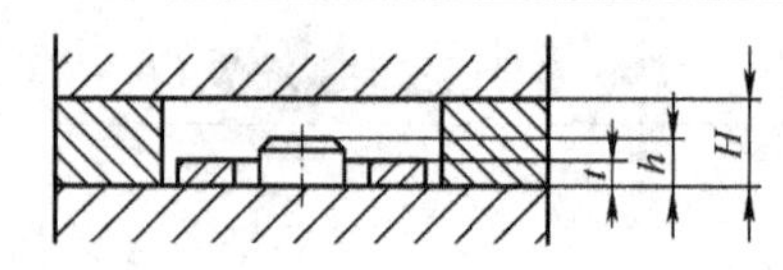

材料厚度 t	挡料销高度 h	导料板厚度 H	
		用固定挡料销	用活动挡料销或侧刃
0.3～2.0	3	6～8	4～8
2.0～3.0	4	8～10	6～8
3.0～4.0	4	10～12	6～8
4.0～6.0	5	12～15	8～10
6.0～10.0	8	15～25	10～15

导料板材料常用 45 钢或 Q255 钢。

2. 侧压装置

侧压装置的特殊功能是使材料紧靠在一侧向前送进，以保证送料精度。侧压装置种类繁多，如图 3-26 所示。

四、卸料与顶料装置

（一）卸料装置

卸料装置分为刚性卸料装置和弹性卸料装置两种。

1. 刚性卸料装置

刚性卸料装置可分为悬臂式和龙门式两种，如图 3-27 所示，常用于板料较厚的场合。

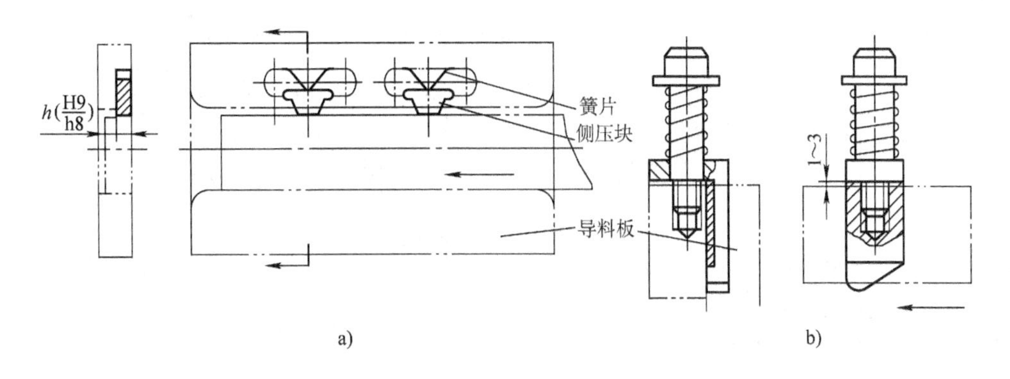

图 3-26　侧压装置

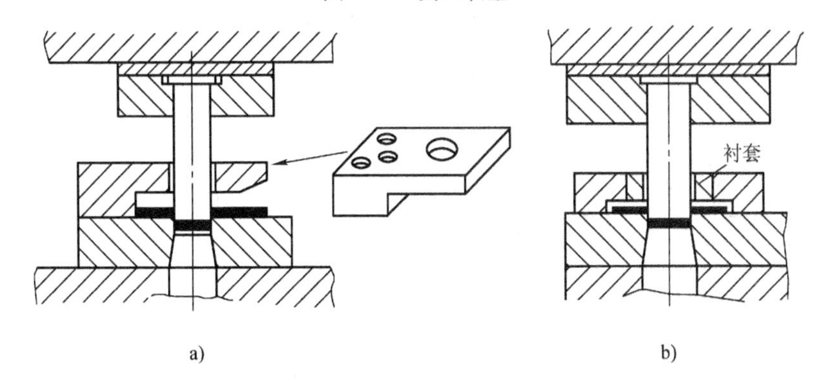

图 3-27　刚性卸料装置

a）悬臂式　b）龙门式

此装置卸料力大，工作可靠。

卸料板与凹模间的轴向相对位置尺寸，如图 3-28 所示。设计时应按下式确定：$H \geqslant h + t + 5\text{mm}$。卸料板与凸模间的单边间隙值 $Z/2$ 为：当材料厚度 $t < 3\text{mm}$ 时，取 $Z/2 = 0.3\text{mm}$；当材料厚度 $t > 3\text{mm}$ 时，取 $Z/2 = 0.5\text{mm}$。

设计、加工时，应特别注意卸料板孔的下方要保证锐角，以免卸料时条料或毛刺挤进间隙，造成凸模拉伤。

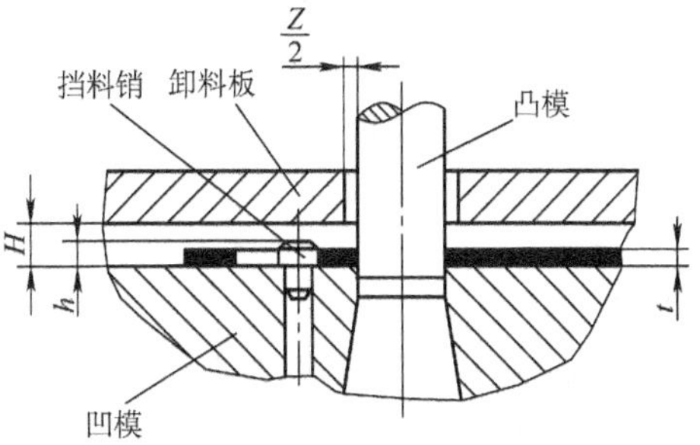

图 3-28　卸料板与凸模的间隙

2. 弹性卸料装置

如图 3-29 所示弹性卸料装置是通过弹簧或橡胶的作用来进行卸料的。此种装置在冲压时既可卸料又可压料，特别适于在薄料或制件要求平整的复合模上使用，但其结构应确保卸料力及卸料行程能满足卸料要求（注：精密级进模卸料装置一般不作压料用）。模具的导向装置对保证卸料板的正常工作，卸料和压料动作的均衡以及提高制件的尺寸精度具有极其重要的意义，设计时应高度重视。

弹性卸料装置的安装尺寸，参见图 3-30：a 为 0.5mm；b 为 3 ~ 5mm。凸模与卸料板间隙：小凸模为 0.15mm 以下，大凸模为 0.25mm 以下。装有小导柱导向的卸料板间隙一般为 0.02mm（图 3-30b）。d_1 值为 $d + (0.3 \sim 0.5)\text{mm}$；$h$ 值根据材料决定，钢料 $h_{\min} = (3/4)\ d$，

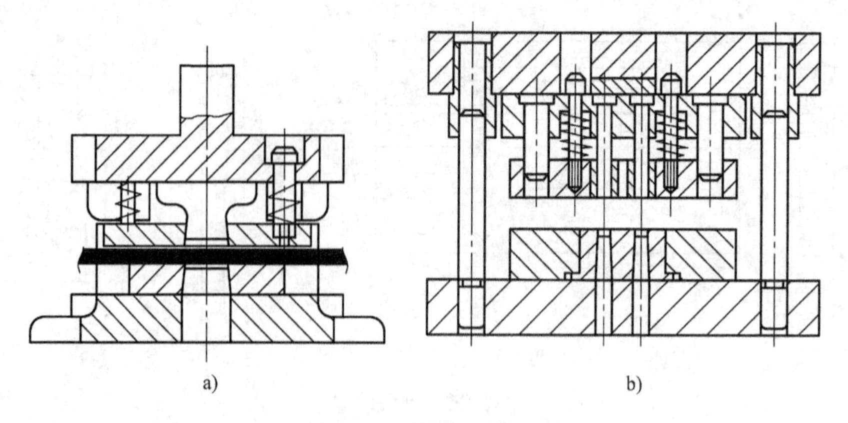
图 3-29　弹性卸料装置
a）上模上可动式卸料器　b）卸料器上装小导柱导向装置

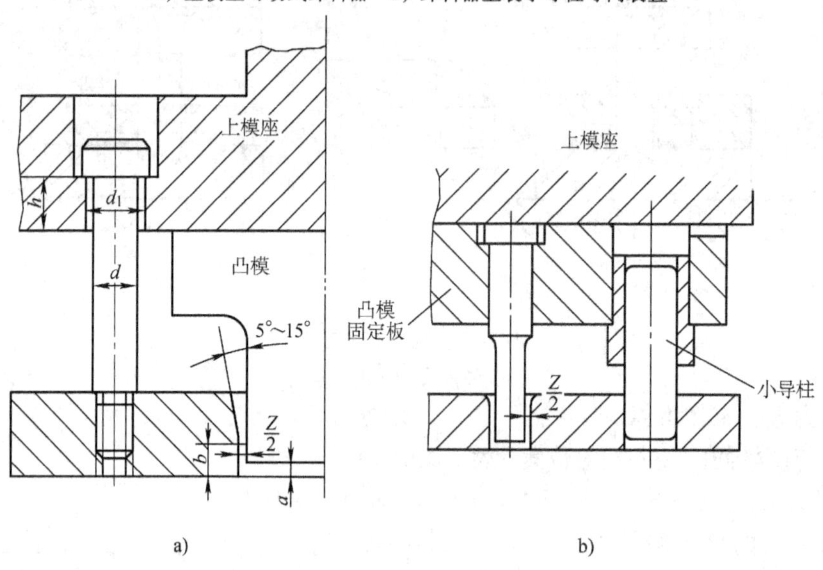

图 3-30　弹性卸料装置的安装

铸铁 $h_{\min}=d$。

（二）推件装置与顶件装置

1. 推件装置

刚性推件装置如图 3-31 所示，利用压力机滑块回程的力量，通过滑块内打杆横梁的传递使推件块将制件（或废料）从凹模中推出。

推板的结构形式很多，根据制件形状不同而不同。常用推板形式如图 3-32 所示。

2. 顶件装置

图 3-33 为常见的顶件装置。这种装置常装在下模上，其顶件力随上模升起由受压橡胶通过顶杆传给顶件块，主要用于冲裁薄而大的制件。

顶件块和顶杆，常用 45 钢和 Q255 钢制成。

五、模架

（一）模架的结构与分类

如图 3-34 所示，模架一般由标准件组成。它包括上模座、下模座、导柱、导套、模柄

（大型模具不含模柄）五种标准件。按照导柱不同位置的排列，大致可以分为四种。

图 3-34a 为对角导柱模架。由于可以承受一定的偏心负荷，所以模具上下动作平稳，常用于横向送料的级进模或纵向送料的各种模具。

图 3-34b 为后侧式导柱模架。它可以三面送料，操作方便，使用范围较广，但受较大偏心冲压载荷时模架易变形。

图 3-34c 为中间导柱模架。其结构简单，加工方便，但送料适应性差，常用在块料冲压的模具上。当受偏心冲压载荷时，模具容易歪斜，滑动不平稳，使用寿命短。

图 3-34d 为四角式导柱模架，上下动作平稳，导向准确，用于大型冲压模具。

图 3-31　刚性推件装置

1—打杆　2—推板　3—顶杆　4—推件块

（二）导柱和导套

冲模上设置导柱、导套组成的导向装置是非常必要的。它不仅使模具操作方便，刃口间

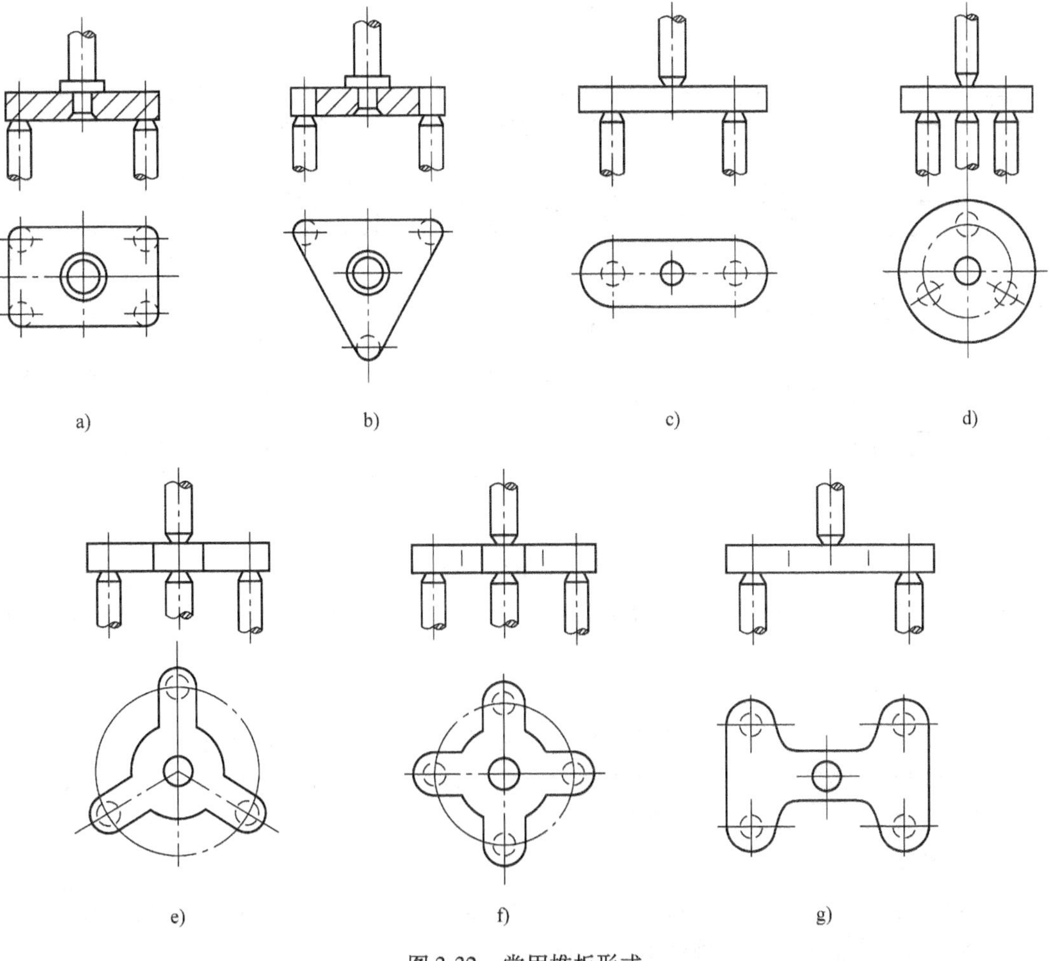

图 3-32　常用推板形式

隙均匀，而且对延长模具及滑块导向副的寿命和制件的精度有重要作用。为防止双导向装置总装时错装，设计时可按非等径导向结构处理。

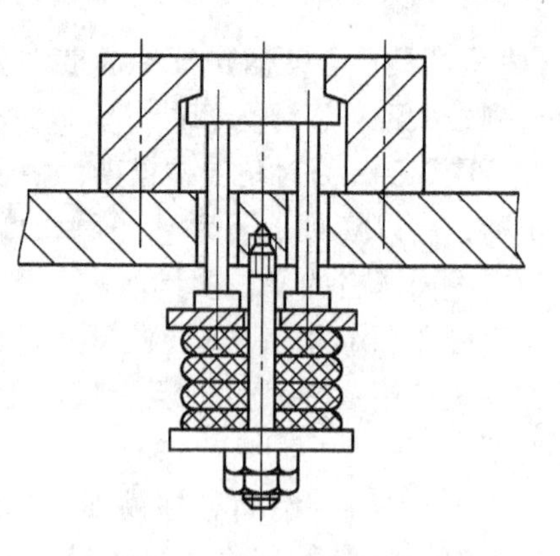

图 3-33　弹性顶件装置

导向装置的类型大致可分两类：滑动式和滚动式。滑动式是常用的结构，其结构简单，制造方便，但精度不高，容易磨损。导柱、导套分别与上、下模座采用 $d\left(\frac{H7}{r6}\right)$、$D\left(\frac{H7}{r6}\right)$ 过盈配合；导柱与导套之间采用 $\frac{H7}{h6}$ 或 $\frac{H6}{h5}$ 间隙配合（图 3-35a）。滚动式导柱与导套的导向如图 3-35b 所示。钢球在导柱 4 和导套 6 的直径方向有 0.005～0.02mm 的过盈量，为减少磨损，并使导柱、导套四周磨损均匀，钢球在钢球保持圈 5（常用 H62 黄铜制成）内的排列与轴线成 α 倾斜角，α 值常用 6°、15°、20°。其他尺寸确定如下：

$$l=(1.5\sim2.0)\ d_1$$

$$D=d+2d_1-(0.005\sim0.02)\ \text{mm}$$

$$L=L_1+(5\sim10)\ \text{mm}$$

式中　d_1——钢球直径。

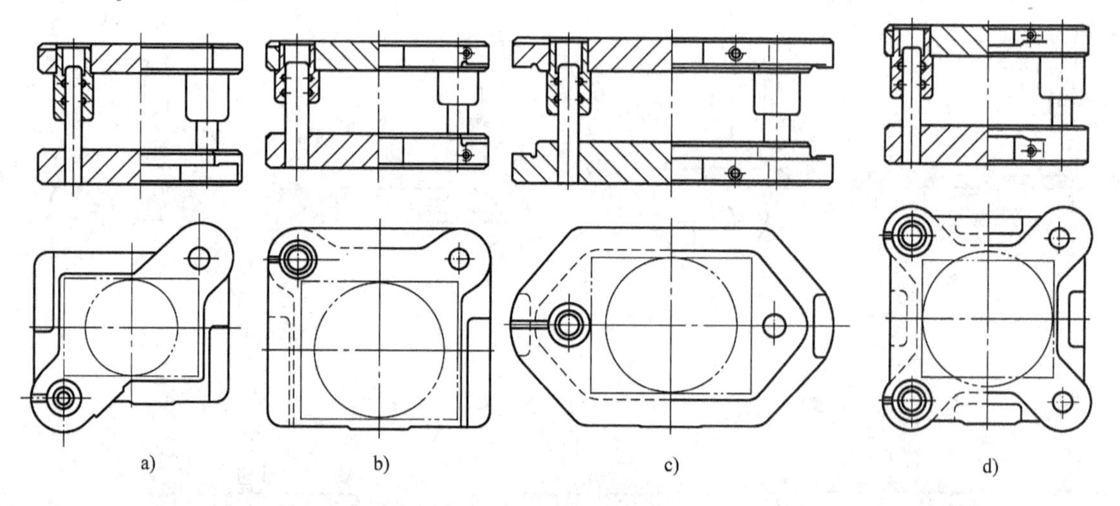

图 3-34　导柱模架的基本形式

导柱、导套常使用 20（经渗碳处理）、T10A 钢，其表面硬度要求为：导柱 60～62HRC；导套 57～60HRC。

（三）上、下模座

模座是模具的基础。上、下模座不但要有足够的强度、刚度，而且还要能抗压与吸振。模座常用材料为 HT200、HT250 或 ZG270—500、ZG310—570。模座大体分为圆形、椭圆形、方形、长方形四种。设计时可按模架标准选用。

（四）模柄

中小型冲模通过模柄与压力机滑块连接，因此其直径与长度应与滑块上的孔一致。

模柄结构类型很多，常用模柄如图 3-36 所示。

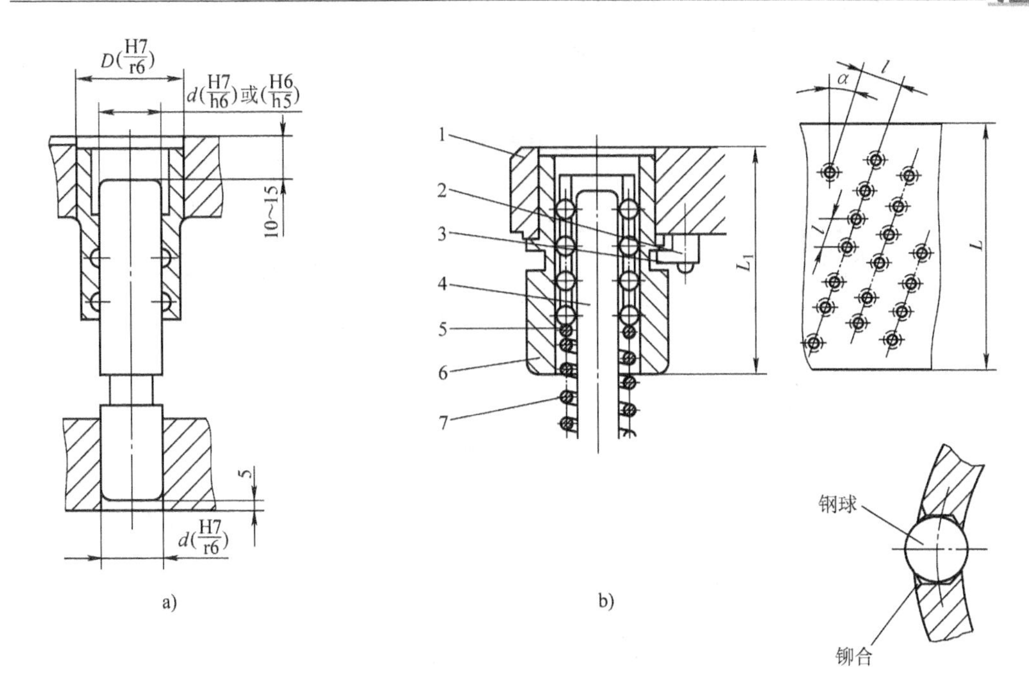

图 3-35　导柱、导套的导向类型

a）滑动式　b）滚珠式

1—上模座　2—压板　3—螺钉　4—导柱　5—钢球保持圈　6—导套　7—弹簧

图 3-36a 为带有螺纹的圆柱形模柄，适用于有导柱的冲裁模；图 3-36b 为凸台式模柄，适用于厚模座冲裁模，使用最广；图 3-36c 为螺钉固定的模柄，常用于较大型模具；图 3-36d为推入式活动模柄，适用于与丧失导向精度的滑块连接。模柄材料是 45 钢或 Q255 钢。

六、其他零件

（一）垫板

垫板的作用是防止模座受凸模或凹模尾部挤压而损坏模座，当凸（凹）模传给模座的单位压力超过模座材料的许用应力时，就需在凸（凹）模与模座之间加一块淬硬的垫板。为确保总装时刀具能顺利通过中硬度垫板，必须在垫板钻铰的相应部位设置并超前成形两个比定位销直径大 1mm 的孔。凸（凹）模传给模座的单位许用压力计算经验公式为

$$p=\frac{F_{冲}}{A}<[\sigma]_{压}$$

式中　p——模座的单位压力；

A——凸（凹）模尾部端面的面积；

$[\sigma]_{压}$——模座材料的许用应力。HT200：$[\sigma]_{压}=75\times10^{7}\text{Pa}$；HT250：$[\sigma]_{压}=10^{9}\text{Pa}$。

垫板常用 T8A 或 45 钢，热处理后硬度 45 钢为 43～48HRC，T8A 为 54～58HRC。

（二）固定板

固定板的作用是将多个凸模（或凹模）按位置关系连成整体并通过螺钉、销钉固定在上（下）模座上。固定板的形状已标准化，其厚度可取（0.6～0.8）H（凹模厚度），凸（凹）模与固定板常采用$\frac{H7}{n6}$或$\frac{H7}{m6}$配合。为确保模具正常工作，凸模压入固定板后，其尾部

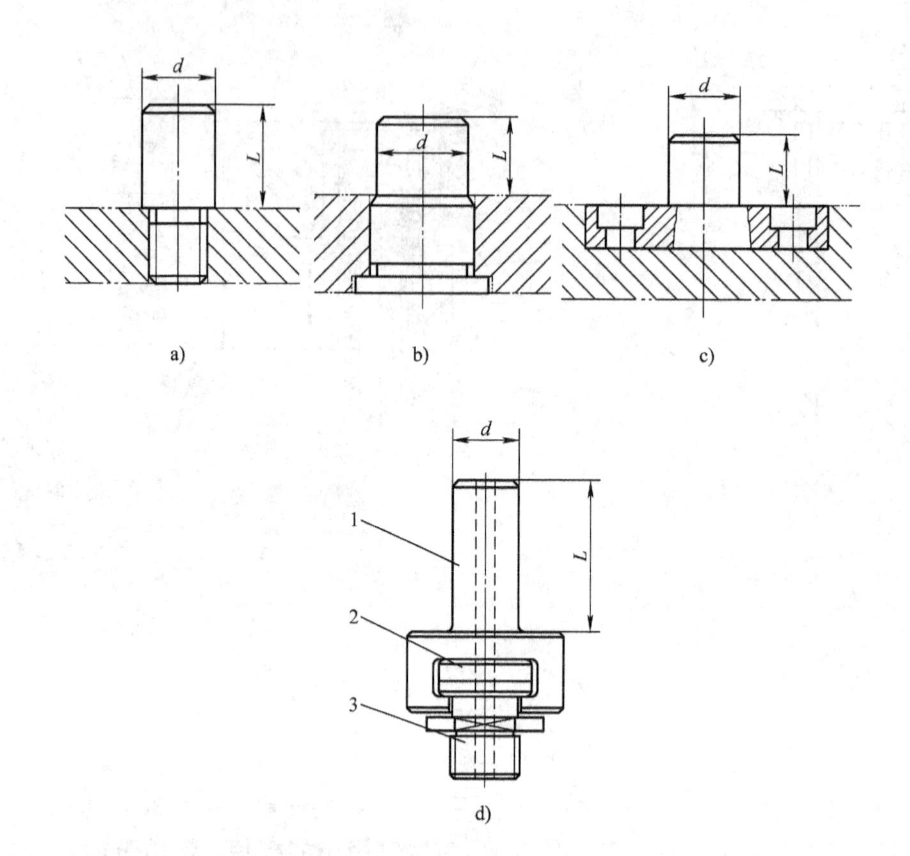

图 3-36 模柄类型

1—模柄接头 2—凹球面垫块 3—活动模柄

应与固定板压入平面同磨。

（三）螺钉与销钉

由于冲模的工作特性及结构紧凑要求，所以常用内六角螺钉作为其紧固螺钉。为便于拆卸，销钉常用圆柱销或带内螺纹的圆柱销，设计时应使销心距尽量大。

第三节 冲裁模的设计

一、冲裁制件的结构工艺性

在开始设计冲裁模前，首先应对被冲裁的制件进行冲裁加工工艺分析，判断其结构形状、精度要求、材料性能等方面是否符合冲裁工艺及结构工艺性要求。力求使制件在满足使用要求的前提下，用最简单、最经济的冲压工艺方案加工出来。

1. 对结构的基本要求

1）如图 3-37 所示，冲裁件的形状应力求简单，尽量对称，避免有长悬臂或深切口等结构，悬臂和切口的宽度要大于料厚的 1.5～2 倍，深度 $b \geqslant (1.5 \sim 2)\ t$。

2）冲裁件的外形和内孔转角处要尽量避免设计成尖角，一般在转角处应使 $R \geqslant 0.25t$。

3）冲孔制件的孔不能太小。冲模可冲出的最小孔径如表 3-15 和表 3-16 所示。

表 3-15　各种材料的最小冲孔值

冲裁材料				
钢 $\tau>700$ MPa	$\geqslant 1.5t$	$\geqslant 1.35t$	$\geqslant 1.1t$	$\geqslant 1.2t$
钢 $\tau>400\sim700$ MPa	$\geqslant 1.3t$	$\geqslant 1.2t$	$\geqslant 0.9t$	$\geqslant 1.0t$
钢 $\tau\leqslant400$ MPa	$\geqslant 1.0t$	$\geqslant 0.9t$	$\geqslant 0.7t$	$\geqslant 0.8t$
黄铜、铜	$\geqslant 0.9t$	$\geqslant 0.8t$	$\geqslant 0.6t$	$\geqslant 0.7t$
铝、锌	$\geqslant 0.8t$	$\geqslant 0.7t$	$\geqslant 0.5t$	$\geqslant 0.6t$
纸胶板布胶板	$\geqslant 0.7t$	$\geqslant 0.6t$	$\geqslant 0.4t$	$\geqslant 0.5t$
硬纸、纸	$\geqslant 0.6t$	$\geqslant 0.5t$	$\geqslant 0.3t$	$\geqslant 0.4t$

表 3-16　采用护套式凸模冲孔的最小尺寸

材　　料	圆　　孔　　D	矩形孔（a 短边）
硬　　钢	$\geqslant 0.5t$	$\geqslant 0.4t$
黄铜、软钢	$\geqslant 0.35t$	$\geqslant 0.3t$
纯铜、铝、锌	$\geqslant 0.3t$	$\geqslant 0.26t$
纸板、布胶板	$\geqslant 0.3t$	$\geqslant 0.25t$

4）制件上孔与孔之间的距离、制件孔与边缘之间的距离 c 不宜太小（图 3-37），一般要求 $c\geqslant(1.5\sim2)\ t$，$c'\geqslant t$，并保证 c 或 c' 应大于 3～4mm，在弯曲或拉深件上冲孔时应保证 $l\geqslant R+0.5t$，$l_1\geqslant R_1+0.5t$（图 3-38）。

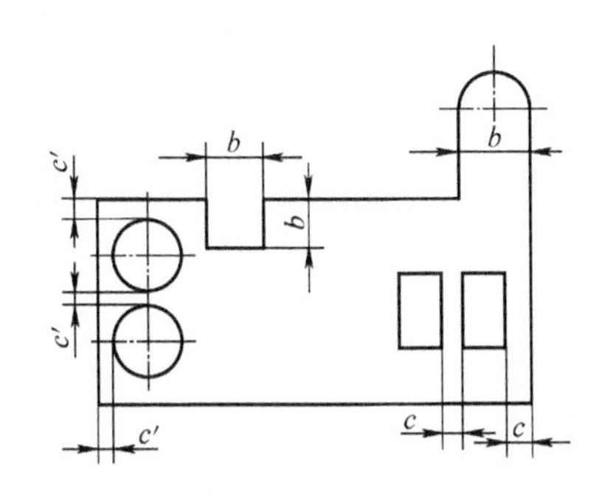

图 3-37　冲裁件的结构工艺性

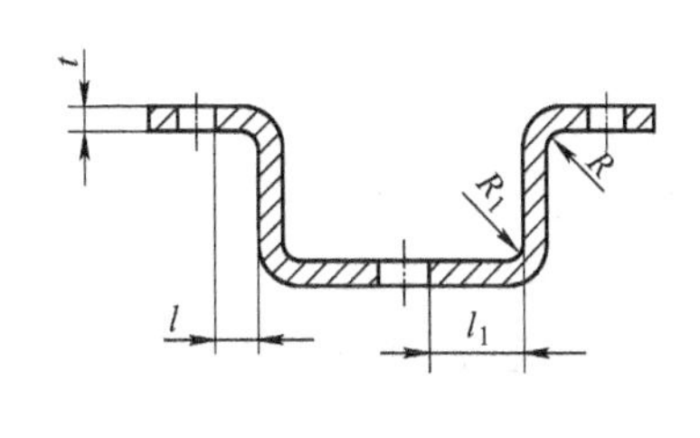

图 3-38　弯曲件上冲孔的位置

2. 对尺寸精度及表面粗糙度的要求

1）制件的精度要求对模具的精度、制造工艺、制造模具的设备条件等影响很大。例如，材料厚度为1mm左右的制件，冲裁后其尺寸公差一般可达IT10级（冲孔比落料高一级）。但对精度高于IT10级的冲裁件，就必须压缩模具的制造公差或采用整修、精冲等工艺措施才能得以实现。因此，在确保制件性能及用途的前提下，应兼顾冲压工艺的经济性，使普通冲裁的制件精度最好不要超过IT12级。

此外，制件的尺寸标注对模具设计制造工艺及经济性也有一定的影响。所以，在标注被冲裁要素的位置尺寸时，应尽量使设计基准与定位基准重合，以利于减少定位误差，从而有利于稳定地保证制件质量达到经济性要求。

2）被冲裁几何要素断面的表面粗糙度可达 $Ra12.5 \sim 3.2\mu m$，毛刺在允许高度以内。

冲压材料的品种规格对冲裁质量及经济性影响较大，设计时，应首先考虑制件的性能要求及材料的冲裁性能，参照国家标准选材，以达到上述有关要求。

二、冲裁模的设计步骤

冲裁模设计的总原则：在满足制件尺寸精度的前提下，力求使模具的结构简单，劳动量小，耗材少，成本低。下面仅对冲裁模的设计步骤作一概略介绍，供设计模具时参考。

1. 分析产品的制件图，拟订工艺方案

1）检查产品制件是否合乎冲裁结构工艺性对制件的形状、精度等级及材料等提出的基本要求。

2）合理排样。确定条料宽度，计算并力求取得可行的最佳材料利用率。

3）计算凸、凹模的刃口尺寸与尺寸公差。

4）确定合理的间隙值。

2. 选择模具的结构形式

根据生产批量、尺寸大小、精度要求、形状复杂程度和实际的生产条件，参考表3-1，合理确定模具的结构形式并优先选用已“三化”的模具零件。

3. 压力中心、闭合高度、总冲裁力的工艺计算

1）冲裁时，应使总冲裁力合力作用点即压力中心与压力机的滑块几何中心重合，特殊情况下，可有一定的偏差，但不能超出滑块允许的偏差值。

2）闭合高度有模具闭合高度与压力机闭合高度两种。模具闭合高度是指模具在工作位置闭合时，上模座的上平面与下模座的下平面之间的距离，模具闭合高度只有一个值。压力机闭合高度有最大值和最小值，一般可通过调整连杆长短来实现。设计或安装时应满足前述公式要求。

3）总冲裁力是最大冲裁力、卸料力、推件力（或顶件力）等之和，是选择压力机的最基本的参数之一。总冲裁力应小于压力机的公称压力。

4. 绘制模具总装图

绘制模具总装图除遵守国家机械制图标准有关规定外，还应参照模具习惯画法绘制。下面介绍模具总图的一般绘制方法。

1）总图布局。右上角布置制件工序图或排样图，右下角为标题栏及明细表，左中部为绘制模具图部位；右中下部标注技术要求。

2）总图常按1∶1的比例绘制。

3）总图上标注的尺寸应包括三个方面：第一是总体尺寸，供模具装箱使用；第二是配合尺寸（标配合符号，不标具体公差值），供模具测绘零件图及装配时参考；第三是使用安

装尺寸，包括模柄尺寸、模具闭合尺寸、模具压力中心位置尺寸等。

4）视图画法：主视图一般按剖视绘制，模具左右对称时，其主视图可半剖，并可将上模被剖的一半画下止点位置，未剖的一半按上止点位置绘制；俯视图可省略，如要画的话，需按习惯画法，假想将上模去掉再进行投影。侧视图应尽量不画，局部不清楚的可用移出剖等方法表示。总之，绘图时应力求以最少的视图将结构表达清楚。

5. 绘制模具零件图

对模具中的非标准零件应按前述章节介绍的内容进行设计与计算，并按国家机械制图标准规定绘制零件图。参阅 GB/T 2851、2852—2008 等冷冲模国家标准合理拟定零件技术要求。

6. 整理

整理并书写冷冲模设计说明书。

思　考　题

1. 冲裁模按结构形式可以分成几类？各具有什么特征？
2. 级进式冲裁模中，如何确定材料在各道工序的精确位置？
3. 应怎样合理地选取凸、凹模材料？
4. 谈谈提高模具寿命的措施有哪些。

第四章 弯曲工艺

弯曲是将板料、型材或管材等弯成一定曲率、一定角度，而形成一定形状制件的冲压方法，属于成形工序。根据所弯曲原材料的形状、设备和工具的不同，可将其分为在普通压力机和弯板机上的压弯、滚弯机上的滚弯、卷弯机上的卷弯和拉弯机上的拉弯等。在这些弯曲方法中，最为灵活方便而应用广泛的是利用模具在压力机上对板料的弯曲，它在冲压生产中占有很大比例，如汽车底盘的纵横梁、安全挡板、支架、电器插头、插座、门搭铰链、插销座等都是在压力机上用模具弯曲而成的。本章主要讨论板料在压力机模具中的弯曲。

第一节 弯曲变形分析

一、弯曲变形过程

为了说明弯曲变形，我们先观察最常见的 V 形制件在弯曲模中的弯曲过程。

图 4-1 为 V 形制件在弯曲模中的弯曲过程与载荷—行程曲线。当凹模上的平板毛料随着凸模向下运动，在凹模肩部支承下开始弯曲时，便形成图 4-1a 的状态；随着凸模继续下压，板料的支点便沿凹模斜面向下移动，弯曲力臂缩短，弯曲半径变小，使已移到支点外面的弯曲部分的材料弯向凸模，并与凸模的斜面接触（图 4-1b）；进一步下压，将迫使板料向相反方向弯曲而返向凹模（图 4-1c），板料在凸、凹模斜面间形成小波浪形弯曲（图 4-1d），最后板料将受到凸凹模的延续作用而进行校正，便形成与凸模形状大体一致的外形。

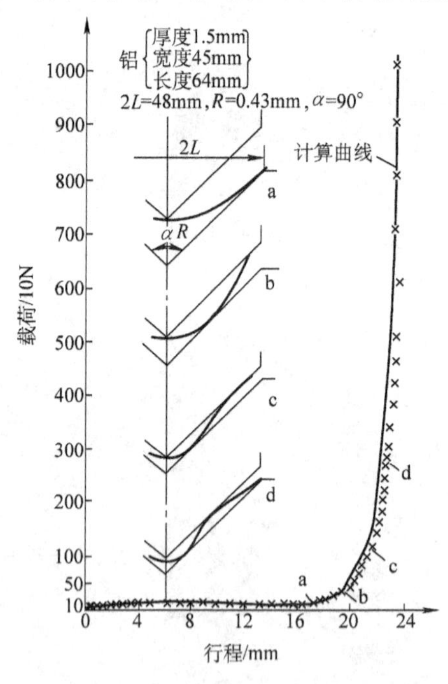

图 4-1 V 形弯曲的变形过程和载荷—行程曲线

由弯曲变形过程可以看出，变形初始阶段的弯曲可看成弯曲力臂逐渐变小的简支梁弯曲。如果 V 形弯曲仅进行到这一阶段为止，则这种弯曲称为自由弯曲，如图 4-2 所示。板料在折边机上的弯曲多属于这种弯曲。最后阶段对凸、凹模之间的板料进行强行加压展平所作的压制方法称为校正弯曲，如图 4-3 所示。校正弯曲所需的弯曲力比自由弯曲力大得多，一般为 5 ~ 10 倍自由弯曲力。

U 形制件的弯曲过程如图 4-4 所示。弯曲开始时，板料的底部材料向下凸起，而不与凸模底部接触，随滑块下行被推入凹模，在凹模肩部支承点的内侧，特别是在凸模的圆角部分受到弯曲，使被推入凹模与凸模间隙中的板料形成直臂部分（图4-4a）。随着凸模行至最后阶段，与凸模四点接触的板料由于受凸、凹模的联合作用（图4-4b），使该处的板料受压而伸展开来，最后便形成与凸模形状一致的U形制件（图4-4c）。

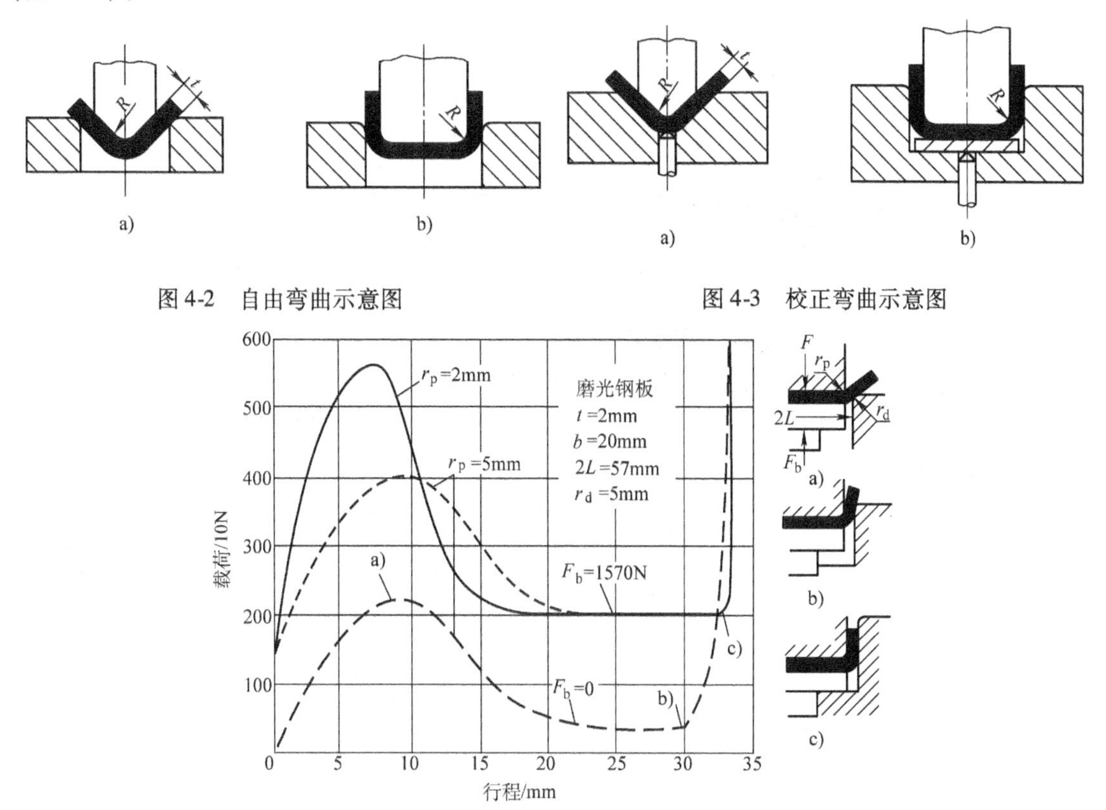

图4-2 自由弯曲示意图

图4-3 校正弯曲示意图

图4-4 U形弯曲的变形过程

二、弯曲变形的应力、应变特点

弯曲时，弯曲力矩使毛坯变形区靠近曲率中心的一侧（以下称内层）产生切向压应力；远离曲率中心的一侧（以下称外层）产生切向拉应力。内层金属在切向压应力作用下产生压缩变形；外层金属在切向拉应力作用下产生伸长变形。毛坯变形区的切向应力分布如图4-5所示。

板料弯曲开始时，弯曲半径最大，板厚各层纤维的应力还较小，尚未达到σ_s，坯料处于弹性变形状态，称弹性弯曲变形阶段。当板料被进一步弯曲时，弯曲半径逐渐减小，内、外层边缘的纤维应力增大到大于σ_s，板料开始屈服而产生塑性弯曲变形。板厚中间部分由于应力还未超过σ_s而仍处于弹性状态；随着弯曲变形程度的增大，中间弹性变形区逐渐减小，内外塑性变形区逐渐扩大，这个阶段称为弹—塑性弯曲阶段；当弯曲的程度增大到使中间弹性变形区缩小到可以忽略的程度时，则板料的整个厚度都处于塑性变形状态，此阶段称为塑性弯曲阶段（实际生产中不可能达到此阶段）。

由图4-5可见，毛坯纵向断面上的应力由外层的拉应力过渡到内层的压应力，中间有一层的切应力必然为零，这层称为应力中性层。同样，应变的分布也是由外层的拉应变过渡到内层的压应变，其间必定有一层金属的应变为零且弯曲变形时长度不变，称为应变中性层。当弯曲变形程度较小时，应力中性层与应变中性层重合，位于板厚中央；当弯曲变形程度较大时，应力中性层和应变中性层都从板厚中央向内层移动，但应变中性层的位移小于应力中性层的位移，结果使应力中性层与应变中性层不重合。

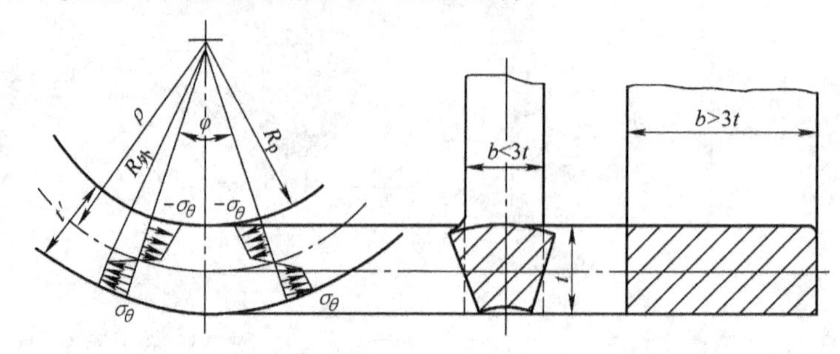

图 4-5　弯曲板料变形区切向应力分布示意图

板料在弯曲时，变形区宽度方向的应力和应变状态取决于弯曲毛坯的相对宽度 b/t。相对宽度 $b/t>3$ 时，称为宽板；相对宽度 $b/t<3$ 时，称为窄板。宽板和窄板宽度方向的应力、应变状态见表 4-1。

表 4-1　弯曲时变形区的应力、应变状态

	应力状态		应变状态	
	内层	外层	内层	外层
宽板	σ_t　σ_θ　σ_b	σ_t　σ_θ　σ_b	ε_t　ε_θ	ε_t　ε_θ
窄板	σ_t　σ_θ	σ_t　σ_θ	ε_t　ε_θ　ε_b	ε_t　ε_θ　ε_b

对弯曲过程观察分析后可看出，无论外层或内层，其最大主应力均为切向应力 $\boldsymbol{\sigma}_\theta$，最大主应变也为 $\boldsymbol{\varepsilon}_\theta$，宽板和窄板均如此。

根据塑性变形体积不变条件，沿中性层切线方向应变为最大主应变，则与其垂直的两个方向（板的宽度和厚度方向）必然产生相反的塑性变形，故窄板在宽度方向内层展宽（$+\varepsilon_b$），外层缩窄（$-\varepsilon_b$），使断面产生畸变，但不引起附加应力。对宽板，由于宽度方向尺寸较大，变形受到阻碍，所以宽度方向的应变为零（$\varepsilon_b=0$），断面仍为矩形，但引起阻止附加变形的应力 $\boldsymbol{\sigma}_b$。

在宽板和窄板的厚度方向，由于弯曲时各层材料相互挤压，因此，内、外层均引起压缩应力 $\boldsymbol{\sigma}_t$，使毛坯有变薄趋势，特别是外层受切向最大拉应力的影响，使变薄更为明显。

利用在板料侧面刻划坐标网格的方法，可以很清楚地观察到板料弯曲变形的特点，了解弯曲的应力和变形规律，如图 4-6 所示。

观测变形前后制件侧面的坐标网线的变化可以发现：

1）弯曲变形主要发生在弯曲制件的圆角部分，此处的坐标网络由正方形变成扇形，扇形两侧的直边则未发生塑性变形，网格仍保持原来的正方形。但在两区的交界处却有少量的塑性变形。

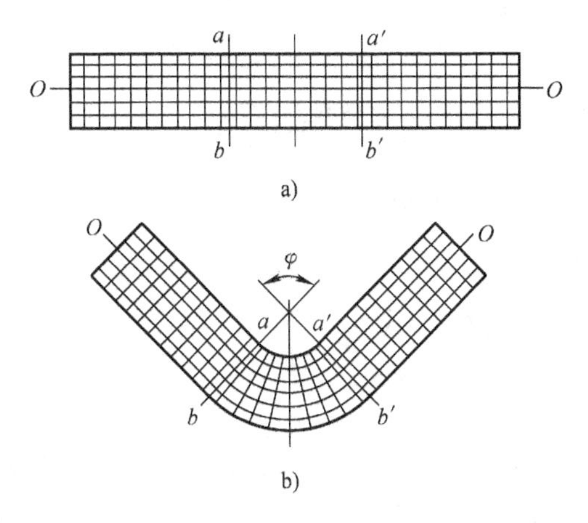

图 4-6 弯曲变形分析

a）弯曲前 b）弯曲后

2）在变形区内靠凹模一侧的板料外缘切向纤维受拉应力（$+\sigma_\theta$）作用而伸长（$\overset{\frown}{bb} > \overline{bb}$），靠凸模一侧的板料内缘切向纤维受压应力（$-\delta_\theta$）而缩短（$\overset{\frown}{aa} < \overline{aa}$），在内、外层之间存在一个纤维既未伸长、也未缩短的中性层。由中性层至内、外表面的缩短和伸长变形程度逐渐加剧。

3）变形区的板料有变薄现象，仔细测量还可发现，由于板厚方向外层受拉应力作用，故其变薄的程度比内层大，此时应变中性层向内侧移动。

4）从弯曲制件变形区的横截面来看，断面形状发生了畸变，畸变程度随板宽不同有明显差别，如图 4-5 所示。

对于 $b/t>3$ 的宽板，弯曲后宽度方向无明显变化，但仔细观察，沿板宽方向略有翘曲，这是由于弯曲时中性层以外的外层纤维沿切向受拉伸长而引起，沿宽度方向产生收缩，内层纤维沿切向受压引起，宽度方向伸长而产生。

对于 $b/t<3$ 的窄板，弯曲后断面畸形比较明显，其横截面由矩形变成扇形，中性层以内的内缘宽度增大，外缘宽度减小。

第二节 弯裂与最小弯曲半径

一、弯曲变形程度与最小弯曲半径

由上节分析可知，弯曲时变形区金属外层在切向拉应力作用下，产生切向伸长变形，且变形最大，所以最容易断裂造成废品。变形区外层金属伸长变形的大小，在板料厚度 t 为定值时，主要取决于弯曲件的弯曲半径（即凸模圆角半径）。弯曲半径越小，外侧金属伸长变形越大。弯曲变形程度可用下式表示

$$\varepsilon_\theta = \frac{\frac{t}{2}}{\rho} = \frac{t}{2\rho}$$

将 $\rho = R + \frac{t}{2}$（视弯曲时板料厚度不变）代入上式得

$$\varepsilon_\theta = \frac{1}{2\frac{R}{t} + 1}$$

式中 ρ——应变中性层的曲率半径；

R——弯曲制件的弯曲半径；

$\frac{R}{t}$——相对弯曲半径。

由上式可知，$\frac{R}{t}$越小，弯曲时的切向变形程度越大，当相对弯曲半径减小到一定程度后，被弯曲坯料外层纤维伸长变形超过材料允许的最大变形时，外层纤维就会被拉断，称为弯裂。为防止弯裂，弯曲工艺就存在一个允许的临界弯曲半径，称为最小弯曲半径 R_{min}。

二、影响最小弯曲半径的因素

1. 材料的力学性能

材料的塑性越好，其最小弯曲半径就越小。因此，不同材料或同一材料随轧制和热处理状态不同，最小弯曲半径也有所不同。如加热可提高材料的塑性，加热弯曲相对冷弯而言最小弯曲半径就小些，因此，在厚板弯曲中经常采用热弯。部分材料的最小弯曲半径可参阅表4-2。

表 4-2 部分材料的最小弯曲半径

材料	退火或正火		加工硬化	
	弯曲线位置			
	垂直于纤维方向	平行于纤维方向	垂直于纤维方向	平行于纤维方向
0.8、10、Q195	0.1t	0.4t	0.4t	0.8t
15、20、Q235	0.1t	0.5t	0.5t	1.0t
25、30、Q255	0.2t	0.6t	0.6t	1.2t
35、40、Q275	0.3t	0.8t	0.8t	1.5t
45、50	0.5t	1.0t	1.0t	1.7t
55、60	0.7t	1.3t	1.3t	2.0t
QSn4-4-2.5	—	—	1.0t	3.0t
半硬黄铜	0.1t	0.35t	0.5t	1.2t
软黄铜	0.1t	0.35t	0.35t	0.8t
纯铜	0.1t	0.35t	1.0t	2.0t
铝	0.1t	0.35t	0.5t	1.0t

注：1. 当弯曲线与纤维方向成一定角度时，可采用垂直和平行于纤维方向二者的中间数值。
2. 在冲裁或剪裁后没有退火的毛料应作为硬化的金属选用。
3. 弯曲时应使有毛刺的一边处于弯角的内侧。
4. 表中 t 为材料厚度。

2. 板料的方向性

冷冲压所用的板材，多为冷轧板料，板料顺纤维方向（轧制方向）的塑性好于垂直于纤维方向的。所以，弯曲时当弯曲线与纤维方向垂直时，可具有较小的最小弯曲半径；反之，弯曲线与板料纤维方向平行时，其最小弯曲半径就大。对于多向弯曲制件，弯曲线应与板料纤维方向成一定夹角，如图4-7所示。因此，在弯曲制件下料时应十分注意板料的方向性。

3. 板料表面和下料断面质量

板料表面和下料断面质量较差时，极易造成应力集中而破裂，这时就应采用较大的最小

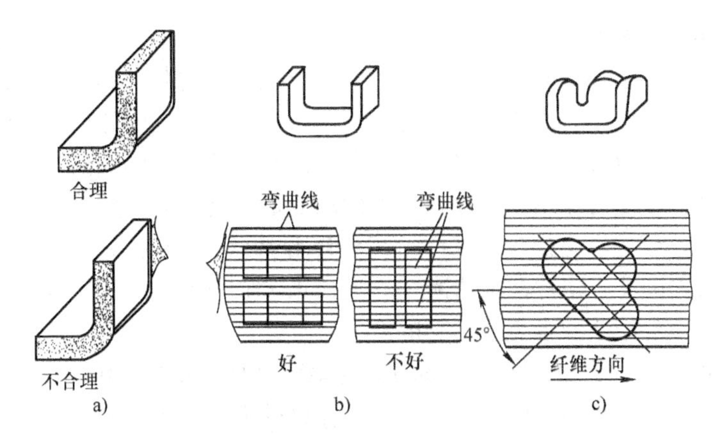

图 4-7 材料纤维方向对最小弯曲半径的影响

弯曲半径，并处理好弯曲线方向。对冲裁得到的坯件进行弯曲时，应在弯曲前将毛刺清除掉，或将有毛刺及缺陷的一面朝向弯曲凸模，如图 4-8b 所示，这样弯裂的危险性相对较小；反之，易产生裂纹，如图 4-8a 所示。

4. 材料厚度

从弯曲变形的概念可知，在弯曲半径相同时，材料厚度增大，变形程度就增加，所以，材料厚度越大，R_{min} 就越大，但当 $t>3$mm 时，此影响就并不显著。

由于影响最小弯曲半径的因素很多，所以生产中常以实验为根据，参考经验数据来确定。

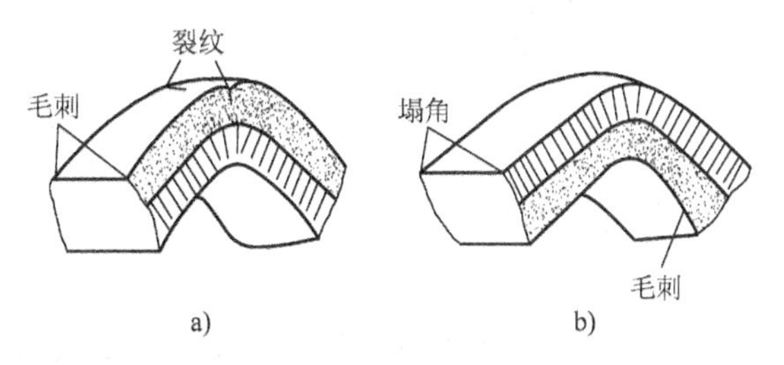

图 4-8 冲裁坯件的弯曲

第三节 弯曲中的回弹

任何弯曲变形都是由弹性变形过渡到塑性变形的，变形过程中不可避免地残存着弹性变形，致使弯曲后制件的形状和尺寸都将发生与加载时变形方向相反的变化，从而造成弯曲制件的弯曲角和弯曲半径与模具尺寸不一致。这种现象称为回弹，如图 4-9 所示。回弹值可以用回弹前后弯曲角的差值或弯曲半径的差值来表示。弯曲角的差值称为回弹角，即

$$\Delta\alpha = \alpha - \alpha_p$$

弯曲半径的差值为

$$\Delta R = R - R_p$$

式中 α——弯曲制件回弹后夹角；

α_p——弯曲凸模的夹角；

R——回弹后弯曲制件的圆角半径；

R_p——弯曲凸模的圆角半径。

回弹角 $\Delta\alpha$ 绝对值越大，弯曲制件角度的变化也就越大，这将直接影响弯曲制件的精度。所以，必须了解影响回弹的因素，掌握回弹的规律和控制回弹的方法，从而保证弯曲制件的质量。

一、影响回弹的因素

弯曲制件回弹的大小和方向首先取决于弯曲变形区的应力状态和变形条件。例如，校正弯曲的回弹就比自由弯曲小，而校正弯曲时，校正力的大小，以及弯曲终了时，凸模在行程下止点时与凹模的相对位置对回弹有着重大影响。当凸、凹模之间距离小于材料厚度时，由于凸、凹模对板料的压应力作用，会导致圆角处的变形程度增大，并可能使非变形区转化成变形区，使变形区外层的切向拉应力减小，甚至会出现$|-\sigma_t|>|+\sigma_\theta|$，结果使内外层回弹方向一致，其回弹比自由弯曲大为减少。当校正弯曲力增大到一定程度后，回弹即趋稳定，若再增大校正力对减小回弹无显著影响。

对于V形制件弯曲，当角部塑性变形的材料无约束时，如图4-10a所示，角部材料厚度方向的压应变是在几乎没有约束的条件下进行的，这种情况校正作用就小，回弹就大。

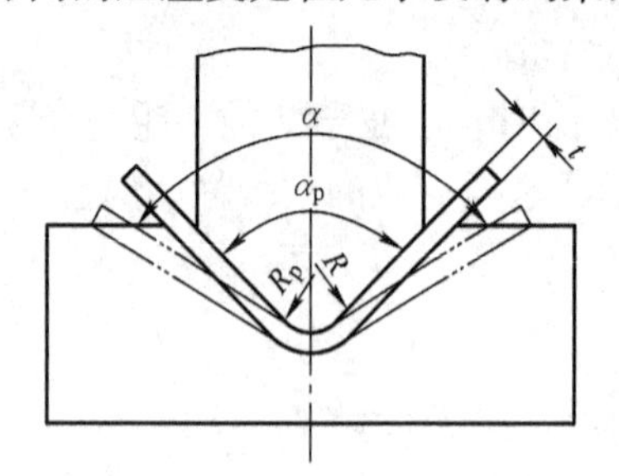

图4-9 弯曲中的回弹现象

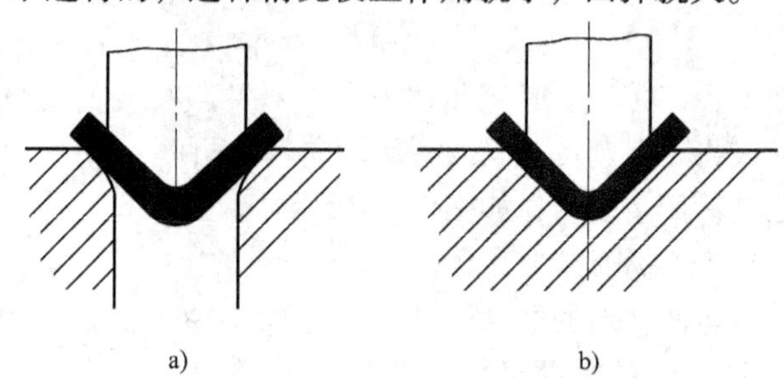

图4-10 V形制件弯曲塑变形条件

a）角部外侧无约束 b）角度外侧有约束

当改变压弯凹模底部的形状，使其等于或稍大于弯曲制件角部压弯变薄后的外侧半径，当弯曲终了的瞬间变形在有约束的条件下进行时，其角部材料处于三向压应力状态，如图4-10b所示，校正弯曲作用大大增加，塑性变形程度增大，弹性变形相对减少，即回弹减小。此种变形状态，可通过调整滑块得到不同的回弹趋势（正回弹、负回弹、零回弹），以求得到合适的对模深度，从而实现零回弹，大大提高弯曲制件的成形精度。

影响自由弯曲回弹的因素包括以下方面。

1）材料的力学性能。回弹值随材料的力学性能而变化，材料的强度越大，弹性模量越小，加工硬化作用越强，回弹值越大，如不锈钢、钛合金就比一般低碳钢回弹大得多。

2）相对弯曲半径R/t。$\frac{R}{t}$越大，回弹值越大。

3）材料厚度。当弯曲半径为定值时，材料厚度越大，则回弹越小。

除上述因素影响回弹外，回弹还与制件的形状和尺寸，模具间隙，凸、凹模圆角半径，凹模深度及材料与凹模的摩擦力的大小等因素有关。

二、回弹值的初步确定

由于弯曲变形的复杂性和引起回弹原因的多样性，目前要准确地确定回弹值还做不到，仅能通过定性分析和给出一些经验数据以减少模具设计和制造中的盲目性。在设计弯曲模时，一般按图表查出经验数据或按计算法求出回弹角估计值，再在试模中进行修整。对不同的相对弯曲半径，回弹的确定方法也不同，下面分别讨论。

1. $R/t<5$

$R/t<5$ 为小弯曲半径弯曲。自由弯曲时半径变化不大，故只考虑回弹角。表4-3列出的

为V形制件自由弯曲90°时的回弹值。

表4-3 自由弯曲90°时的平均回弹角$\Delta\alpha$

材料	$\frac{R}{t}$	材料厚度t/mm		
		<0.8	0.8~2	>2
软钢$\sigma_b=350MPa$ 软黄铜$\sigma_b\leqslant350MPa$ 铝、锌	<1 1~5 >5	4° 5° 6°	2° 3° 4°	0° 1° 2°
中硬钢$\sigma_b=400\sim500MPa$ 硬黄铜$\sigma_b=350\sim400MPa$ 硬青铜	<1 1~5 >5	5° 6° 8°	2° 3° 5°	0° 1° 3°
硬钢$\sigma_b>550MPa$	<1 1~5 >5	7° 9° 12°	4° 5° 7°	2° 3° 6°

当弯曲角度大于或小于90°时，回弹角应作如下修正

$$\Delta\alpha_\alpha = \frac{\alpha}{90°}\Delta\alpha_{90°}$$

式中 $\Delta\alpha_\alpha$——弯曲制件夹角为α时的回弹角；

$\Delta\alpha_{90°}$——弯曲制件夹角为90°时的回弹角。

2. $R/t\geqslant10$

$R/t\geqslant10$时，由于弯曲半径较大，卸载后不仅弯曲制件的夹角会变，而且弯曲半径也有较大变动。这时凸模圆角半径R_p和回弹角$\Delta\alpha$可分别按下式计算参考值，待试模后再加以修整。

$$R_p = \frac{1}{\frac{1}{R}+3\frac{\sigma_s}{Et}}$$

$$\Delta\alpha = (180° - \alpha)\left(\frac{R}{R_p} - 1\right)$$

3. V形制件校正弯曲

V形制件校正弯曲的回弹角可参考图4-11。其他形状制件的弯曲回弹值可参阅有关手册。

三、减少回弹的措施

弯曲回弹一般不可能完全消除，但却可采取合理结构的弯曲制件、弯曲工艺及模具设计等措施来减少或补偿由于回弹所产生的误差。

1. 从弯曲制件设计上采取措施

在弯曲制件转角处压制加强筋，如图4-12a、b所示，不仅能减小回弹而且还能增加制件的刚度。图4-12c所示为先弯两侧再弯中间，也可减少回弹，原因是总变形量增加的情况下，弹性变形量相对变小。

2. 从工艺上采取措施

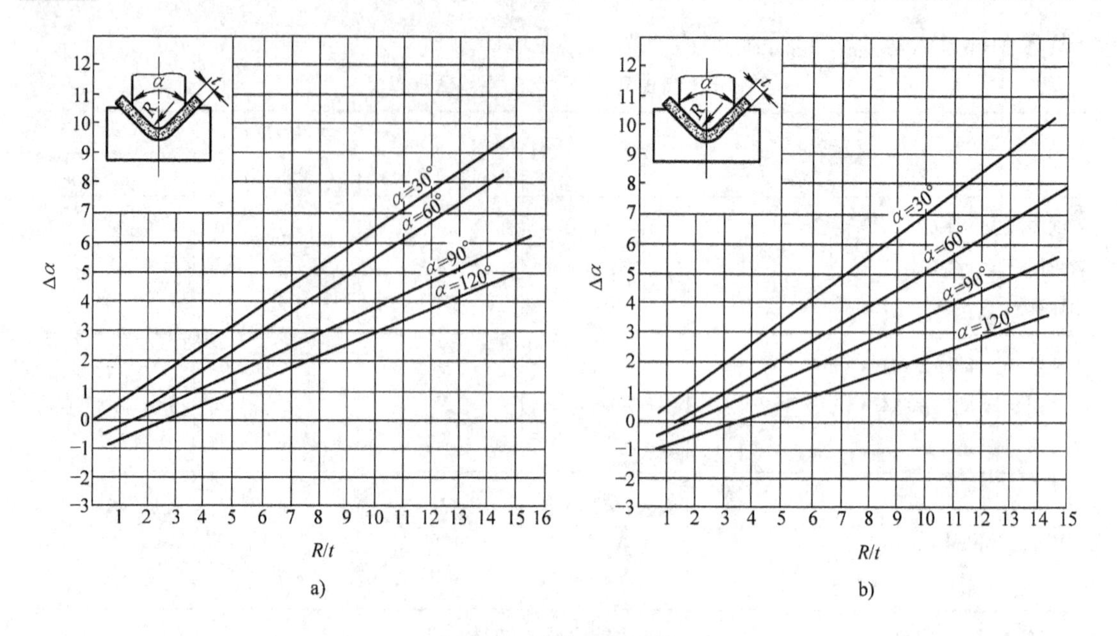

图 4-11　弯曲的回弹值

a）08、10 及 Q195 钢回弹角　b）15、20 及 Q215、Q235 钢回弹角

采用校正弯曲代替自由弯曲可以减小回弹。对于加工硬化后的钢铁材料，弯曲前可先进行退火，以降低 σ_s，然后再弯，可收到较好的效果。

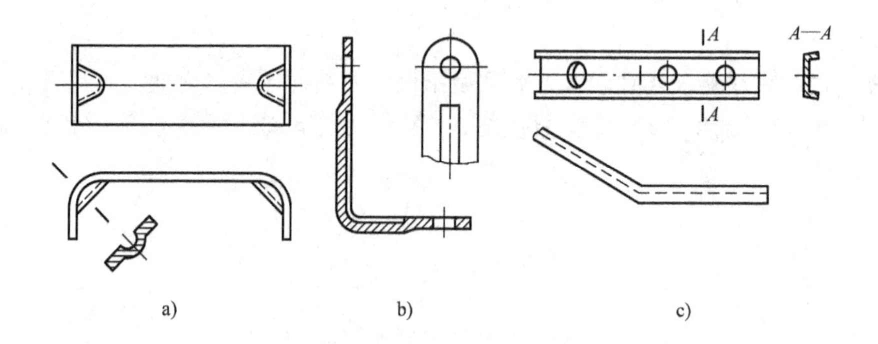

图 4-12　在制件结构上考虑减小回弹的方法

3. 从模具设计上采取措施

1）对一般软钢、软黄铜等材料，其回弹角 $\Delta\alpha<5°$，且材料厚度偏差较小时，可使凸模或凹模的工作表面带一定的斜度，并取间隙等于料厚或采用负间隙来减小回弹（图 4-13a）。

2）对板厚在 0. 8mm 以上的一般材料，且弯曲半径又不大时，可将凸模头部做成图 4-13b所示的形状，使压力集中于角部，以增大弯曲变形区的变形程度来减小甚至消除回弹。

3）对回弹较大的材料，当弯曲半径 $R>t$ 时，可将凹模上的顶件器做成圆弧面（图 4-13c），以造成制件底部的局部反弯。当制件从凹模中取出时，由于反弯的曲面部分的回弹伸直而使两侧产生负回弹，从而抵消两侧壁的正回弹。

其他如采用聚氨酯软凹模，缩小凸模与凹模的间隙等都可减小回弹。

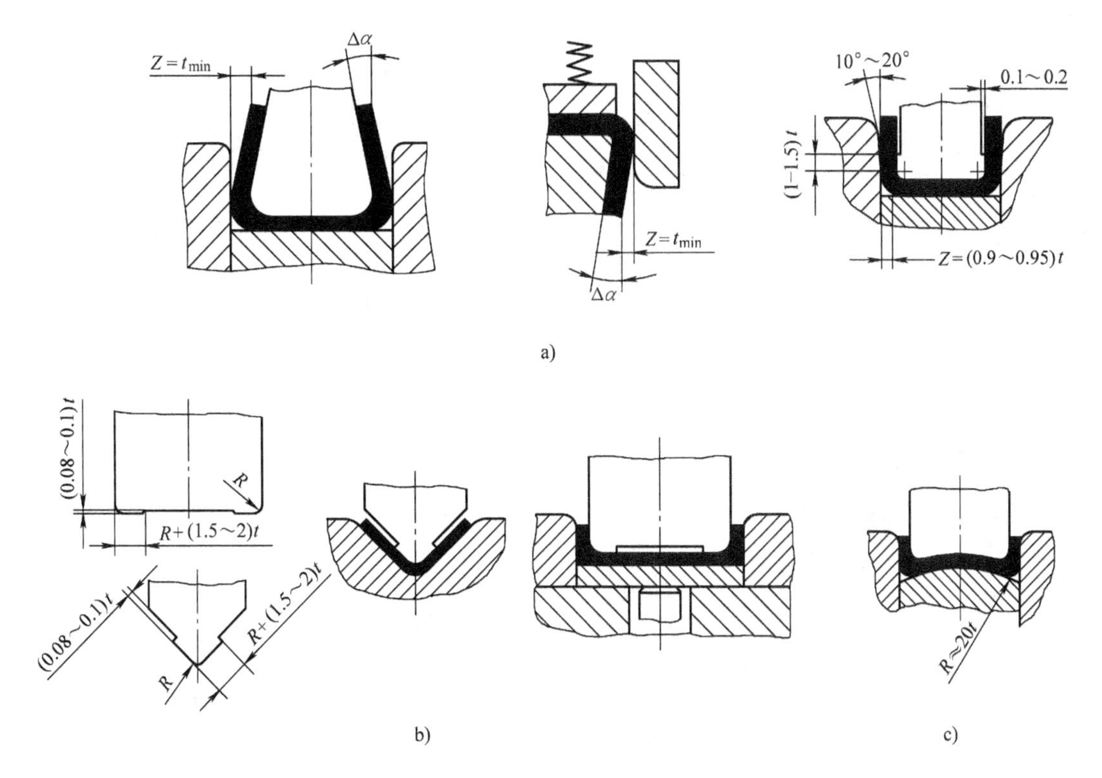

图 4-13　克服回弹的措施

a）克服回弹措施之一　b）克服回弹措施之二　c）克服回弹措施之三

第四节　弯曲制件的工艺性

弯曲制件的工艺性是指弯曲制件的形状、尺寸、精度要求、材料选用及技术要求等是否符合弯曲变形规律的要求。良好的工艺性应能简化弯曲工艺过程并提高弯曲制件的精度。下面对弯曲制件的工艺性要求作简要叙述。

1）弯曲制件的弯曲半径不能小于材料的最小弯曲半径，否则会弯裂；但过大也不好，过大导致回弹增大，弯曲制件精度不易保证。

2）弯曲制件的直边高度 H 不应小于 $2t$，若 $H<2t$，则应预先压槽，如图 4-14 所示，或加高直边，经弯曲后再切掉。如果所弯直边带有斜度，而斜线延伸到变形区（图 4-15），则在直边高度小于 $2t$ 的部分不可能弯到要求的角度，并且此处也易开裂。因此，应改变制件形状或加高直边尺寸。

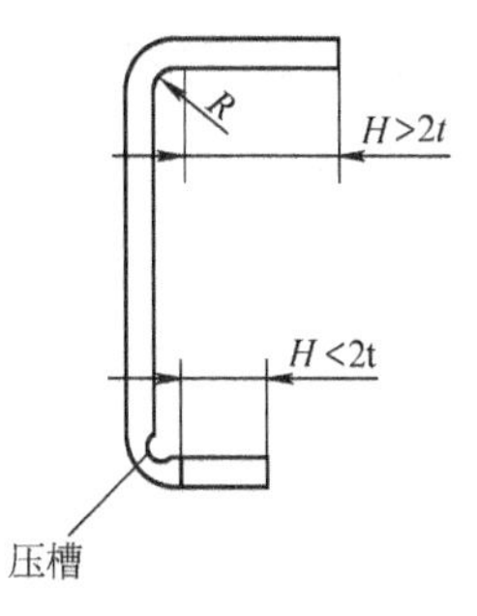

图 4-14　弯曲制件直边高度

3）对阶梯形坯料进行局部弯曲时，根部容易撕裂，这时，应减小不弯曲部分的长度 B，使其退出弯曲线之外（图 4-16），或在弯曲部分压槽（参阅图 4-14）。

4）弯曲带孔的坯料时，必须使孔位于变形区之外（图 4-17a），以防止孔在弯曲时产生变形，且孔壁到弯曲半径 R 中心的距离应根据料厚取值：当 $t<2\text{mm}$ 时，$L\geqslant t$；当 $t\geqslant 2\text{mm}$

时，$L \geqslant 2t$。

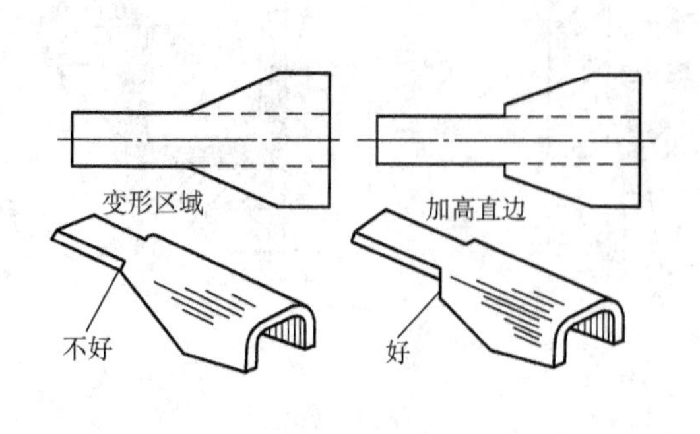

图 4-15　弯曲制件直边高度对工件影响

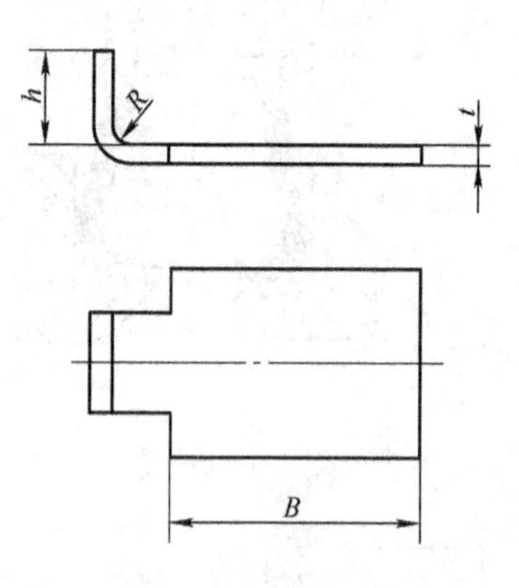

图 4-16　阶梯形毛坯

如果孔边至弯曲半径 R 中心的距离过小，可先在弯曲线处冲工艺孔（图 4-17c）或切槽（图 4-17b），以防止孔在弯曲时变形。

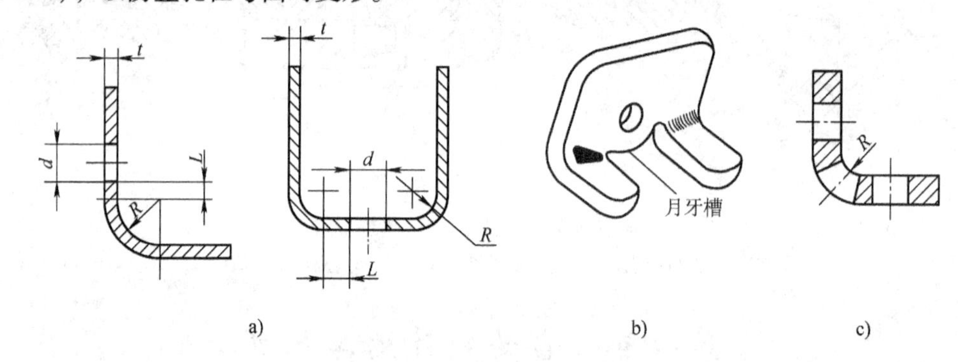

图 4-17　弯曲制件孔边距离

a）孔边距　b）冲月牙槽　c）冲工艺孔

5）弯曲形状对称的制件时，弯曲半径左右应一致，以保证弯曲时板料与模具表面的摩擦力平衡，防止产生偏移。弯曲形状不对称的制件时，为防止板料滑动偏移，在模具结构设计时应考虑增设压料板、定位销等定位和压紧零件，也可考虑成对弯曲后再切断（图 4-18）。

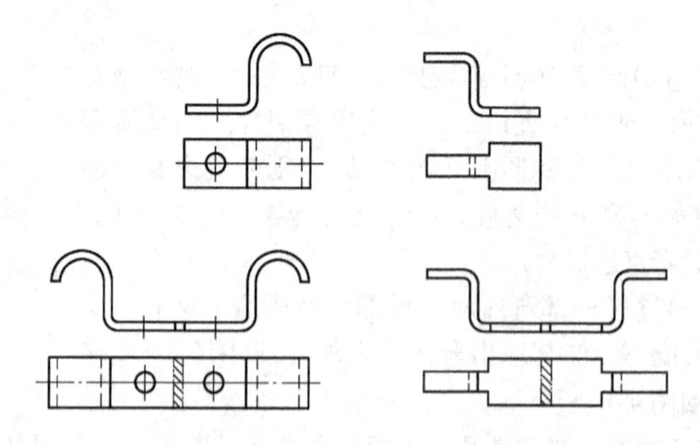

图 4-18　成对弯曲成形

第五节 弯曲力计算

为了选择压力机和设计模具的需要，必须计算弯曲力。本章第一节已介绍过，弯曲力的大小与弯曲方式有较大关系，自由弯曲与校正弯曲两者所需弯曲力相差甚大，故应分别计算。

一、自由弯曲力

弯曲力的大小与弯曲制件毛坯尺寸、材料性能、弯曲半径等因素有关，理论计算复杂且精确性不高，实用性差。故生产中一般用经验公式计算，然后分析比较，选取估算结果。

V 形制件弯曲力

$$F_{自} = \frac{0.6Kbt^2\sigma_b}{R+t}$$

U 形制件弯曲力

$$F_{自} = \frac{0.7Kbt^2\sigma_b}{R+t}$$

式中 $F_{自}$——自由弯曲力；

R——弯曲半径；

K——安全系数，一般取 $K=1.3$；

b——弯曲制件宽度；

σ_b——材料的抗拉强度。

二、校正弯曲力

$$F_{校} = Ap$$

式中 $F_{校}$——校正弯曲力；

A——变形区投影面积；

p——单位校正力，其值参考表 4-4。

表 4-4 单位校正压力 p （单位：MPa）

材　料	$t<3mm$	$t=3\sim10mm$	材　料		$t<3mm$	$t=3\sim10mm$
铝	30～40	50～60	25～30 钢		100～120	120～150
黄铜	60～80	80～100	钛合金	BT_1	160～180	180～210
10～20 钢	80～100	100～120		BT_3	160～200	200～260

三、顶件力和压料力

对于设有弹顶装置或压料装置的弯曲模，其顶件力或压料力值可近似取自由弯曲力的 30%～80%，即

$$F_{顶}(或 F_{压}) = (0.3\sim0.8)F_{自}$$

四、压力机公称压力的确定

对有压料装置的自由弯曲

$$F_{压机} \geqslant F_{自} + F_{压}(或 F_{顶})$$

$F_{压机}$——压力机公称压力。

对于校正弯曲，由于校正力与自由弯曲力不重叠，且数值比压料力大得多，故可忽略不

计，因此，只按校正力选择设备，即

$$F_{压机} \geqslant F_{校}$$

第六节　弯曲制件毛坯尺寸的计算

弯曲制件毛坯长度是弯曲工艺计算中一项很重要的工作。毛坯长度尺寸取得正确与否，不仅会影响弯曲制件精度，增加修正工序和浪费材料，甚至还会造成废品。弯曲制件毛坯尺寸计算的结果，仅作模具设计时参考之用，准确的下料长度还需通过试模后才能准确确定。

确定毛坯长度，就是计算弯曲制件的展开长度。毛坯长度是按应变中性层展开长度计算的，因此，首先应知道应变中性层的位置。

一、应变中性层位置的确定

应变中性层的长度在弯曲过程中保持不变，所以，应变中性层的展开长度就是弯曲制件的展开长度。当弯曲变形很小时（$R/t \geqslant 10$），材料厚度变化很小，应变中性层可近似认为在材料厚度的二分之一处，次时，中性层的曲率半径 $\rho = R + t/2$。

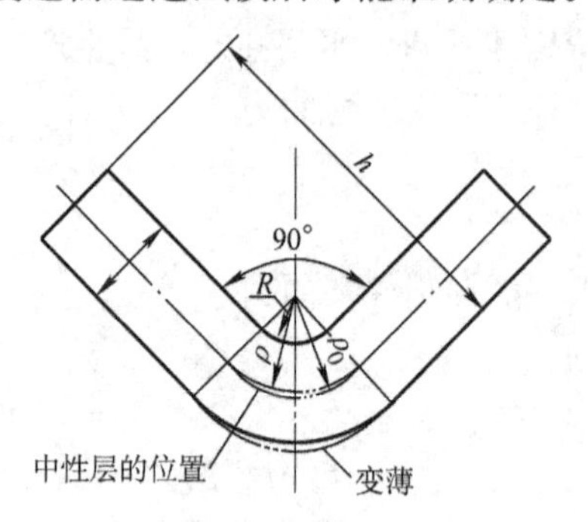

图 4-19　中性层的位置

当弯曲变形较大时，材料厚度减小，板料变薄，应变中性层内移，如图 4-19 所示。板料变薄的程度用角部弯曲后的材料厚度（t'）与弯曲前的材料厚度之比表示，即

$$\eta = \frac{t'}{t}$$

η 称为变薄系数。

制件弯曲变形程度越大，即相对弯曲半径越小，变薄越严重，变薄系数越小。随着角部变形区板料变薄，外侧曲率半径增大，中性层向内侧移动，即应变中性层已不再位于变薄材料厚度的正中。此时，弯曲变形程度越大，应变中性层内移也越多。由于变薄规律比较复杂，在弯曲变形区内分布也不均匀一致，而且变薄规律还与弯曲方式等许多因素有关。所以，中性层的位置还不能用理论公式准确计算，通常用经验公式来确定，即

$$\rho = R + Xt$$

式中　X——由实验测定的应变中性层位移系数。

X 值与变形方式有关。表 4-5 列出了 10、20 钢在宽板弯曲时的应变中性层位移系数，供计算时参考。

表 4-5　10、20 钢在宽板弯曲时的应变中性层位移系数 X 值

R/t	0.1	0.2	0.3	0.4	0.5	0.6	0.7	0.8	1.0	1.2
X	0.21	0.22	0.23	0.24	0.25	0.26	0.28	0.3	0.32	0.33
R/t	1.3	1.5	2	2.5	3	4	5	6	7	≥8
X	0.34	0.36	0.38	0.39	0.4	0.42	0.44	0.46	0.48	0.5

二、毛坯长度计算

1. 圆角半径较大的弯曲制件（$R>0.5t$）

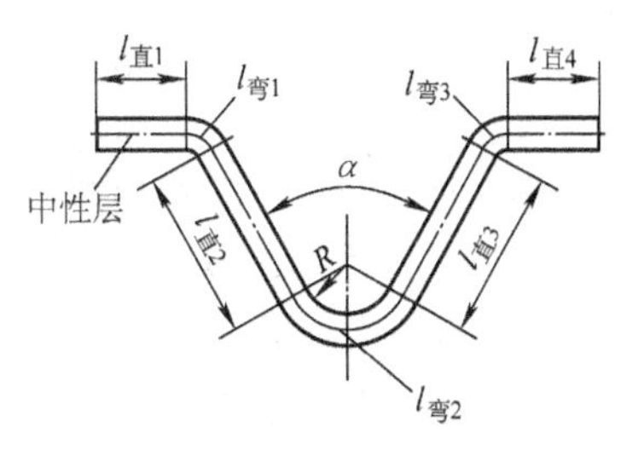

图 4-20　有圆角半径的弯曲

如图 4-20 所示。运用中性层的长度在弯曲过程中长度不变的结论，显然其展开长度等于弯曲制件直线部分的长度和圆弧部分的长度之和，即

$$L_0 = \Sigma l_{直} + \Sigma l_{弯}$$

式中　L_0——弯曲制件毛坯展开长度；

$\Sigma l_{直}$——弯曲制件各直线段长度之和；

$\Sigma l_{弯}$——弯曲制件各弯曲部分应变中性层展开长度之和。

$$l_{弯} = \frac{180° - \alpha}{180°}\pi(R + Xt)$$

2. 圆角半径较小的弯曲制件（$R<0.5t$）

如图 4-21 所示。这类弯曲制件的弯曲部分毛坯尺寸计算是根据弯曲前后材料体积不变原则确定的，考虑到弯曲时圆角变形区板料变薄的因素，计算公式如下：

$$L_0 = \Sigma l_{直} + \Sigma l_{弯} \quad 而 \ \Sigma l_{弯} = Knt$$

因此
$$L_0 = \Sigma l_{直} + Knt$$

式中　n——弯曲角数；

K——系数。单角弯曲时 $K=0.48 \sim 0.5$；双角弯曲时 $K=0.45 \sim 0.8$；多角弯曲时 $K=0.25$；塑性良好的材料 $K=0.125$。

3. 铰链卷圆弯曲

如图 4-22 所示，对于 $R=(0.6 \sim 3.5)t$ 的铰链卷圆弯曲制件，在卷圆过程中板料增厚，应变中性层外移，毛坯长度可按下式近似计算

$$L_0 = a + R + 1.57\pi X'(1 + t)$$

式中　X'——系数。当 $\frac{R}{t}=0.5 \sim 2.2$ 时，$X'=0.50 \sim 0.76$（$\frac{R}{t}$ 值大，X' 取大值；反之，X' 取小值）。

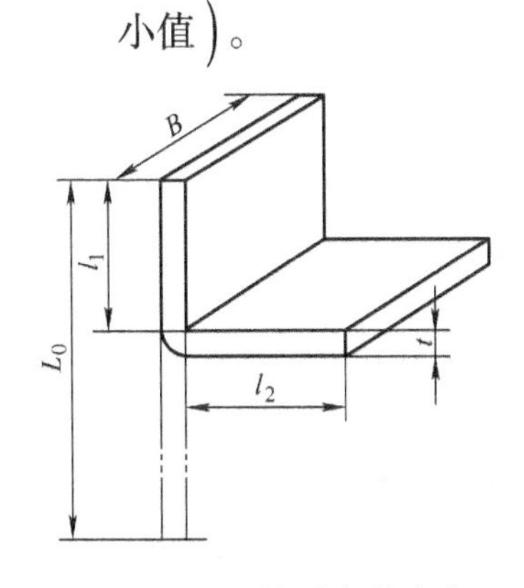

图 4-21　无圆角半径的弯曲

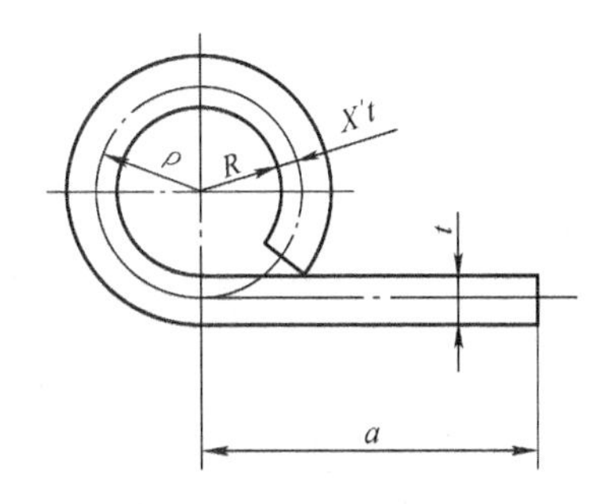

图 4-22　铰链

计算弯曲制件的展开长度时，由于制件尺寸标注方法不同，所采用的计算方法也不同。其他简便经验的计算方法，可查阅有关手册和资料。

第七节 弯曲工序与弯曲模

一、弯曲制件的工序安排

由于产品的多样性，弯曲制件的形状、尺寸和复杂程度也千差万别。在安排弯曲制件的工序时，首先必须仔细研究、妥善规划从板料毛坯到成品需要几道工序，采用什么样的模具结构，以便协调弯曲制件的弯曲次数与模具结构和制件复杂程度的关系。材料的性质、生产批量、制件精度、尺寸和变形程度等对弯曲制件的工序安排也有很大影响。图 4-23 所示为可在简单模中一次成形的简单弯曲制件。而图 4-24 所示的弯曲制件，当采用简单模时，必须分两次完成；若要在一次冲压中弯曲成形，则必须采用较复杂的模具。图 4-25 所示的弯曲制件更为复杂，采用简单模必须多次弯曲才能成形。

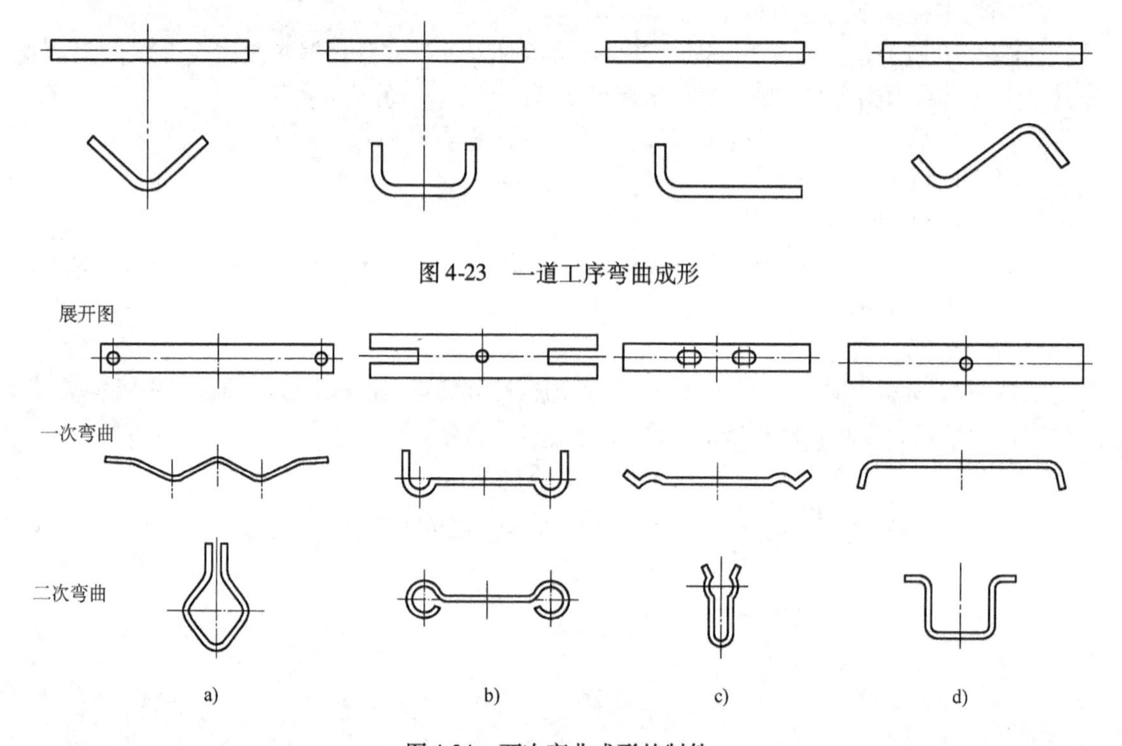

图 4-23 一道工序弯曲成形

图 4-24 两次弯曲成形的制件

对于要两次或多次弯曲成形的制件，必须注意弯曲的顺序。弯曲顺序安排的一般原则是先弯外角后弯内角，前次弯曲必须为后次弯曲提供适当的定位基准，而后次弯曲不能影响前次已弯曲部分的成形。

当工序安排可能有几种不同方案时，必须经技术经济定性对比分析后方可确定其最佳方案，尽量做到工序次数少，模具结构合理，操作安全方便等。根据实际情况，可酌情采用单工序模、复合模或级进弯曲模，也可采用聚氨酯橡胶模等。

二、弯曲模结构的合理性

确定弯曲工序后，即可进行弯曲模具结构的设计。为确保制件质量，弯曲模结构应考虑以下几点：

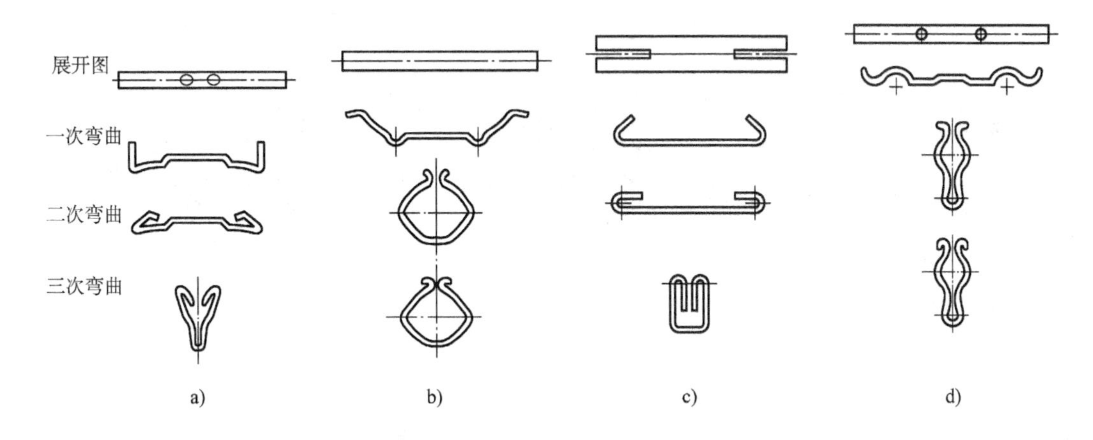

图 4-25 三次弯曲成形的制件

1）模具结构应保证毛坯在弯曲时不产生偏移和滑动。因为在弯曲过程中，坯料沿凹模圆角滑动时，坯料各边所受的摩擦力可能不等，使坯料向左或向右滑移而造成制件的偏移。弯曲不对称制件时，更应高度重视。

利用制件上的孔（或工艺孔）来定位是防止偏移的方法之一。如图 4-26a 所示，毛坯就是先以外形粗定位，然后用凸模上的导正销精定位，从而防止坯料偏移的。当外形定位困难或板料很薄时，则可把定位销装在顶料板上，此时应保证凹模与顶料板之间不得有相对偏移，其结构如图 4-26b 所示。

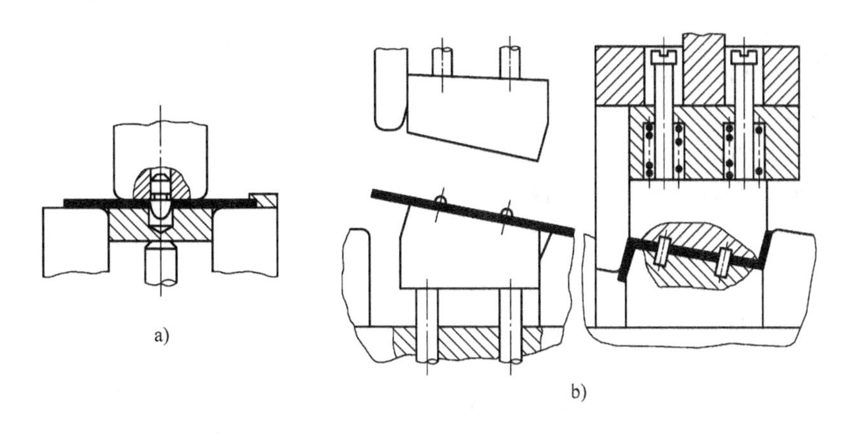

图 4-26 弯曲制件的定位

使用最广泛的方法是采用压料装置（图 4-27），由于它既可起顶件作用又能将坯料压紧，协助凸、凹模使坯料逐渐弯曲变形。使用压料装置不仅可得到准确的尺寸，而且制件的边缘与底部均能保持平整。

弯曲对称性良好的制件时，应保证凹模具有相同的表面粗糙度和圆角半径，这样弯曲时各面摩擦力相同，因而可有效地防止坯料偏移。

2）模具结构不应妨碍或阻止毛坯在合模过程中应有的转动和移动，但应保证制件仅在确定的弯曲线位置上进行弯曲，以利于坯料成形并达到规定的精度。图 4-28 所示的四角弯曲模对坯料进行弯曲时，由于外角 C 处的弯曲线的位置在弯曲过程中是变化的，所以会使制件的外角形状不准和直臂部分变薄。

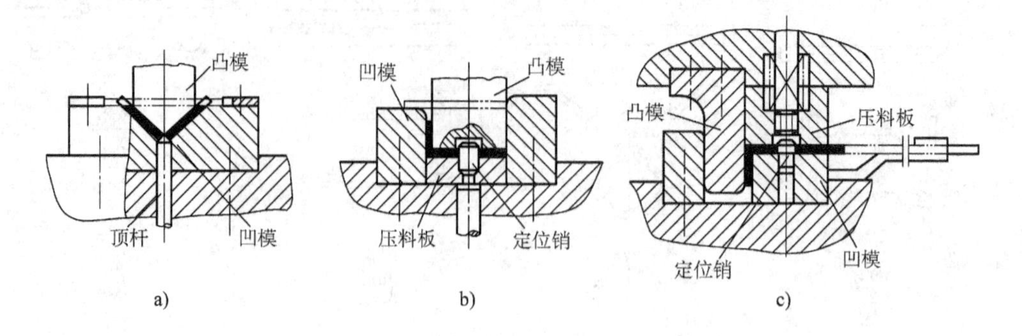

图 4-27　带有压料装置及定位销的弯曲模

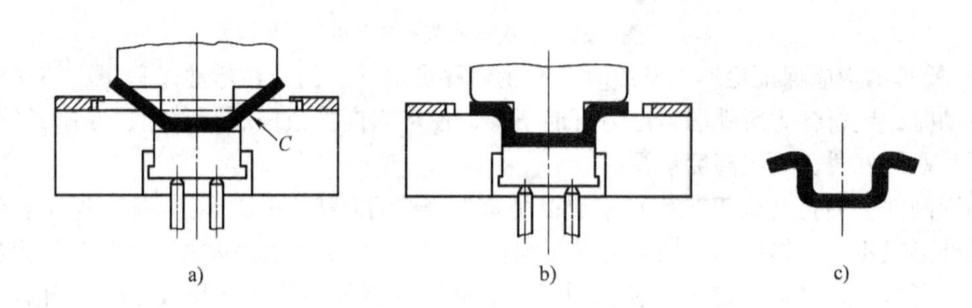

图 4-28　不合理的四角弯曲

采用图 4-29 所示的模具结构，可以保证内、外角弯曲线的位置在弯曲过程中不变，因而能保证制件形状和尺寸要求。

三、弯曲模

弯曲模可分为简单弯曲模、复杂弯曲模、级进弯曲模和自动弯曲模。简单弯曲模一般用于大型制件和批量不大的中小型制件。而小件的大批量生产则趋向于采用高效率的一次成形复合模、级进模或多工位自动弯曲模。

弯曲模的主要工作零件是凸模和凹模。结构完善的弯曲模还具有压料装置、定位板或定位销、导柱、导套等。有时还采用辊轴、摆块和斜楔等机构来实现比较复杂的动作。

下面介绍一些比较典型的弯曲模。

1. 简单弯曲模

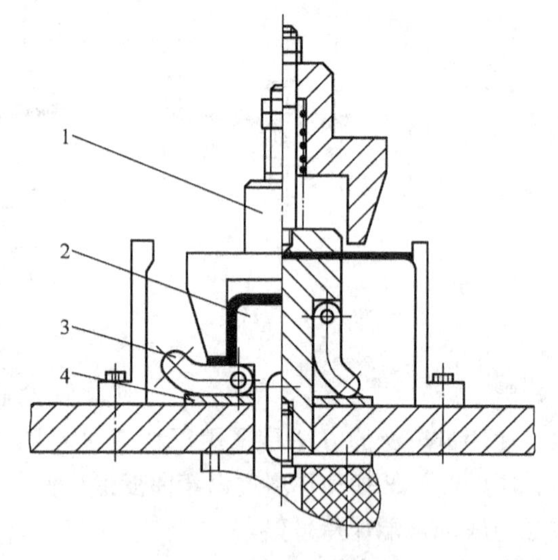

图 4-29　四角弯曲模

1—凹模　2—凸模　3—摆块　4—垫板

图 4-30 为简单 V 形制件的通用弯曲模。它可弯曲宽度较大、边长较短的多种弯曲制件。凹模由两块组成，每块具有四个工作面，可以弯曲多种角度。凸模按制件弯曲角和弯曲半径大小可以更换。

图 4-31 为槽形弯曲模，此模具由凸、凹模（兼作定位元件），上、下模座，压料板等组成。凹模分成两块分别固定在下模座上，制件弯曲后由弹顶器顶出。

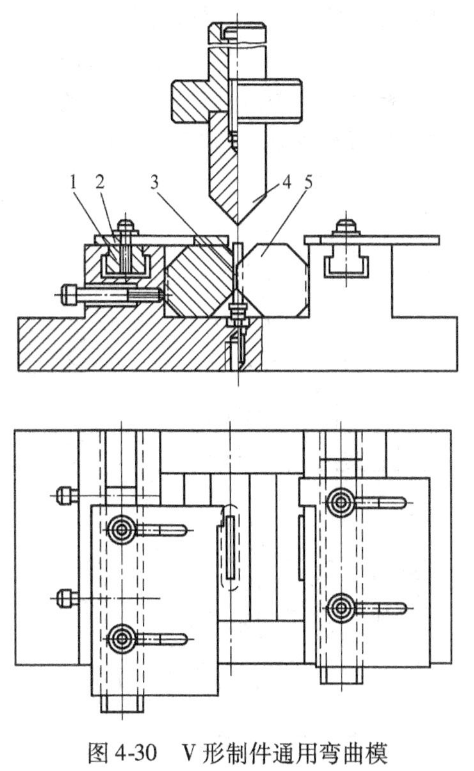

图 4-30 V 形制件通用弯曲模

1—滑块 2—定位板 3—顶杆 4—凸模 5—凹模

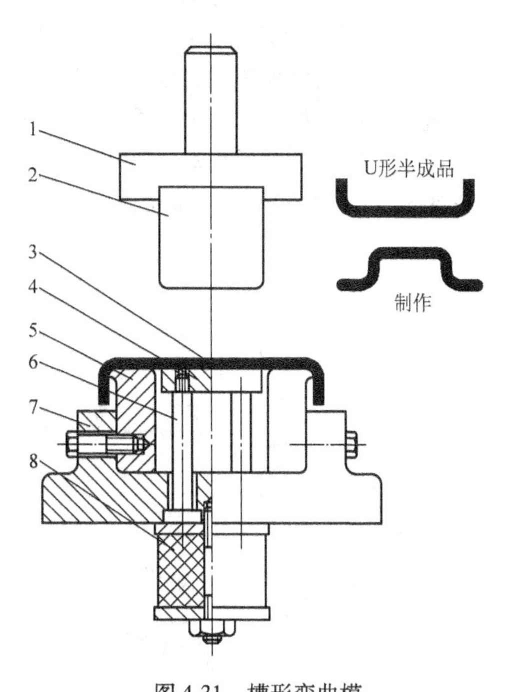

图 4-31 槽形弯曲模

1—上模座 2—凸模 3—制件 4—压料板 5—凹模 6—顶杆 7—下模座 8—弹顶器

冲制槽形件时，为防止外角形状不准和直臂部分受拉而变薄，采用两次完成。此模可将 U 形半成品件弯成槽形，弯曲时用 U 形制件内侧和凹模外形尺寸定位。

2. 级进复合弯曲模

图 4-32 为弯曲制件侧壁带孔的双角弯曲制件同时进行冲孔、切断和弯曲的级进复合弯曲模。该模剪切凸模也是压弯凹模，工作时利用导料板导向先使条料从卸料板下面送入模内至挡块定位，当滑块下行时，剪切凸模即切断条料，并将所切坯料压弯成形。与此同时冲孔凸模在条料上冲出下一件的侧孔，回程时卸料板卸下条料，同时推杆在弹簧作用下推出制件，这样不断重复冲压，除第一件无孔而成半成品外，以后每冲压一次即可得到一件有孔的弯曲制件。如欲使第一件也成为成品，则需要安装始用挡料装置或用手工送料来定位。

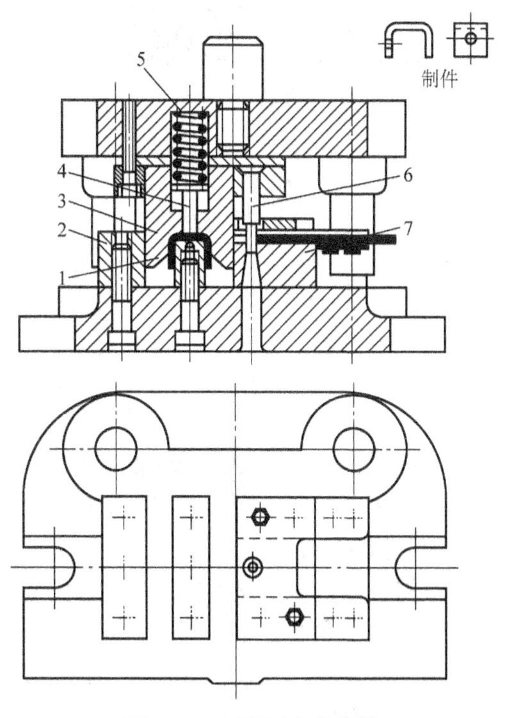

图 4-32 级进复合弯曲模

1—弯曲凸模 2—挡块 3—凸凹模 4—推杆 5—弹簧 6—冲孔凸模 7—冲孔凹模

3. 复杂弯曲模

复杂弯曲模可以一次弯曲成形在简单模中要两道或几道弯曲工序才能成形的制件。

图 4-33 所示的闭角弯曲模，用以弯曲一次成形小于90°的 U 形制件。该模具的下模座内装有一对有缺口的活动辊轴式模块，其缺口与制件外形相适应，构成转动凹模。辊轴的一端由于拉簧的作用，使之经常处于图中未剖部分的位置。凸模制成制件内部的形状。工作时毛坯由定位板定位。制件成形后，从垂直于图面方向卸下。

图 4-34 所示为斜楔式弯曲模，可一次成形如图所示的复杂制件。

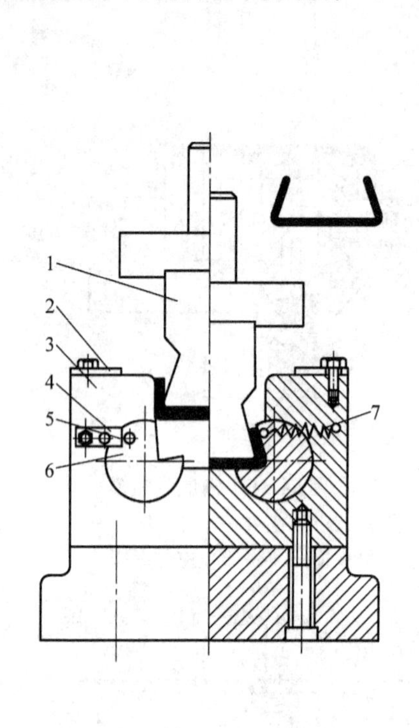

图 4-33 闭角弯曲模

1—凸模 2—定位板 3—凹模 4—止动块
5—销钉 6—活动模块 7—弹簧

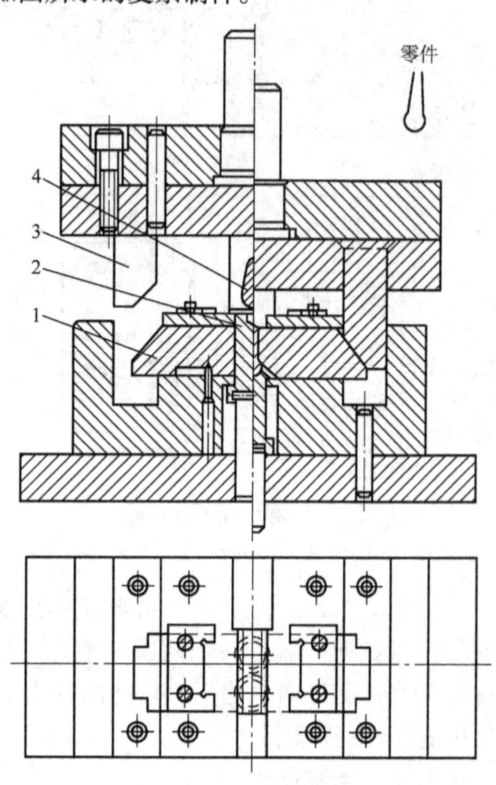

图 4-34 斜楔式弯曲模

1—活动凹模 2—成形顶板 3—斜楔 4—凸模

第八节 弯曲模工作部分尺寸的确定

弯曲模工作部分尺寸设计的正确与否，直接影响弯曲制件的形状、尺寸精度、变形程度和回弹值的大小。所以弯曲模工作部分尺寸的确定是弯曲模设计的重要环节。

一、V 形制件校正弯曲模

V 形制件校正弯曲模工作部分的尺寸包括凸模和凹模的圆角半径、凹模深度和底部圆角半径以及凹模圆角半径中心间的距离等。各部分尺寸可参阅图 4-35 和表 4-6。V 形制件弯曲模间隙不需确定，可通过模具在压力机上安装调整达到。

二、U 形制件校正弯曲模

U 形制件校正弯曲模工作部分的尺寸主要包括凸模和凹模的圆角半径、凹模深度、凸模和凹模的间隙及其宽度（图 4-36）。

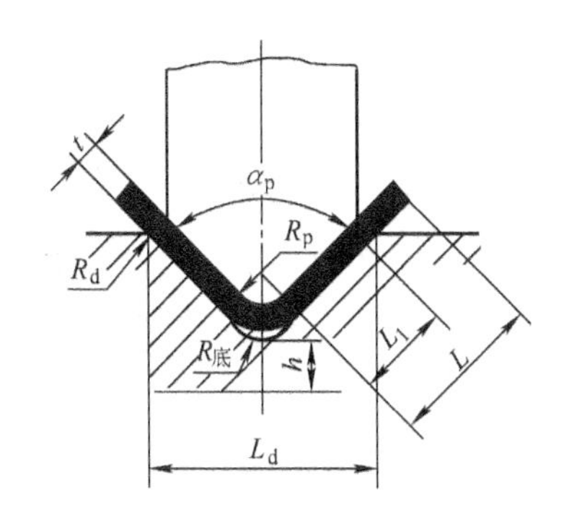

图 4-35　V 形制件弯曲模工作部分的尺寸

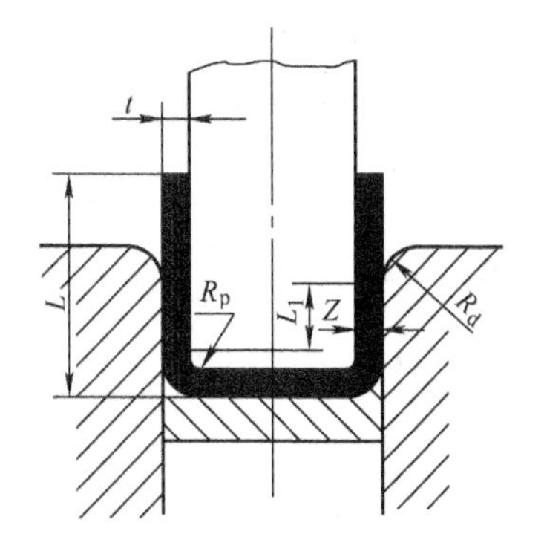

图 4-36　U 形制件弯曲模工作部分的尺寸

表 4-6　V 形制件弯曲模工作部分的尺寸

<table>
<tr><td>α_p</td><td colspan="2">按回弹计算，经试冲合格后定</td></tr>
<tr><td>R_p</td><td colspan="2">$R_p = R > R_{min}$</td></tr>
<tr><td>R_d</td><td colspan="2">见表 4-7</td></tr>
<tr><td rowspan="2">$R_底$</td><td>外侧半径无约束</td><td>$R_底 = (0.6 \sim 0.8)(R+t)$</td></tr>
<tr><td>外侧半径有约束</td><td>$R_底 = R + st$　s：见表 4-5</td></tr>
<tr><td>L_d</td><td colspan="2">$L_d = 2(L_1 + R_p + t)\sin\frac{\alpha_p}{2} < 0.8L_0$</td></tr>
<tr><td>L_1</td><td colspan="2">见表 4-8</td></tr>
<tr><td>h</td><td colspan="2">见表 4-8</td></tr>
</table>

1. 凹模圆角半径的确定

与 V 形制件弯曲模相同，可参见表 4-7。

表 4-7　弯曲模凹模圆角半径　（单位：mm）

t	≤1	>1～2	>2～3	>3～4	>4～5	>5～6	>6～7	>7～8	>8～10
R_d	3	5	7	9	10	11	12	13	15

表 4-8　弯曲 V 形制件的凹模深度及底部最小厚度值　（单位：mm）

<table>
<tr><td rowspan="3">弯曲制件边长 L</td><td colspan="6">材料厚度 t</td></tr>
<tr><td colspan="2">≤2</td><td colspan="2">2～4</td><td colspan="2">>4</td></tr>
<tr><td>h</td><td>L_1</td><td>h</td><td>L_1</td><td>h</td><td>L_1</td></tr>
<tr><td>10～25</td><td>20</td><td>10～15</td><td>22</td><td>15</td><td>—</td><td>—</td></tr>
<tr><td>25～50</td><td>22</td><td>15～20</td><td>27</td><td>25</td><td>32</td><td>30</td></tr>
<tr><td>50～75</td><td>27</td><td>20～25</td><td>32</td><td>30</td><td>37</td><td>35</td></tr>
<tr><td>75～100</td><td>32</td><td>25～30</td><td>37</td><td>35</td><td>42</td><td>40</td></tr>
<tr><td>100～150</td><td>37</td><td>30～35</td><td>42</td><td>40</td><td>47</td><td>45</td></tr>
</table>

凹模深度 L_1，可按表 4-9 选取。

2. U 形制件弯曲模凸、凹模间隙的确定

间隙对弯曲制件的质量和弯曲力有很大影响。间隙越小则弯曲力越大，间隙过小，会使弯曲制件臂部厚度变薄，增大模具磨损，降低凹模寿命；间隙过大，则回弹增大，降低制件精度。因此，必须选择适当的间隙。凸、凹模间隙 Z 一般可按下式计算

$$Z = t + \Delta_1 + ct$$

式中　c——间隙系数，按表4-10选取；

Δ_1——材料厚度正偏差。

表4-9　弯曲U形制件的凹模深度 L_1　（单位：mm）

弯曲制件边长 L	材料厚度 t				
	<1	1~2	>2~4	>4~6	>6~10
<50	15	20	25	30	35
50~75	20	25	30	35	40
75~100	25	30	35	40	40
100~150	30	35	40	50	50
150~200	40	45	55	65	65

表4-10　U形制件弯曲模凸、凹模的间隙系数 c 值　（单位：mm）

弯曲制件边长 L	$b\leqslant 2L$				$b>2L$				
	材料厚度 t								
	<0.5	0.6~2	2.1~4	4.1~5	<0.5	0.6~2	2.1~4	4.1~7.5	7.6~12
10	0.05	0.05	0.04	—	0.10	0.10	0.08	—	—
20	0.05	0.05	0.04	0.03	0.10	0.10	0.08	0.06	0.06
35	0.07	0.05	0.04	0.03	0.15	0.10	0.08	0.06	0.06
50	0.10	0.07	0.05	0.04	0.20	0.15	0.10	0.06	0.06
70	0.10	0.07	0.05	0.05	0.20	0.15	0.10	0.10	0.08
100	—	0.07	0.05	0.05	—	0.15	0.10	0.10	0.08
150	—	0.10	0.07	0.05	—	0.20	0.15	0.10	0.10
200	—	0.10	0.07	0.07	—	0.20	0.15	0.15	0.10

3. 凸、凹模工作部分的横向尺寸与公差

按尺寸标注方法的不同，分下述两种情况确定。

1）对于尺寸标注在外形尺寸上的弯曲制件（如图4-37），其凹模尺寸为

$$A_d = (A - K_1\Delta)^{+\delta_d}_{0}$$

制件尺寸为双向对称偏差时（图4-37a），$K_1=\frac{1}{2}$；制件尺寸为单向负偏差时（图4-37b），$K_1=\frac{3}{4}$。

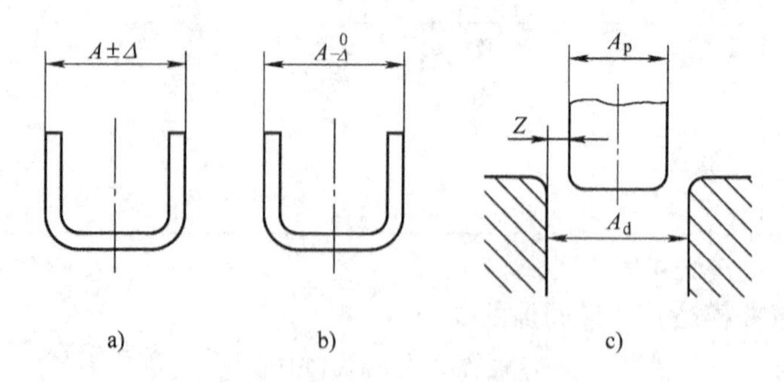

图4-37　要求外形尺寸的弯曲制件

凸模尺寸 A_p 按凹模尺寸配制，保证间隙 Z 值。

2）对于尺寸标注在内形尺寸上的弯曲制件（如图4-38），其凸模尺寸为

$$A_p = (A + K_2\Delta)_{-\delta_p}^{\ 0}$$

制件尺寸为双向对称偏差时（图4-38a），$K_2 = \frac{1}{3}$；制件尺寸为单向正偏差时（图4-38b），$K_2 = \frac{3}{4}$。

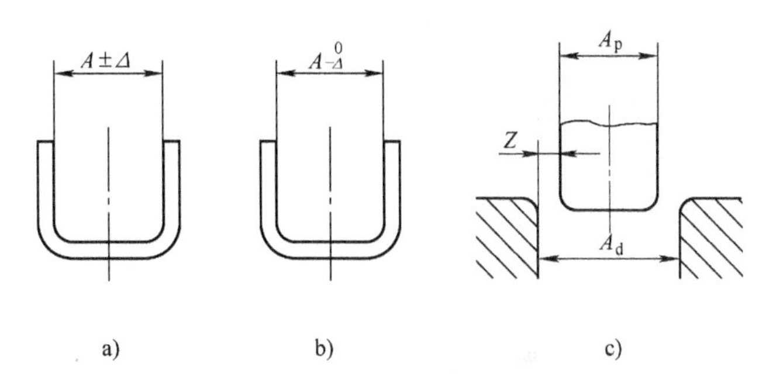

图4-38 要求内形尺寸的弯曲制件

凹模尺寸按凸模尺寸配制，保证间隙 Z 值。

尺寸中 δ_d 和 δ_p 分别为凹模和凸模的制造公差，其公差等级可采用IT8～IT9级。

例4-1 试计算图4-39所示弯曲制件的毛坯尺寸、弯曲力（校正弯曲）、工作部分的尺寸，并绘制弯曲模图（$t=2$mm）。

解

1. 毛坯尺寸计算

展开长度

$$L_0 = \sum l_{值} + \sum l_{弯}$$

$$\sum l_{直} = [(51-3-2)\times 2 + (53-2\times 3-2\times 2)]\text{mm} = 135\text{mm}$$

$$\sum l_{弯} = 2\times\frac{180°-\alpha}{180°}\pi(R+Xt), \frac{R}{t} = \frac{3}{2} = 1.5$$

查表4-5，$X=0.44$（按有顶料板选取）

$$\sum l_{弯} = 2\times\frac{90°}{180°}\pi\ (3+0.44\times 2)\ \text{mm} = 12.18\text{mm}$$

$$L_0 = 147\text{mm} \qquad (图4\text{-}40)$$

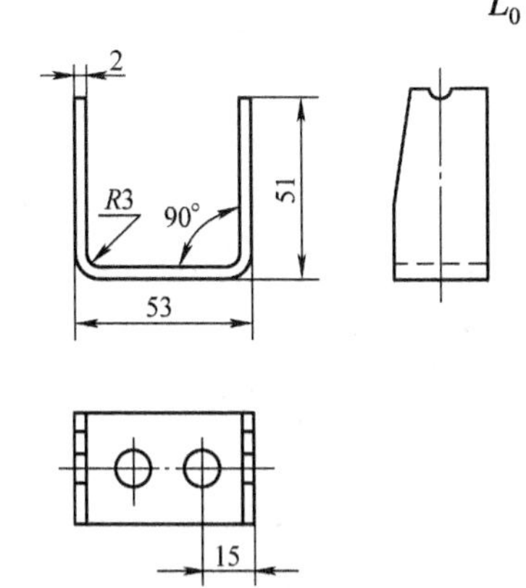

图4-39 制件图

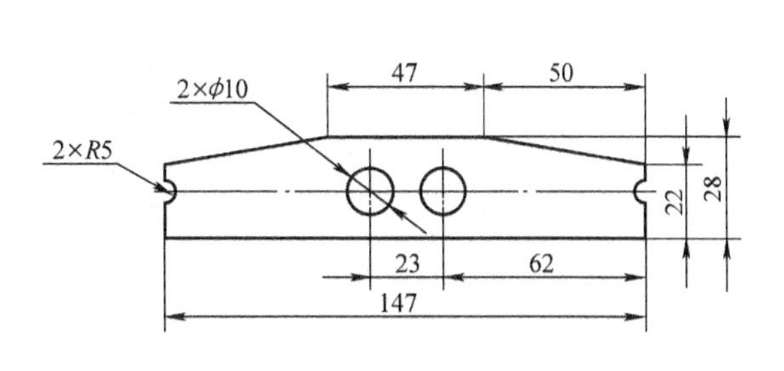

图4-40 毛坯图

2. 计算弯曲力

$$F_{校} = Ap$$

$$A = 28 \times (53 - 2 \times 2)\ \text{mm}^2 = 1372\text{mm}^2 = 1372 \times 10^{-6}\text{m}^2$$

查表 4-4，$p = 60\text{MPa} = 60 \times 10^6\text{Pa}$

$$F_{校} = 1372 \times 60\text{N} = 82320\text{N} \approx 82\text{kN}$$

3. 工作部分尺寸

凹模圆角半径，查表 4-7，$R_d = 5\text{mm}$

凹模深度，查表 4-9，$L_1 = 25\text{mm}$

凸、凹模间隙 $Z = t + \Delta_1 + ct$

若板料厚度标注为 $t_{-\Delta_t}^{\ 0}$

$$Z = t + ct$$

Δ_1 为材料厚度的正偏差，由有关手册查得

$$\Delta_1 = 0.15\text{mm}$$

查表 4-10，$c = 0.07$

$$Z = (2 + 0.15 + 0.07 \times 2)\ \text{mm} = 2.29\text{mm}$$

凹模宽度

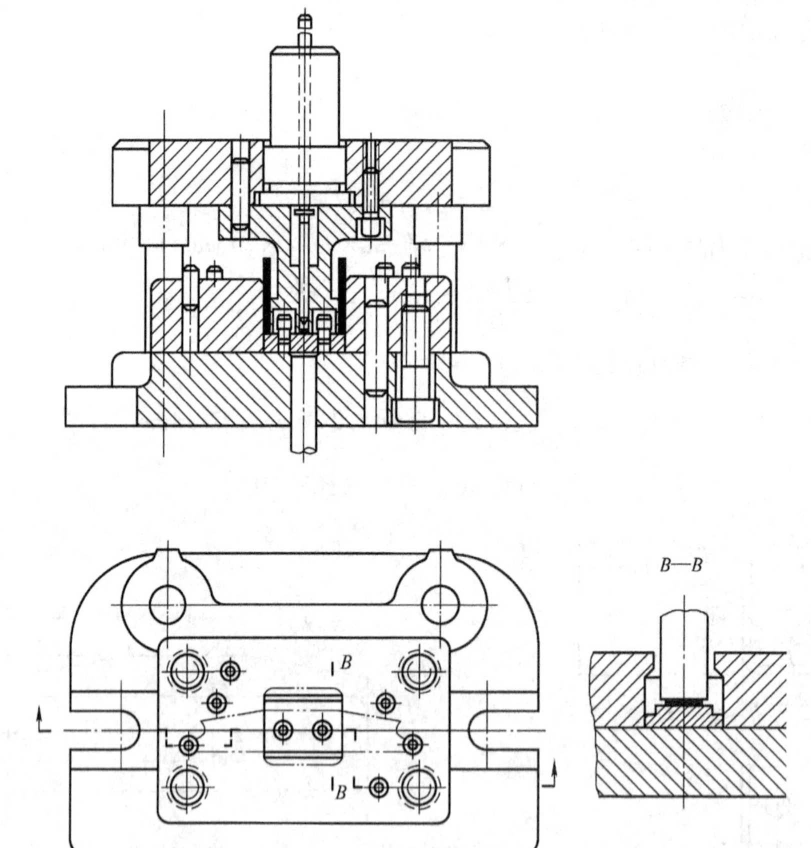

图 4-41　U 形制件弯曲模

$$A_d = (A - K_1\Delta)_0^{+\delta_d}$$

制件未标注尺寸公差，仅按外形尺寸标注。

查有关资料，$\Delta = 0.74\text{mm}$。

因制件为双向对称偏差，故 $K_1 = \dfrac{1}{2}$。

查公差表 $\delta_d = 74\mu\text{m} = 0.074\text{mm}$

$$A_d = (53 - 0.5 \times 0.74)_0^{+0.074}\text{mm} = 52.63_0^{+0.074}\text{mm}$$

$$A_p = (52.63 - 2 \times 2.29)\ \text{mm} = 48.05\text{mm} \approx 48.1\text{mm}$$

模具如图 4-41 所示。

思 考 题

1. 校正弯曲为什么能克服回弹？
2. 宽板弯曲制件与窄板弯曲制件为什么得到的横截面形状不同？
3. 分析图 4-42 所示三种孔的位置尺寸标注法对冲压工艺有何影响。

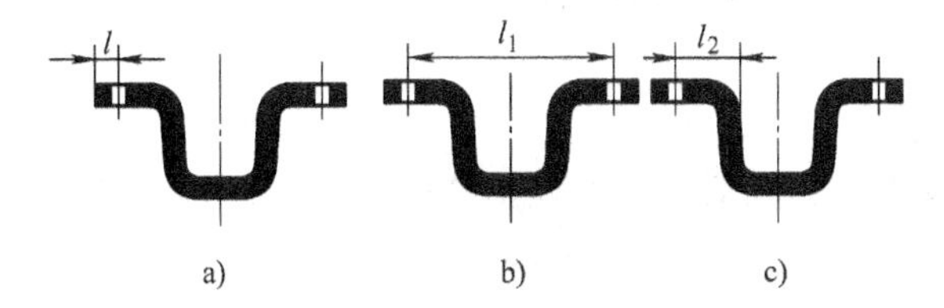

图 4-42 思考题 3 图

4. 分析 Z 形制件的回弹，对比画出 Z 形制件回弹前后的示意图。

第五章 拉深工艺及拉深模设计

把金属板料毛坯拉压成空心体，或者把空心体拉压成外形更小而板厚无明显变化的空心制件的加工方法称为拉深（旧称为拉延、引伸或拉伸）。

拉深工艺的分类方法较多，目前按变形力学的特点来分较为科学，可将其分为圆筒形拉深（指直壁旋转体）、曲面形拉深（指曲面旋转体）、矩（方）形拉深（指直壁非旋转体）及非旋转体曲面拉深四类。

拉深工艺使用的设备为普通压力机、双动压力机或液压机等。

第一节 拉深工艺及质量分析

一、拉深变形过程

圆筒形容器的拉深毛坯为圆形，其拉深工艺最简单而又具有代表性，下面针对圆筒拉深工艺进行剖析。

首先来看两个实验。图 5-1 所示的为第一个实验，在平板毛料上沿直径方向画出一个局部的扇形 *oab*，当凸模下降时，便强迫毛坯拉入凹模，扇形 *oab* 即演变为三个主要区域：

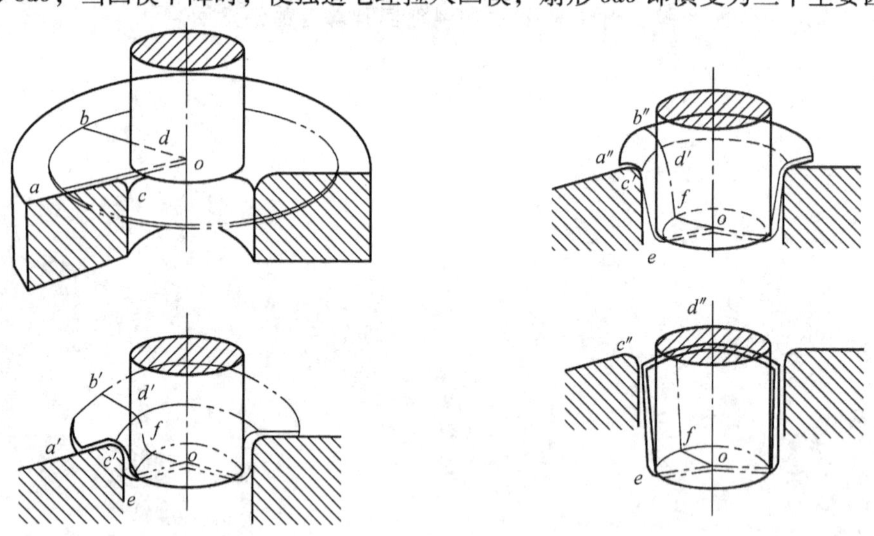

图 5-1 拉深变形示意图

筒底（不变形区）——*oef*；

筒壁（传力区域）——*c′d′ef*；

突缘（变形区域）——*a′b′c′d′*。

凸模继续下降，筒底基本不变，突缘部分的材料继续变为筒壁，筒壁不断增高，而突缘逐渐缩小。由此可见，毛坯变形主要集中在凹模表面的突缘上，拉深过程的本质就是使突缘逐渐收缩转化为筒壁的过程。

如圆板毛坯直径为 d_0，拉深后筒形制件的平均直径为 d，那么$\frac{d}{d_0}$的比值就可作为表示此拉深变形过程大小的一个参数，称为拉深系数 m。m 越小，则拉深变形程度越大。

第二个实验，取同一种材料，同一副模具，只是不断地加大毛坯直径 d_0，来改变拉深系数 m，并测出各次拉深力的变化，其结果如图 5-2 所示。由图 5-2a 可以明显地看出拉深过程中的两大疵病，即突缘的起皱和筒壁的拉裂；同时还可发现拉深力在拉深过程中的变化具有一定的规律，即开始时拉深力大而后逐渐减小，峰值比较靠前。

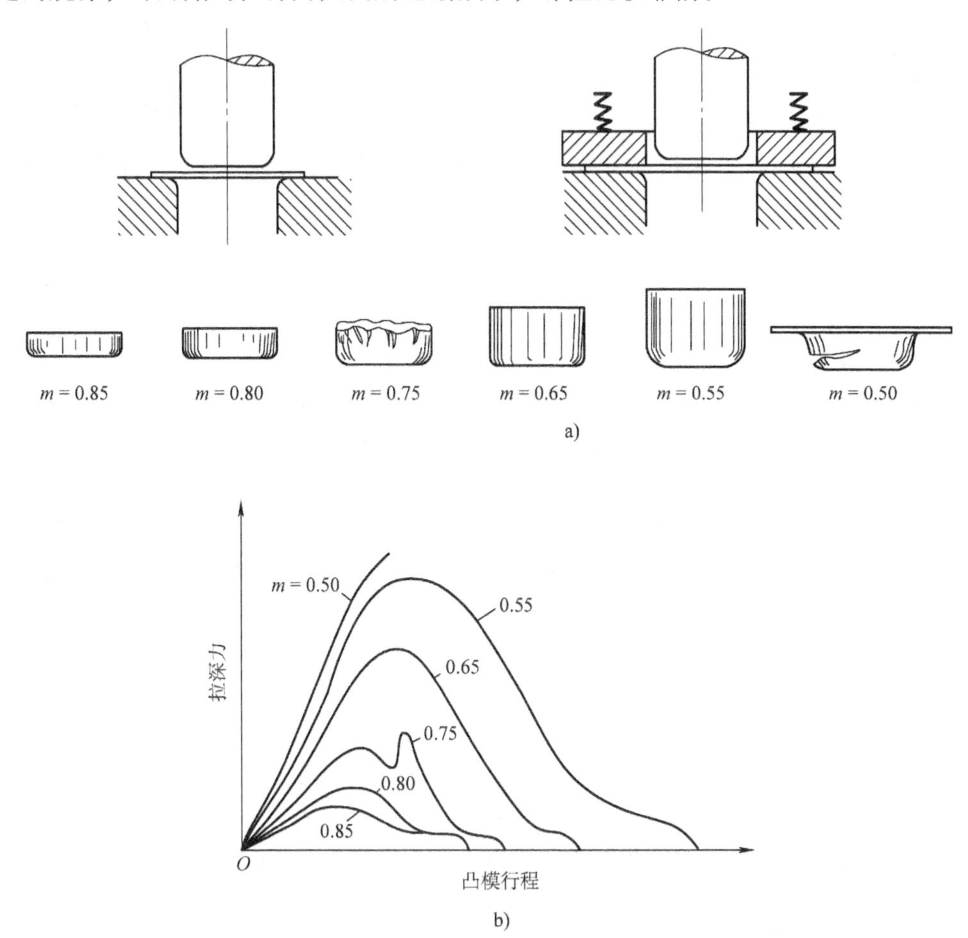

图 5-2　拉深件质量与 m 值的关系和拉深力的变化

上述实验说明，拉深时主要应控制好毛坯突缘变形区和筒壁传力区的变形，并应掌握该两区域的变形规律及受力状况。下面进一步进行研究。

二、拉深变形过程中毛坯的应力、应变状态

预先掌握毛坯在拉深变形过程中产生的应力、应变状态和变形的板厚分布规律，对控制拉深制件的破裂、起皱、尺寸形状不佳等课题的研究，将是非常有用的。

下面对拉深过程中某一瞬间，毛坯上各区域的应力、应变进行分析（图5-3）。

1. 突缘变形区（a 区）

此部分材料在压边圈及凸模作用下，切向受压缩，径向受拉伸，其切向应力（σ_θ）为三向主应力中绝对值最大的应力（$|-\sigma_\theta| > |\sigma_r| > |-\sigma_t|$）。它使材料受挤压后往凹模洞口流动，同时使材料厚度增加筒壁直段增高。如果材料较薄，又不采用压边圈而突缘部分材料的切向应力又达到一定值时，就会造成失稳而拱起，即形成所谓“起皱”。因此，控制好突缘变形区的变形是非常重要的。

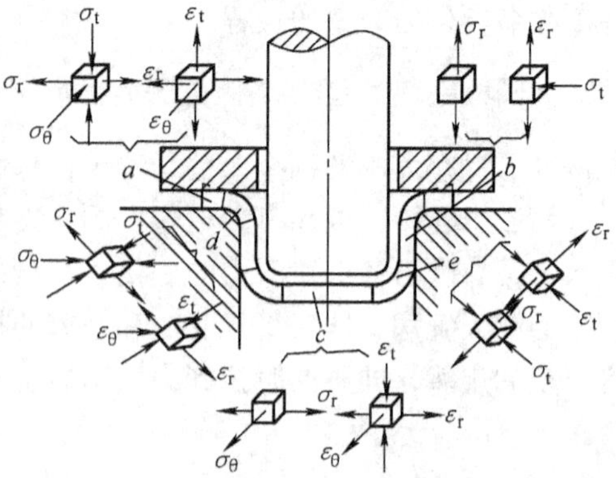

图5-3 拉深过程中的应力、应变分析

2. 筒壁传力区（b 区）

此部分材料在凸模作用下（主要起传力作用），受单向拉应力，变形也是单向伸长，壁厚减薄，其结果使筒壁的上端材料变厚，下端材料变薄。

3. 筒底不变形区（c 区）

凸模底部的材料受切向（σ_θ）与径向（σ_r）两向等拉应力，所以变形也是双向等拉伸变形，但拉伸变形因受凸模底部有效的摩擦阻力作用，故材料变薄很小。

4. 凸、凹模圆角处（d、e 区）

凹模圆角处的材料（d 区），切向受压（$-\sigma_\theta$），径向受拉（σ_r），一侧还受凹模圆角对材料的压力（$-\sigma_t$），另外此处还有弯曲变形，凹模圆角半径越小，弯曲变形越大，材料流动阻力也越大。

凸模圆角处材料（e 区），由于一直承受筒壁传来的拉应力（σ_r），还受到凸模的压应力（$-\sigma_t$），使这部分材料变薄更严重，拉裂的危险断面就发生在筒壁直段与凸模圆角相切的部位。

三、拉深制件的质量分析

1. 起皱原因及其防止措施

在拉深过程中起皱可分为两种，一种是在压边圈下的突缘部分材料起皱，称为外皱；另一种是在材料的悬挂部分起皱，称为内皱。

（1）外皱　外皱是拉深过程中突缘部分的料厚与切向压应力（$-\sigma_\theta$）之间失去了应有的比例关系而造成的失稳起皱。在生产中常用下列公式判断不起皱的条件，即

$$d_0 - d \leqslant 22t \tag{5-1}$$

式中　d——制件直径。

或将式（5-1）简单换算后可得

$$\frac{t}{d_0} \times 100\% \geqslant 4.5(1-m)$$

式中　m——极限拉深系数。

由此可见，外皱除材料力学性能有影响外，主要取决于拉深系数 m 和材料的相对厚度 $\frac{t}{d_0}$。

为了防止起皱，一般常采用压边装置，实质上是增大径向应力 σ_r 以降低切向应力 $-\sigma_\theta$。压边装置可分为弹性与刚性两种。刚性压边装置如图 5-4 所示，用于双动压力机上，由压边滑块带动工作。它是利用材料在拉深变形过程中有增厚现象的原理来设计的，实质上只控制 T 值（T 表示压边滑块在下止点时，刚性压边圈下平面至凹模上平面间的距离），便可达到压边，从而达到控制 σ_θ 的目的。

$$T = t\sqrt{\frac{d_0}{d_2 + 2r_d}}$$

一般取 $T=(1.15\sim1.2)t$。

当材料较薄时，即使采用上述压边装置，毛坯边缘仍可能产生轻度起皱。为了克服此弊病，可将压边圈底面加工成一个锥面，锥角大小应符合拉深时材料增厚的规律，这样可给模具的调整安装带来一定程度的方便（图 5-4b）。

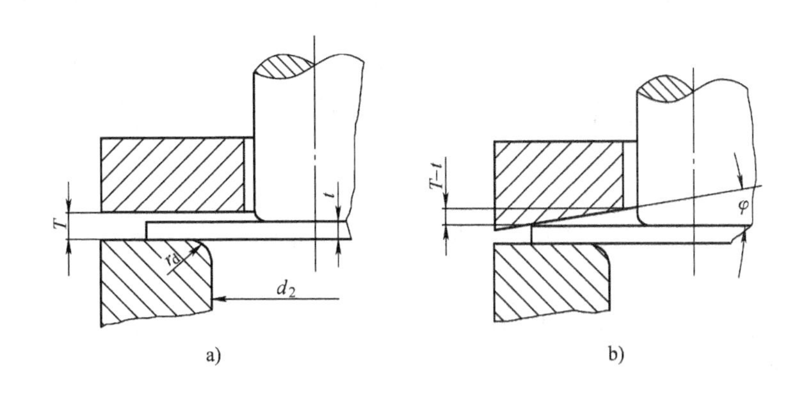

图 5-4　刚性压边装置

a）普通结构　b）锥面结构

弹性压边装置与冲裁模的卸料装置相似，也是由弹簧、橡胶、气（液）缸产生的弹力压住材料的突缘变形区，以达到上述目的，并常与单动压力机配合使用。

（2）内皱　内皱现象发生与否同样取决于切向应力 $-\sigma_\theta$ 与材料抗失稳的能力，但内皱真正发生的临界条件，还无法解释，目前只能凭经验判断处理。

防止内皱发生的机理，仍是增加径向拉应力 σ_r 来减小切向压应力 $-\sigma_\theta$。生产实际中常用加设拉深筋法（图 5-5a）和反拉深法（图 5-5b）来增大 σ_r 值。

此外，还可采用多次拉深法防止内皱，以减少板料悬空部分在每道拉深工序中的变形量，使其逐步成形。

2. 筒壁拉裂原因和防止措施

拉深后壁厚与硬度的变化如图 5-6 所示。拉深件筒壁的最大变薄率为 10%～18%，增厚率为 20%～30%。筒壁直段与凸模圆角 r_p 相切的部位为危险断面，其原因有两个，第一个是由于模具圆角的顶压，使其部位变薄最大；第二是因凸、凹模间有径向间隙存在，导致材料与凸模贴合不紧，因而得到凸模有利的摩擦效应的帮助也越小，加之外受拉深应力 σ_r 的影响使其变为最薄的壁厚。

防止拉裂的措施：生产实际中常用适当加大模具圆角半径（r_d、r_p）、降低拉深力、采用多次拉深法和敷涂拉深润滑剂等方法。

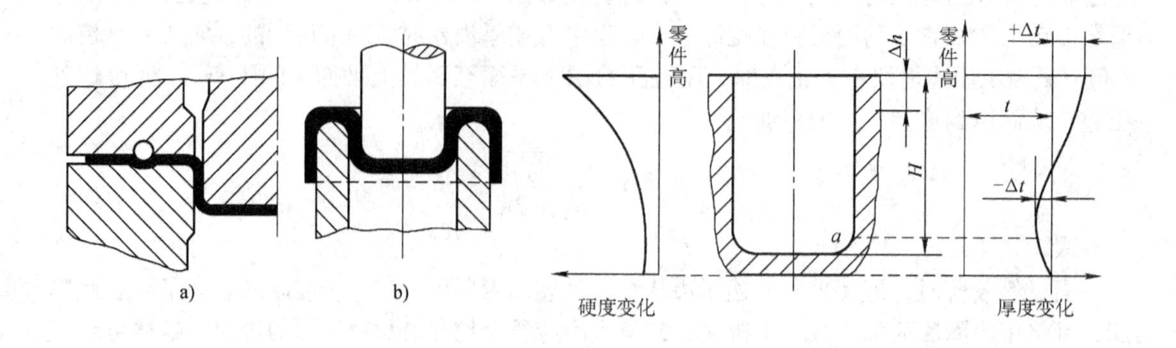

图 5-5　防止内皱的方法　　　　图 5-6　拉深制件硬度与壁厚的变化

第二节　拉深制件的结构工艺性

一、拉深制件的形状要求

1）拉深制件应明确注明保证外形尺寸还是保证内孔尺寸。不能同时标注内、外形尺寸的要求。

2）对于半敞开或非对称空心件，模具设计时可将其成对组合，拉深成形后再切开分成两个或几个制件。

3）拉深制件的材料厚度应考虑拉深工艺的变形规律。壁厚是上厚下薄，上下壁厚变化为 $(0.6\sim1.2)t$。

4）拉深制件的口部允许稍有回弹，但必须保证整形或切边后能达到断面及高度的尺寸要求。

二、拉深制件圆角半径的确定

1）壁部与突缘连接的圆角半径应取 $r_d \geqslant 2t$，此圆角半径是决定拉深能否顺利进行的一个重要尺寸参数，一般是宁大勿小，常取 $r_d=(5\sim8)t$。当 $r_d<0.5\text{mm}$ 时，只能用校正的方法来弥补。

2）筒底圆角半径，实际上相当于凸模圆角半径（r_p），常取 $r_p \geqslant t$。为了拉深能够顺利进行，一般取 $r_p \geqslant (3\sim5)t$。若增加校正工序，则取 $r_p \geqslant (0.1\sim0.3)t$。

3）矩（方）形件口部的圆角半径 r，一般应取 $r \geqslant 3t$，为了使拉深工序次数减少，应尽量使 $r>0.15H$（H 值为拉深制件高度），以便能一次拉深成功。

三、拉深制件的公差

拉深制件横断面尺寸的公差，一般在 IT13 级以下。当制件公差要求高于 IT13 级时，可采用增加整形工序的方法来达到。

冲压实践中，在保证制件使用性能的前提下，经常对制件形状及尺寸进行修改，使冲压加工的工序减少，以降低产品成本。如图 5-7 所示的消声器后盖，其结构形状经过修改后，冲压工序从 8 道工序减少到两道工序，材料消耗也减少了 50%。

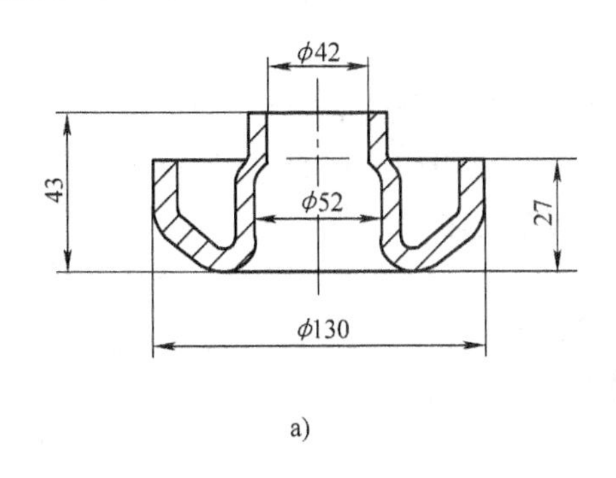

a)

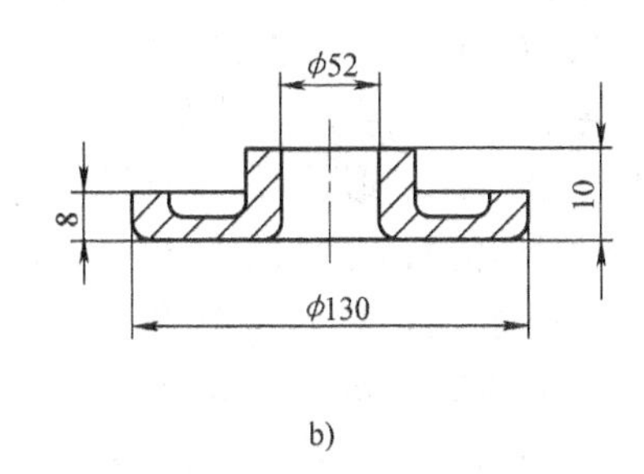

b)

图 5-7　拉深制件结构的改造

a）修改前　b）修改后

第三节　旋转体拉深制件的工艺计算

一、旋转体拉深制件修边余量的确定

在拉深过程中，由于材料各向异性的存在，外加间隙不均，材料厚度的变化，摩擦阻力不同及定位误差等因素的影响，使拉深制件口部或突缘周边不整齐，特别是经多次拉深后的制件，更为显著，所以必须另加修边余量，通过切边来保证产品质量。毛坯尺寸计算时应将加上修边余量后的制件尺寸作为展开尺寸计算的依据。旋转体拉深制件的修边余量值见表5-1 和表5-2。

表 5-1　筒形件的修边余量 Δh

制件高度 h/mm	制件的相对高度 h/d				附　图
	0.5～0.8	0.8～1.6	1.6～2.5	2.5～4	
≤10	1.0	1.2	1.5	2	
10～20	1.2	1.6	2	2.5	
20～50	2	2.5	3.3	4	
50～100	3	3.8	5	6	
100～150	4	5	6.5	8	
150～200	5	6.3	8	10	
200～250	6	7.5	9	11	
>250	7	8.5	10	12	

注：计算时 h 应减去筒底厚。

表 5-2　有突缘拉深制件的修边余量 Δd

突缘直径 d_t/mm	突缘的相对直径 d_t/d				附　图
	≤1.5	1.5～2	2～2.5	2.5	
≤25	1.8	1.6	1.4	1.2	
25～50	2.5	2.0	1.8	1.6	
50～100	3.5	3.0	2.5	2.2	
100～150	4.3	3.6	3.0	2.5	
150～200	5.0	4.2	3.5	2.7	
200～250	5.5	4.6	3.8	2.8	
>250	6	5	4	3	

二、旋转体拉深制件毛坯尺寸的计算

在非变薄拉深中，不计板料厚度的变化。通常按产品制件的表面积加上修边余量的表面积，即得到毛坯的表面积。也就是说，用变形前后表面积相等作为拉深制件毛坯尺寸的计算原则。此外，还可用变形前后体积相等、质量相等的方法来求得毛坯尺寸。

1. 简单旋转体拉深制件的毛坯尺寸计算

旋转体制件的毛坯形状是圆形，其直径可按面积相等法来计算。计算时通常将旋转体分成若干个简单的几何体，然后求各部分面积之和，如图 5-8 所示。

筒形面积

$$A_1 = \pi d_2 h (h \text{ 内应包含 } \Delta h \text{ 的值})$$

1/4 球环带面积

$$A_2 = \frac{\pi}{4}(2\pi d_1 r + 8r^2)$$

筒底面积

$$A_3 = \frac{\pi d_1^2}{4}$$

根据面积相等法，以上三部分面积之和应等于毛坯表面积（$A_0 = A$）。

$$\frac{\pi d_0^2}{4} = \pi d_2 h + \frac{\pi}{4}(2\pi d_1 r + 8r^2) + \frac{\pi d_1^2}{4}$$

毛坯直径

$$d_0 = \sqrt{d_1^2 + 2\pi d_1 r + 8r^2 + 4d_2 h}$$

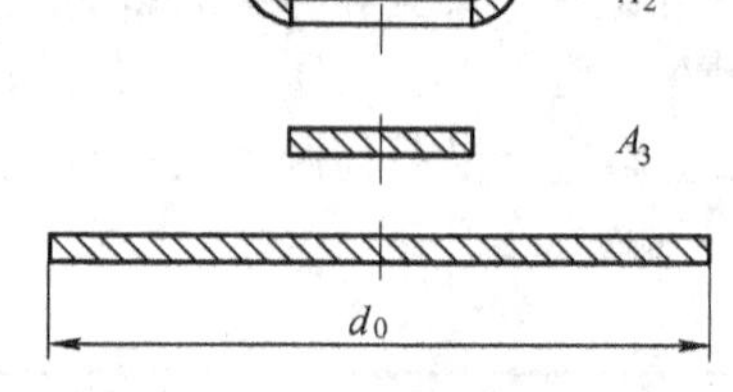

图 5-8　圆筒形拉深制件

同理，可求得表 5-3 所示的简单旋转体制件毛坯直径的计算公式。

表 5-3　常用旋转体拉深制件毛坯直径的计算公式

序　号	制　件　形　状	毛　坯　直　径 d_0
1		$\sqrt{2d(l+2h)}$
2		$\sqrt{d_3^2 + 4(d_1 h_1 + d_2 h_2)}$

（续）

序 号	制 件 形 状	毛 坯 直 径 d_0
3	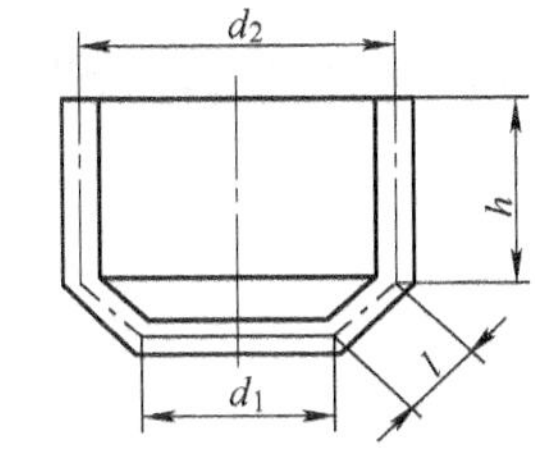	$\sqrt{d_1^2+2l(d_1+d_2)+4d_2h}$
4	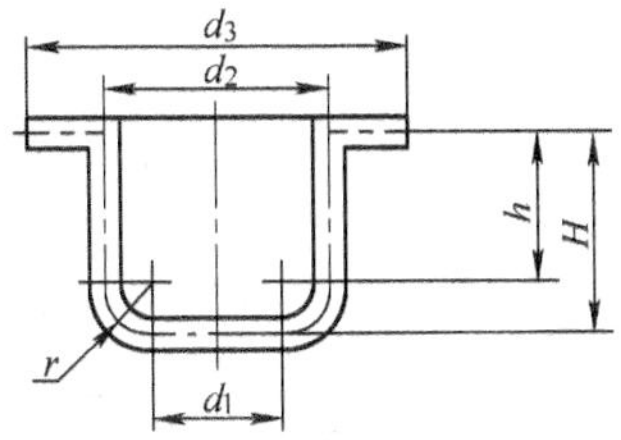	$\sqrt{d_1^2+2\pi rd_1+8r^2+4d_2h+d_3^2-d_2^2}$ $\sqrt{d_3^2+4d_2H-1.72rd_2-0.56r^2}$
5	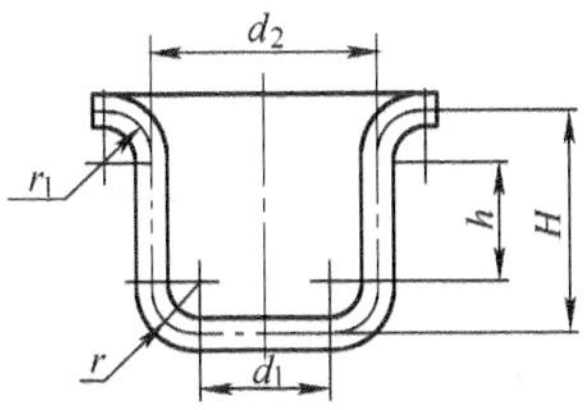	$\sqrt{d_1^2+2\pi rd_1+8r^2+4d_2h+2\pi r_1d_2+4.56r_1^2}$
6	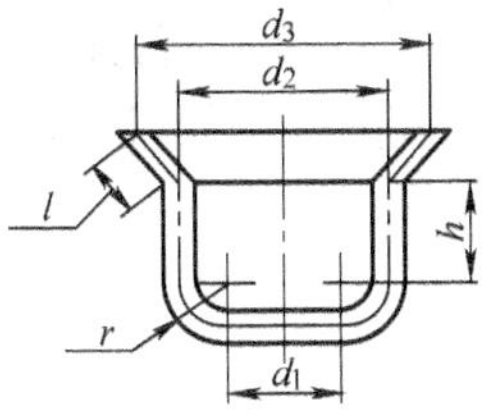	$\sqrt{d_1^2+2\pi rd_1+8r^2+4d_2h+2l(d_2+d_3)}$
7	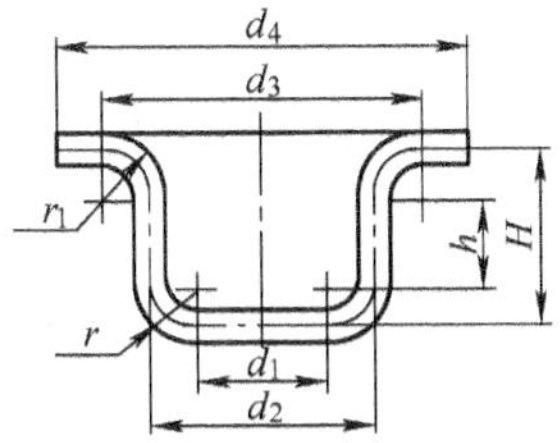	$\sqrt{d_1^2+2\pi rd_1+8r^2+4d_2h+2\pi r_1d_2+4.56r_1^2+d_4^2-d_3^2}$ 或 $\sqrt{d_4^2+4d_2H-1.72d_2(r+r_1)-0.56(r^2-r_1^2)}$ 当 $r_1=r$ 时：$\sqrt{d_1^2+4d_2H-3.44rd_2}$
8	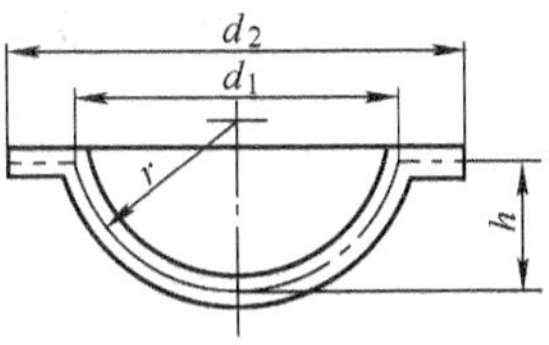	$\sqrt{d_2^2+4h^2}$

2. 复杂旋转体拉深制件的毛坯尺寸计算

此类拉深制件的毛坯尺寸计算原则是根据古鲁金定律来确定的。常用方法有计算法和作图法两种，下面分别进行介绍。

（1）古鲁金定律　任何形状的母线，绕轴旋转一周所得到的旋转面积，与该母线拉直后，通过重心且平行于该轴旋转一圈的面积相等，如图 5-9 所示。

根据变形前后表面积相等原则得出

$$\frac{\pi d_0^2}{4} = 2r\pi L$$

$$d_0 = \sqrt{8Lr}$$

式中　L——制件的母线长度；

r——母线重心到轴线的距离。

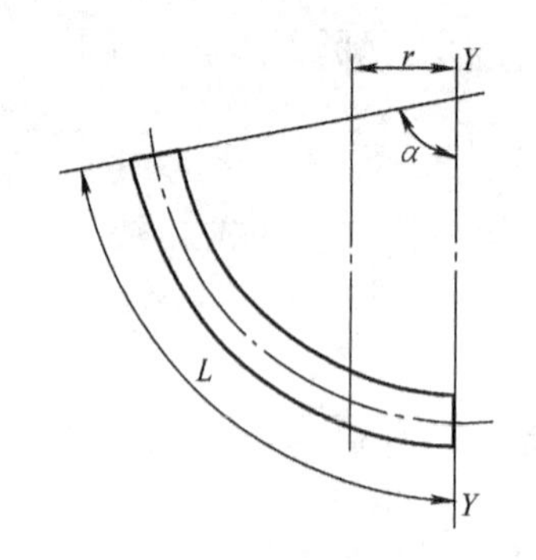

图 5-9　古鲁金定律图

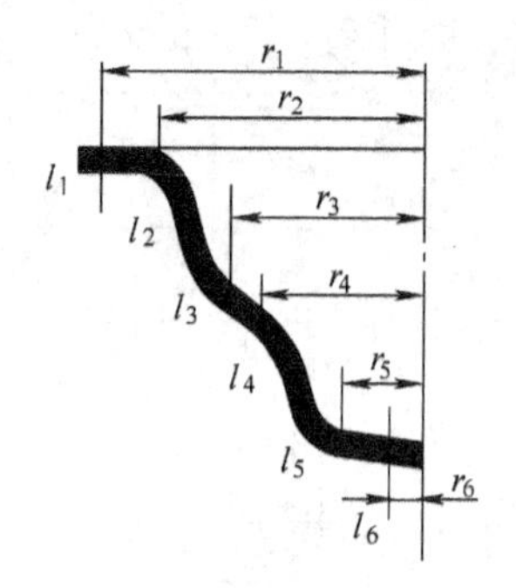

图 5-10　曲面旋转体计算法

（2）毛坯计算法　图 5-10 所示的曲面旋转体拉深制件，计算时首先将复杂的母线分成直线和圆弧等各段线段，然后求出各线段展开长度和该线段重心到旋转轴的距离，再将展开长度和重心距相乘并求其总和，最后用古鲁金定律将毛坯直径求出

$$A_{件} = 2\pi r_1 l_1 + 2\pi r_2 l_2 + \cdots + 2\pi r_6 l_6$$

$$A_{毛} = \frac{\pi d_0^2}{4}$$

由 $A_{件} = A_{毛}$，得 $d_0^2 = 8\sum r_n l_n$，$d_0 = \sqrt{8\sum r_n l_n}$。

（3）作图法　如图 5-11 所求，作图法求拉深制件毛坯直径 d_0 的方法，其原理仍然是古鲁金定律。其步骤如下：

1）将母线分段(直线与圆弧)，求出各段重心位置 r_1、r_2、…、r_n，再求出展开长度 l_1、l_2、…、l_n。

2）作力索多边形，求出整个曲线的重心到轴的距离 r。

3）以母线展开长度 L、再加上 $2r$ 为直径(AC)作半圆，过 B 点作垂线交半圆于 D 点，距离 BD 即为毛坯半径 R_0。

三、旋转体拉深制件拉深时的变形特征及拉深方法

旋转体拉深制件，一般包括无突缘筒形制件和带突缘筒形制件两类，两类拉深制件拉深时的变形特征及方法是各不相同的。

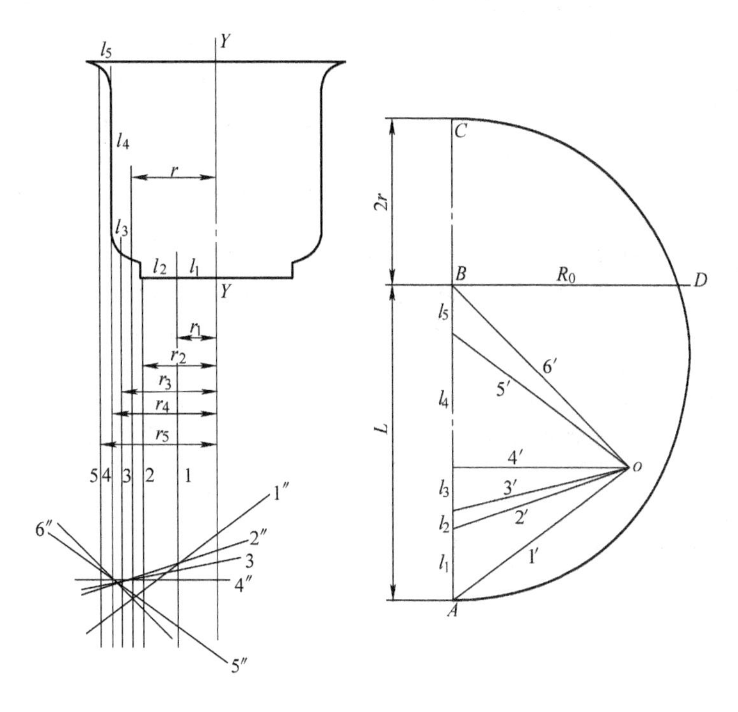

图 5-11　曲面旋转体作图法

1. 无突缘筒形制件拉深的变形特征

用拉深系数来衡量无突缘筒形制件拉深时的变形程度。它是计算拉深工艺的基本依据。

在讲拉深系数前先来看一下断面收缩率 ψ（图 5-12）

$$\psi = \frac{A_1 - A_2}{A_1} = \frac{\pi d_1 t - \pi d_2 t}{\pi d_1 t}$$

$$= \frac{d_1 - d_2}{d_1} = 1 - m$$

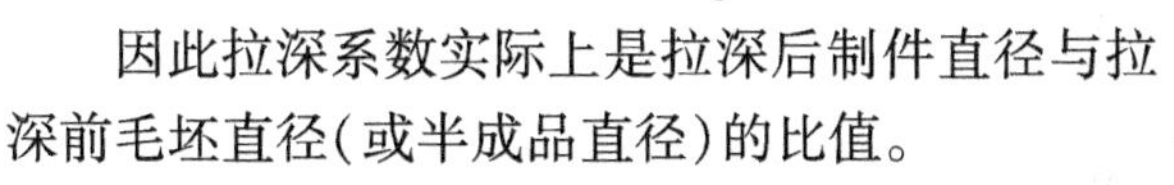
式中　m——拉深系数，$m = \dfrac{d_2}{d_1}$。

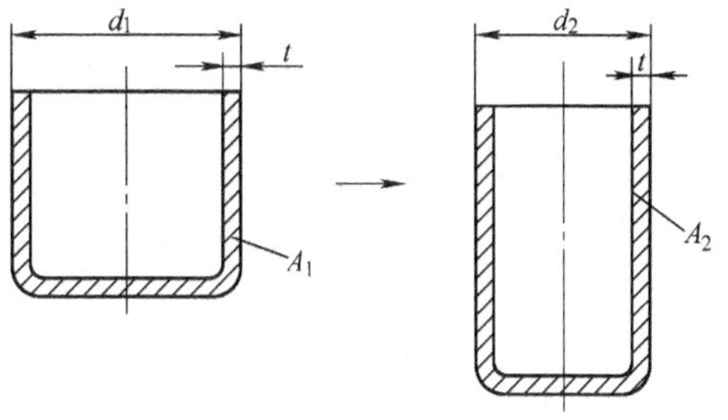

图 5-12　断面收缩变形图

因此拉深系数实际上是拉深后制件直径与拉深前毛坯直径（或半成品直径）的比值。

从 $\psi = 1 - m$ 可看出 m 是永久小于 1 的数值。

在多次拉深过程中，每一道工序有一个拉深系数，由于材料的加工硬化，使变形抗力不断增大，所以拉深系数必须逐次递增，即 $m_1 < m_2 < m_3 < \cdots < m_n$；变形程度逐次递减。真正总的拉深系数应等于各次拉深系数的乘积（$m_{总} = m_1 m_2 m_3 \cdots m_n$）。

正确地确定拉深系数实际上是不很容易的，因为还有许多因素会影响拉深系数的大小。如材料性能、表面状态、材料厚度、拉深方式、制件形状、模具结构及润滑等，必须全面注意。

无突缘筒形制件拉深系数的确定，可根据拉深方式不同分为压边与不压边两种，见表 5-4及表 5-5。

表 5-4　无突缘筒形制件使用压边圈时的许可拉深系数

拉深系数	材料相对厚度 t/d_0(%)					
	2.0～1.5	1.5～1.0	1.0～0.6	0.6～0.3	0.3～0.15	0.15～0.08
m_1	0.48～0.50	0.50～0.53	0.53～0.55	0.55～0.58	0.58～0.60	0.60～0.63
m_2	0.73～0.75	0.75～0.76	0.76～0.78	0.78～0.79	0.79～0.80	0.80～0.82
m_3	0.76～0.78	0.78～0.79	0.79～0.80	0.80～0.81	0.81～0.82	0.82～0.84
m_4	0.78～0.80	0.80～0.81	0.81～0.82	0.82～0.83	0.83～0.85	0.85～0.86
m_5	0.80～0.82	0.82～0.84	0.84～0.85	0.85～0.86	0.86～0.87	0.87～0.88

注：1. 表中拉深系数适用于08、10S和15S等钢材及软黄铜H62。对拉深性能较差的材料，如20、25、Q215、Q235及硬铝等应比表中数值大1.5%～2.0%；而对塑性更好的，如05、08Z、10Z等拉深钢及软铝应比表中数值小1.5%～2.0%。

2. 表中数据适用于未经中间退火的拉深。当采用中间退火工序时，可取较表中数值小2%～3%。

表 5-5　无突缘筒形制件不采用压边圈拉深时的极限拉深系数值

材料相对厚度 t/d_0(%)	各次拉深系数					
	m_1	m_2	m_3	m_4	m_5	m_6
0.4	0.90	0.92	—	—	—	—
0.6	0.85	0.90	—	—	—	—
0.8	0.80	0.88	—	—	—	—
1.0	0.75	0.85	0.90	—	—	—
1.5	0.65	0.80	0.84	0.87	0.90	—
2.0	0.60	0.75	0.80	0.84	0.87	0.90
2.5	0.55	0.75	0.80	0.84	0.87	0.90
3.0	0.53	0.75	0.80	0.84	0.87	0.90
3以上	0.50	0.70	0.75	0.78	0.82	0.85

2. 带突缘筒形制件的拉深方法和变形特征

(1) 拉深方法　带突缘筒形制件一般分为两类，第一类为窄突缘筒形制件，即 $d_t/d=1.1\sim1.4$(d_t 表示突缘直径)；第二类为宽突缘筒形制件，即 $d_t/d>1.4$。

窄突缘筒形制件拉深与不带突缘筒形制件拉深基本一样，只是最后一次是用校正的方法形成窄突缘平面。

宽突缘筒形制件拉深的原则是，在第一次拉深时，就必须将制件的突缘尺寸(d_t)拉成，以后各次拉深时突缘尺寸要保持不变，仅仅依靠圆筒部分材料的转移来达到制件尺寸。

生产实际中，宽突缘常用两种成形方法(图5-13)。第一种是缩小筒形直径，增加高度的方法(图5-13a)。这种方法凸模和凹模的圆角半径不变，适用于材料薄、高度较深的中、小型制件(d_t <200mm)。第二种是拉深高度不变，然后逐次

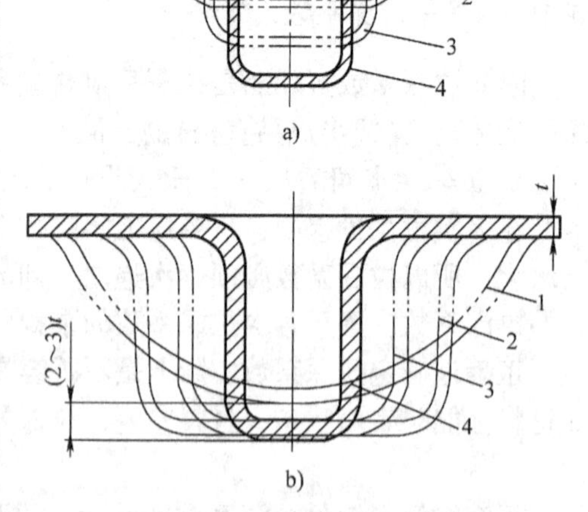

图 5-13　宽突缘多次拉深的成形方法

内收的方法(图 5-13b)。这种方法由于第一次拉深制件时高度基本上已经拉足，以后各次拉深只是由大圆角半径逐渐过渡到小圆角半径，故制件壁部变薄少，表面无明显痕迹，质量较高，适用于材料较厚、高度较低的大、中型制件($d_t>200$mm)。

(2) 变形特征 如图 5-14 所示，用直径 d_0 的毛坯来拉深无突缘筒形制件(图 5-14b)和带突缘筒形制件(图 5-14c)时，用前述方法来计算变形程度，圆筒形制件便会远远超过带突缘筒形制件。这就说明带突缘筒形制件不能用一般的拉深系数来反映材料实际的变形程度大小，而必须将拉深高度考虑进去。因此要用相对高度 h_1/d_1 才能真实反映其变形程度，这是第一特征。第一次拉深的相对高度 h_1/d_1 可查表 5-6，如查出 $h_1/d_1>h/d$(制件相对高度)，即一次可拉成，反之则需多次拉深。

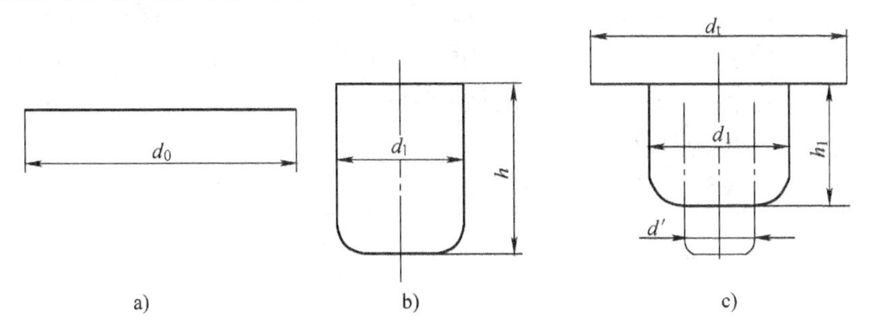

图 5-14 带突缘筒形制件第一次拉深系数与变形程度

表 5-6 带突缘筒形制件第一次拉深的许可相对高度 h_1/d_1

相对突缘直径 d_t/d	材料相对厚度 t/d_0(%)				
	2.0~1.5	1.5~1.0	1.0~0.6	0.6~0.3	0.3~0.15
1.1 以下	0.90~0.75	0.82~0.65	0.70~0.57	0.62~0.50	0.52~0.45
1.3 以下	0.80~0.65	0.72~0.56	0.60~0.50	0.53~0.45	0.47~0.40
1.5 以下	0.70~0.58	0.63~0.50	0.53~0.45	0.48~0.40	0.42~0.35
1.8 以下	0.58~0.48	0.53~0.42	0.44~0.37	0.39~0.34	0.35~0.29
2.0 以下	0.51~0.42	0.46~0.36	0.38~0.32	0.34~0.29	0.30~0.25
2.2 以下	0.45~0.35	0.40~0.31	0.33~0.27	0.29~0.25	0.26~0.22
2.5 以下	0.35~0.28	0.32~0.25	0.27~0.22	0.23~0.20	0.21~0.17
2.8 以下	0.27~0.22	0.24~0.19	0.21~0.17	0.18~0.15	0.16~0.13
3.0 以下	0.22~0.18	0.20~0.16	0.17~0.14	0.15~0.12	0.13~0.10

注：t/d_0 从(2.0%~1.5%)到(0.3%~0.15%)时，圆角半径 r 在(10~12)t~(20~25)t 范围内变化；r 大，h_1/d_1 也增大。

第一次拉深系数的计算也必须考虑相对突缘尺寸、相对高度尺寸和圆角半径等因素，计算公式为

$$m_1=\frac{1}{\sqrt{\left(\frac{d_t}{d_1}\right)^2+4\left(\frac{h_1}{d_1}\right)-3\times 44\left(\frac{r}{d_1}\right)}}$$

式中 $\frac{d_t}{d_1}$——突缘相对直径；

$\frac{h_1}{d_1}$——相对拉深高度；

$\frac{r}{d_1}$——底部及突缘部分的相对圆角半径。

带突缘筒形制件第一次拉深的许可拉深系数[m_1]，可查表5-7。

变形第二特征是宽突缘筒形制件拉深时，第一次必须将突缘直径拉到位，以后各次拉深中，突缘的直径应保持不变。如突缘直径稍有变动，筒壁便会引起很大的变形抗力，而使底部危险断面处拉裂。这就要求我们正确地计算拉深高度并严格地控制凸模进入凹模的深度。为了保证变形的第二特征，生产实践中常采用第一次拉深时拉入凹模的材料比制件最后拉深部分所需的材料多3%～10%(按面积计算)的方法。这些多余的材料在以后各次拉深中，逐次将材料挤入突缘部分，使突缘变厚。工序间这些材料的重新分配，保证了所要求的突缘直径，并使已成形的突缘不再参与变形，从而避免筒壁拉裂的危险。这一方法对于材料厚度小于0.5mm的制件效果更为显著。

表5-7　带突缘筒形制件第一次拉深的许可拉深系数[m_1]

相对突缘直径 d_t/d	材料相对厚度 t/d_0(%)				
	2.0～1.5	1.5～1.0	1.0～0.6	0.6～0.3	0.3～0.15
1.1以下	0.51	0.53	0.55	0.57	0.59
1.3以下	0.49	0.51	0.53	0.54	0.55
1.5以下	0.47	0.49	0.50	0.51	0.52
1.8以下	0.45	0.46	0.47	0.48	0.48
2.0以下	0.42	0.43	0.44	0.45	0.45
2.2以下	0.40	0.41	0.42	0.42	0.42
2.5以下	0.37	0.38	0.38	0.38	0.38
2.8以下	0.34	0.35	0.35	0.35	0.35
3.0以下	0.32	0.33	0.33	0.33	0.33

四、拉深次数的确定

当计算出的拉深系数 m_1 小于表5-4中查得的极限拉深系数 m_1 时，则需多次拉深，多次拉深的拉深次数由以下几种方法确定：

1. 推算法

筒形制件的拉深次数，可根据 t/d_0 查出的 m_1、m_2、m_3、…、m_n，然后从第一道工序开始依次求各半成品直径，即

$$d_1 = m_1 d_0$$
$$d_2 = m_2 d_1$$
$$\vdots$$
$$d_n = m_n d_{n-1}$$

一直计算到所得出的直径稍稍小于或等于制件所要求的直径为止，这样推算的次数也就是拉深的次数，并兼得了中间各工序的拉深尺寸，此方法在模具设计计算中常用。

突缘制件第一次拉深以后各次许可拉深系数[m_n]可查表5-8。

2. 公式计算法

表 5-8　突缘制件第一次拉深以后各次许可拉深系数$[m_n]$

拉深系数 m_n	材料相对厚度 t/d_0(%)				
	2～1.5	1.5～1.0	1.0～0.6	0.6～0.3	0.3～0.15
m_2	0.73	0.75	0.76	0.78	0.80
m_3	0.75	0.78	0.79	0.80	0.82
m_4	0.78	0.80	0.82	0.83	0.84
m_5	0.80	0.82	0.84	0.85	0.86

注：在应用中间退火的情形下，可以将以后各次的拉深系数减小5%～8%。

$$n = \frac{\lg d_n - \lg(m_1 d_0)}{\lg m_n} + 1$$

式中　n——拉深次数；

d_n——制件直径；

m_n——以后各次平均拉深系数。

用上述公式计算所得的 n 值，一般均为小数。如是小数，就一律进位，即取整数值，此处没有四舍五入的关系。

3. 图表法

如图 5-15 所示，先在横坐标上找到毛坯直径 d_0，向上作垂线，再从纵坐标上找到制件直径，并过该点作水平线，相交之点便可决定拉深次数。如交点位于两直线之间，则应取较大值。图中粗黑线适用于材料厚度 0.5～2mm 的制件，细实线适用于材料厚度 2～3mm 的制件。

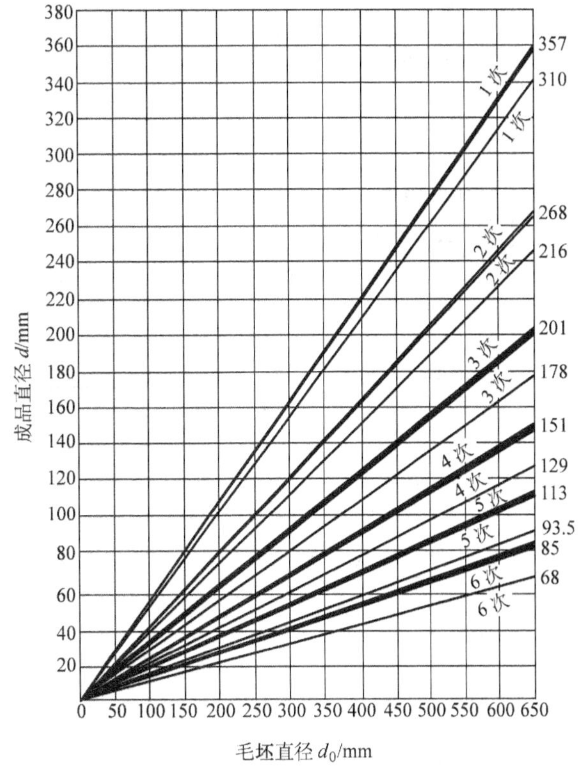

图 5-15　确定拉深次数及半成品尺寸图

五、旋转体拉深制件多次拉深时各工序间的尺寸计算

1. 无突缘筒形制件各工序间半成品尺寸的确定

其计算主要包括各次拉深直径、拉深高度和圆角半径。

(1) 半成品直径　半成品直径应根据各次拉深系数进行推算，$d_1 = m_1 d_0$；$d_2 = m_2 d_1$；$d_3 = m_3 d_2$；$d_n = m_n d_{n-1}$（d_n 即制件直径）。各次 m 值的调整原则是变形程度逐次减小，拉深系数逐次增大。

(2) 半成品的圆角半径　各次半成品圆角半径的计算，包括凸模圆角半径 r_p 和凹模圆角半径 r_d 两个计算内容。要确定凸模圆角半径，首先要确定凹模圆角半径，r_d 可根据卡契马尔克公式进行计算，即

$$r_d = 0.8\sqrt{(d_0 - d)t}$$

式中　d_0——毛坯直径或上一次拉深直径，单位为 mm；

d——拉深直径，单位为 mm。

当 r_d 确定后，即可根据下式确定 r_p

$$r_p = (0.7 \sim 1.0) r_d$$

最后一次拉深时凸模的圆角半径 r_p 应与制件底部的圆角半径相等，中间各次尽量取 $r_p = r_d$ 或 r_p 稍稍小于 r_d，各次拉深凸模的圆角半径可以逐渐减小。

（3）半成品的拉深高度　各工序半成品的直径与圆角半径确定后，可根据筒形件不同底部形状计算出各工序的拉深高度(表 5-9)。

表 5-9　无突缘圆筒形拉深制件的拉深高度计算公式

制件形状	拉深工序	计算公式
平底筒形件	1	$h_1 = 0.25(d_0 k_1 - d_1)$
	2	$h_2 = h_1 k_2 + 0.25(d_1 k_2 - d_2)$
圆角底筒形件	1	$h_1 = 0.25(d_0 k_1 - d_1) + 0.43 \frac{r_1}{d_1}(d_1 + 0.32 r_1)$
	2	$h_2 = 0.25(d_0 k_1 k_2 - d_2) + 0.43 \frac{r_2}{d_2}(d_2 + 0.32 r_2)$ $r_1 = r_2 = r$ 时，$h_2 = h_1 k_2 + 0.25(d_1 - d_2) - 0.43 \frac{r}{d}(d_1 - d_2)$
圆锥底筒形件	1	$h_1 = 0.25(d_0 k_1 - d_1) + 0.57 \frac{a_1}{d_1}(d_1 + 0.86 a_1)$
	2	$h_2 = 0.25(d_0 k_1 k_2 - d_2) + 0.57 \frac{a_2}{d_2}(d_2 + 0.86 a_2)$ $a_1 = a_2 = a$ 时，$h_2 = h_1 k_1 + 0.25(d_1 k_2 - d_2) - 0.57 \frac{a}{d_2}(d_1 - d_2)$
球面底筒形件	1	$h_1 = 0.25 d_0 k_1$
	2	$h_2 = 0.25 d_0 k_1 k_2 = h_1 k_1$

注：d_0——毛坯直径；

d_1、d_2——第一、二工序拉深制件的直径；

r_1、r_2——第一、二工序拉深制件底部的圆角半径；

k_1、k_2——第一、二工序拉深的拉深比$\left(k_1 = \frac{1}{m_1},\ k_2 = \frac{1}{m_2}\right)$；

h_1、h_2——第一、二工序拉深的拉深高度。

2. 带突缘筒形制件各次半成品尺寸的计算

带突缘筒形制件各次半成品尺寸的确定中，各工序拉深直径与圆角半径的确定与筒形制件计算基本相同，但不同之处有两点，第一是毛坯直径的计算，应根据变形第二特征重新计算；第二是拉深高度的计算，第一次拉深高度确定后要进行校核，检查是否安全，然后再计算以后各次拉深高度，计算公式为

$$h_n = \frac{0.25}{d_n}(d_0^2 - d_t^2) + 0.43(r_n + R_n) + \frac{0.14}{d_n}(r_n^2 - R_n^2)$$

式中 d_1、d_2、…、d_n——各次拉深后半成品直径；

r_1、r_2、…、r_n——各次拉深后侧壁与底部圆角半径；

R_1、R_2、…、R_n——各次拉深后突缘与侧壁的圆角半径。

例 5-1 如图 5-16 所示的无突缘筒形制件，材料厚度为 2mm，材料为 08 钢。求毛坯尺寸、拉深次数及各次半成品尺寸。

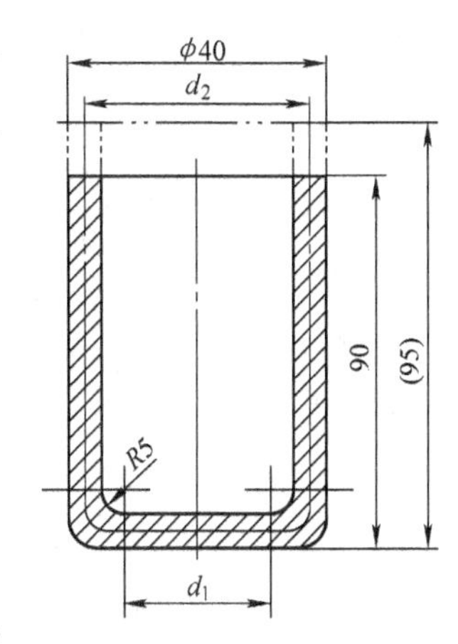

图 5-16 无突缘筒形制件

解 $t = 2\text{mm} > 1\text{mm}$，应按中线尺寸计算。

1. 求 Δh

根据制件尺寸，其相对高度为

$$\frac{h}{d_2} = \frac{90-2}{40-2} = \frac{88}{38} = 2.32$$

查表 5-1 得 $\Delta h = 5\text{mm}$。

2. 求毛坯直径

图示筒形制件可按表 5-3 或推算公式进行计算（h 值上应加修边留量 Δh），即

$$d_0 = \sqrt{d_1^2 + 4d_2h + 2\pi d_1 r + 8r^2}$$

式中 $d_1 = [40 - (2+5) \times 2]\text{mm} = 26\text{mm}$

$d_2 = (40-2)\text{mm} = 38\text{mm}$

$r = (5+1)\text{mm} = 6\text{mm}$

$h = [95 - (2+5)]\text{mm} = 88\text{mm}$

所以 $d_0 = \sqrt{26^2 + 4 \times 38 \times 88 + 2 \times 3.14 \times 26 \times 6 + 8 \times 6^2}\text{mm}$

$= \sqrt{15320}\text{mm} = 123.8\text{mm}$

3. 确定是否要压边圈

根据材料相对厚度 $t/d_0 = \frac{2}{123.8} = 1.6\%$，可计算出极限拉深系数在压边与不压边之间，为了保险，第一次一般均采用压边。查表 5-4 得第一次拉深系数 $m_1 = 0.5$（取大值）。

再用 $t/d_1 = 3\%$ 来计算以后各次要否压边，按公式 $t/d_1 \geqslant 4.5(1-m)$ 算出极限拉深系数为 $m = 0.28$；因为根据 $t/d_1 = 3\%$ 来查表 5-5，所得的 m 值均比 0.28 大，所以，以后各次均不采用压边。

4. 确定拉深次数

因为 $d_2/d_0 = \frac{38}{123.8} = 0.3 < m_1 = 0.5$，所以需要多次拉深。除 $m_1 = 0.5$ 外，其余查表 5-5

可得 $m_2=0.79$；$m_3=0.81$；$m_4=0.86$，用推算法确定拉深系数。

各次拉深直径（初步值）为

$$d_1=m_1d_0=0.5\times123.8\text{mm}=61.9\text{mm}$$

$$d_2=m_2d_1=0.79\times61.9\text{mm}=48.9\text{mm}$$

$$d_3=m_3d_2=0.81\times48.9\text{mm}=39.6\text{mm}$$

$$d_4=m_4d_3=0.86\times39.6\text{mm}=34.06\text{mm}<38\text{mm}$$

计算结果说明需拉深多次，$n=4$。

5. 确定各次拉深直径

调整各次拉深系数：$m_1=0.50$，$m_2=0.81$，$m_3=0.85$，$m_4=0.89$，则

$$d_1=m_1d_0=0.5\times123.8\text{mm}=61.9\text{mm}$$

$$d_2=m_2d_1=0.81\times61.9\text{mm}=50.14\text{mm}$$

$$d_3=m_3d_2=0.85\times50.14\text{mm}=42.62\text{mm}$$

$$d_4=m_4d_3=0.89\times42.62\text{mm}=37.93\text{mm}\approx38\text{mm}$$

6. 求各次半成品制件的高度

首先确定 r_p 和 r_d，然后计算 h。

根据卡契马尔克公式进行计算

$$r_{d1}=0.8\sqrt{(123.8-61.9)\times2}\text{mm}=8.9\text{mm}$$

$$r_{d2}=0.8\sqrt{(61.9-50.14)\times2}\text{mm}=3.9\text{mm}$$

因为 r_{d2} 已小于制件所需的圆角半径，所以就取制件圆角尺寸 $r=5\text{mm}$ 即可，r_{d3}、r_{d4} 也不需要再计算

$$r_{d1}=8.9\text{mm};\ r_{d2}=r_{d3}=r_{d4}=5\text{mm}$$

$$r_p=r_d$$

最后求拉深高度 h

$$h_n=0.25\left(\frac{d_0^2}{d_n}-d_n\right)+0.43\frac{r_n}{d_n}(d_n+0.32r_n)$$

$$h_1=\left[0.25\left(\frac{123.8^2}{61.9}-61.9\right)+0.43\times\frac{9.9}{61.9}\times(61.9+0.32\times9.9)\right]\text{mm}=50.9\text{mm}$$

$$h_2=\left[0.25\left(\frac{123.8^2}{50.14}-50.14\right)+0.43\times\frac{6}{50.14}\times(50.14+0.32\times6)\right]\text{mm}=66\text{mm}$$

$$h_3=\left[0.25\left(\frac{123.8^2}{42.62}-42.62\right)+0.43\times\frac{6}{42.62}\times(42.62+0.32\times6)\right]\text{mm}=81.9\text{mm}$$

$$h_4=95\text{mm}$$

其拉深参数值见表 5-10。

表 5-10　拉深参数值　　（单位：mm）

拉深次数	拉深直径（中径）	拉深高度	凸、凹模圆角半径	
			r_p	r_d
1	ϕ61.9	50.9	8.9	8.9
2	ϕ50.14	66	5	5

（续）

拉深次数	拉深直径（中径）	拉深高度	凸、凹模圆角半径	
			r_p	r_d
3	ϕ42.62	81.9	5	5
4	ϕ38	95	5	5

例 5-2　如图 5-17 所示制件，试确定其拉深次数和各次半成品尺寸。

解　由于板料厚度较大（$t=2$mm），故按中线尺寸计算。

1. 计算参数：$\dfrac{h}{d}$、$\dfrac{d_t}{d}$、$\dfrac{t}{d_0}$

其中$\dfrac{d_t}{d}=\dfrac{90}{38}=2.37$。

查表 5-2，得修边留量 $\Delta d=2.5$mm。

所以实际突缘外径 $d_t=(90+5)\text{mm}=95\text{mm}$。

按表 5-3 公式，算出毛坯直径（初步计算）

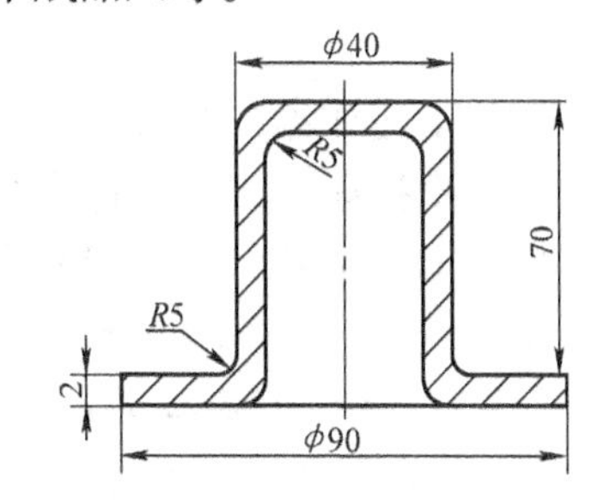

图 5-17　带突缘筒形件

$$d_0'=\sqrt{d_1^2+6.28rd_1+8r^2+4d_2h+6.28r_1d_2+4.56r_1^2+d_4^2-d_3^2}$$

$$=\sqrt{(26^2+6.28\times6\times26+8\times6^2+4\times38\times58+6.28\times6\times38+4.56\times6^2+(95^2-50^2)}\ \text{mm}$$

$$=\sqrt{12356+6525}\text{mm}$$

$$=137\text{mm}$$

式中 12356mm 若乘以$\dfrac{\pi}{4}$则为该突缘件除去突缘部分的表面积。

$$\frac{h}{d}=\frac{70}{38}=1.84$$

$$\frac{d_t}{d}=\frac{95}{38}=2.5$$

$$\frac{t}{d_0'}=\frac{2}{137}\times100\%=1.46\%$$

2. 确定一次能否拉出

查表 5-6，$h_1/d_1=0.32$，而实际 $h/d=1.84$，说明一次不行，需要多次拉深。

查表 5-7，初选 $m_1=0.53$；$d_1=137\times0.53\text{mm}\approx73\text{mm}$

3. 确定 r_{p1}、r_{d1} 和 h_1

$$r_{p1}=r_{d1}=0.8\sqrt{(d_0'-d_1)t}=0.8\sqrt{(137-73)\times2}\text{mm}=9\text{mm}$$

为了在拉深过程中不使突缘部分再受拉，故第一次拉入凹模的材料比原制件相应部分表面积多 5%，故毛坯直径应修正为

$$d_0=\sqrt{12356\times1.05+6525}\text{mm}=140\text{mm}$$

则第一次拉深高度

$$h_1=\frac{0.25}{d_n}(d_0^2-d_t^2)+0.43(r_n+R_n)+\frac{0.14}{d_n}(r_n^2-R_n^2)$$

$$=\left[\frac{0.25}{73}(140^2-95^2)+0.43(10+10)\right]\text{mm}=44.8\text{mm}$$

4. 验算 m_1 值

$$\frac{h_1}{d_1}=\frac{44.8}{73}=0.61$$

查表5-6，当$\frac{d_t}{d_1}=\frac{95}{73}=1.3$时

$$\frac{h_1}{d_1}=0.69>0.61$$

所以上述计算是恰当的。

第一次拉深后的半成品尺寸如图5-18所示。

5. 求以后各次拉深半成品尺寸

根据表5-8，暂取 $m_2=0.76$，$m_3=0.79$，$m_4=0.81$，则

$$d_2=0.76\times73\text{mm}=55.48\text{mm}$$

$$d_3=0.79\times55.48\text{mm}=43.83\text{mm}$$

$$d_4=0.81\times43.83\text{mm}=35.5\text{mm}<38\text{mm}$$

故要调整拉深系数：$m_2=0.77$，$m_3=0.80$，$m_4=0.84$，则

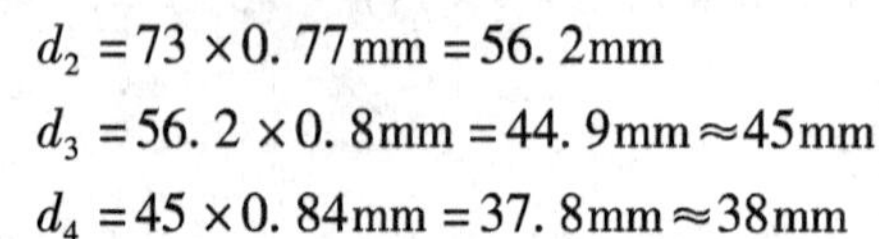

$$d_2=73\times0.77\text{mm}=56.2\text{mm}$$

$$d_3=56.2\times0.8\text{mm}=44.9\text{mm}\approx45\text{mm}$$

$$d_4=45\times0.84\text{mm}=37.8\text{mm}\approx38\text{mm}$$

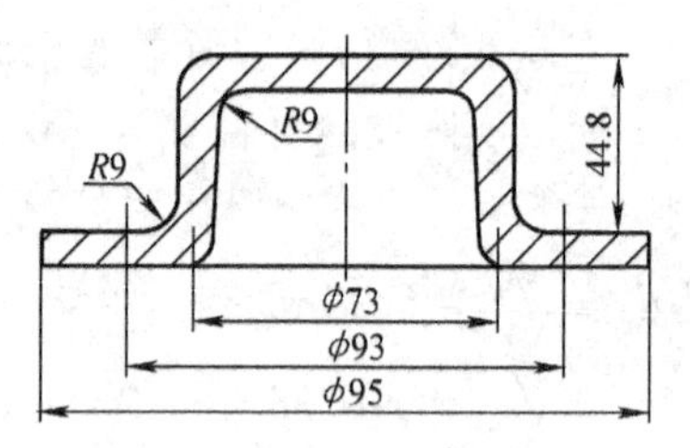

图5-18 半成品

确定以后各次拉深的模具圆角半径

$$r_{p2}=r_{d2}=0.8\sqrt{(d_1-d_2)t}=0.8\sqrt{(73-56.2)\times2}\text{mm}=4.6\text{mm}$$

由于计算值比制件圆角半径小，所以取5mm。以后各次 r 值均取5mm。

第二次拉深时，多拉入3%材料（其余2%的材料返回到突缘上）。为方便计算，先求出假想的毛坯直径

$$d'=\sqrt{12356\times1.03+6525}\text{mm}=139\text{mm}$$

$$h_2=\left[\frac{0.25}{56.2}(139^2-95^2)+0.43(6+6)\right]\text{mm}$$

$$=50.95\text{mm}\approx51\text{mm}$$

第三次拉深时，多拉入1.5%材料，这时毛坯假想直径 d' 为

$$d'=\sqrt{12356\times1.015+6525}\text{mm}=138\text{mm}$$

$$h_3=\left[\frac{0.25}{45}(138^2-95^2)+0.43(6+6)\right]\text{mm}$$

$$=60.86\text{mm}\approx60.9\text{mm}$$

第四次拉深达到制件尺寸要求。各次拉深参数值见表5-11。

表5-11 拉深参数值 （单位：mm）

拉深次数	拉深直径（外径）	拉深高度	凸、凹模圆角半径	
			r_p	r_d
1	ϕ75	44.8	9	9
2	ϕ58.2	51	5	5

（续）

拉深次数	拉深直径（外径）	拉深高度	凸、凹模圆角半径	
			r_p	r_d
3	ϕ47	60.9	5	5
4	ϕ40	70	5	5

第四节　矩（方）形制件拉深的工艺计算

一、矩（方）形制件的拉深特征及分类

1. 矩（方）形制件的拉深特征

矩（方）形制件的拉深，在毛坯变形区（突缘上）也是径向受拉、切向受压的应力状态，因此从变形性质上来说，与圆筒形制件基本相同。但其最大的差别是在拉深制件周边上的变形是不均匀的，因此在冲压工艺与模具设计时，需要解决的问题和解决问题的方法也各不相同。

矩（方）形制件拉深时，直边部分和圆角部分的变形，如图 5-19 所示。拉深变形前，在毛坯表面的圆角部分划出径向放射线与同心圆弧组成网格，在直边部分划出相互垂直的等距离平行线也组成网格。拉深变形后，矩（方）形制件直边侧壁上的网格尺寸发生了横向压缩和纵向伸长的变形。变形前横向尺寸为 $\Delta l_1 = \Delta l_2 = \Delta l_3$，而变形后为 $\Delta l_3' < \Delta l_2' < \Delta l_1' < \Delta l$。变形前纵向尺寸为 $\Delta h_1 = \Delta h_2 = \Delta h_3$，而变形后成为 $\Delta h_3' > \Delta h_2' > \Delta h_1'$。由此看出，矩（方）形制件拉深时，直边部分不是简单的弯曲变形。因为圆角部分的材料要向直边部分流动，故直边部分材料实际上是受横向压缩和纵向伸长的拉深变形，而在直边部分的侧壁上变形分布也是极不均匀的。中间部分变形最小，越靠近圆角处变形越大。圆角部分也不完全与筒形制件拉深相同。由于直边部分横向压缩变形的存在，使圆角部分的拉深变形程度和由变形引起的硬化程度均有所降低（与相同圆角半径的筒形件相比）。另外，在突缘变形区内，直边部分的位移速度要比圆角部分大，因此在变形区内，直边部分对圆角部分起了带动作用，使圆角部分的侧壁底部，即危险断面内的拉应力数值下降，也有利于极限变形程度的提高。所以综合上述情况，矩（方）形制件第一次拉深所得到的制件最大相对高度（H/r），常可超过圆筒形制件（直径为 $2r$ 的筒形制件）的高度。

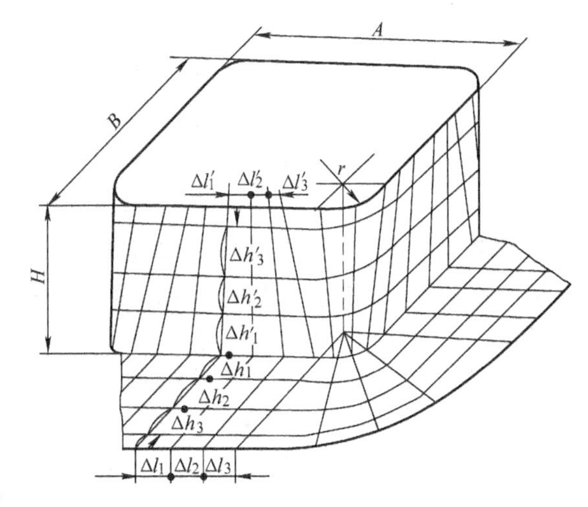

图 5-19　矩（方）形制件拉深时的变形

2. 分类

矩（方）形制件拉深时变形比较复杂，沿周边经常是不均匀分布的，其不均匀程度随着相对高度 H/B 及圆角部分相对圆角半径 r/B 的大小而变化，这两个比值决定了圆角部分材料向制件侧壁转移的程度及侧壁高度的增补量。图 5-20 为矩（方）形制件在不同 H/B、

r/B、t/d_0 情况下的分类图。

图中曲线1和2分别表示材料相对厚度为 $t/d_0=2\%$（或 $t/B=2\%$）和 $t/d_0=0.6\%$ 时，制件一次能拉深的最大相对高度 H/B。位于曲线以上的区域是多次拉深区域（$\mathrm{I_a}$、$\mathrm{I_b}$、$\mathrm{I_c}$），低于曲线的区域是一次拉深区域，根据矩形件角部材料转移到侧壁的程度不同，又可分为三个区域（$\mathrm{II_a}$、$\mathrm{II_b}$、$\mathrm{II_c}$）。

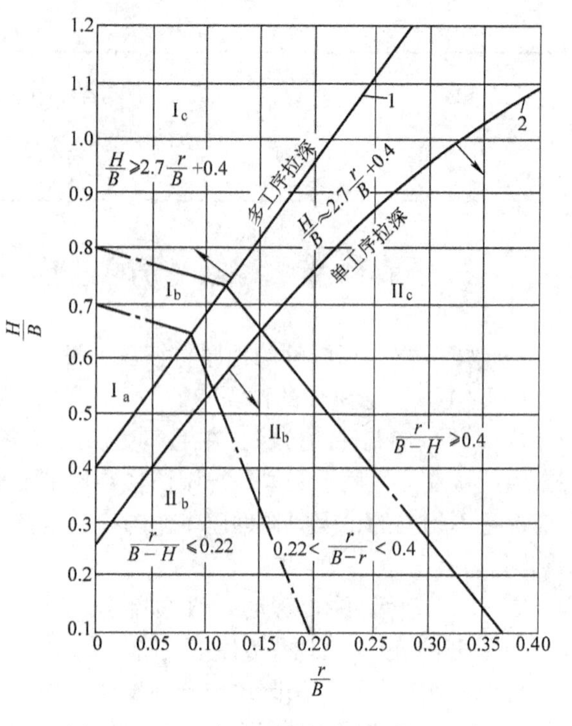

图5-20　矩（方）形制件在不同的 r/B 拉深情况下的分区图

区域 $\mathrm{II_a}$——角部圆角半径较小的低矩形制件（$r/(B-H)\leqslant0.22$），其拉深特点是：只有微量的材料从矩形制件圆角处转移到侧壁上去，所以侧壁高度几乎没有什么增补。

区域 $\mathrm{II_b}$——角部圆角半径较大的低矩形制件（$0.22<r/(B-H)<0.4$），其拉深特点是：圆角处有相当多的材料被转移到侧壁上去，因而侧壁高度有较大的增补。

区域 $\mathrm{II_c}$——角部具有大圆角半径的较高矩形制件（$r/(B-H)\geqslant0.4$），其拉深特点是：大量的材料从圆角处转移到侧壁上去，因此侧壁高度有大大的增补。

相应于不同区域的矩（方）形制件，各具有不同的毛坯计算和工艺计算方法。

二、矩（方）形件毛坯的尺寸计算

1. 矩（方）形制件修边余量的确定

矩（方）形制件的拉深高度不高或拉深后容器口部要求不严时，可免除修边工序。一般来说，拉深后都需切边，所以在确定其毛坯尺寸和进行工艺计算前，应在制件高度或突缘宽度上加上修边余量。无突缘矩（方）形制件的修边余量 Δh 可查表5-12；带突缘矩形制件的修边余量可参考带突缘筒形制件的修边余量 Δd（表5-2），但必须将表中 d_t 改为 B_t（即矩形制件短边突缘宽度），d 改为 B（即矩形制件短边宽度）。

表5-12　矩形制件的修边余量 Δh

制件相对高度 H/r	2.5～6	7～17	18～44	45～100
修边余量 Δh	(0.03～0.05) h	(0.04～0.06) h	(0.05～0.08) h	(0.06～0.1) h

注：H——制件高度；
r——制件口部的圆角半径。

2. 一次拉深而成的矩（方）形制件的毛坯计算

（1）$\mathrm{II_a}$ 区域　角部圆角半径较小的低矩形制件（$r/(B-H)\leqslant0.22$），毛坯尺寸的计算和作图程序如下：

1）按压弯计算壁部展开长度 l（图5-21）。

无突缘　　$l=H+0.57r_{底}$

带突缘　　　　当 $r_t \neq r_底$ 时

$$l = H + 0.5(B_t - B) + 0.57r_底 - 0.43r_t$$

当 $r_t = r_底 = r_1$ 时

$$l = H + 0.5(B_t - B) + 0.14r_1$$

式中　B_t——突缘宽度尺寸；

r_t——突缘处圆角半径（实际是 r_d）。

2）按拉深计算角部毛坯半径 R_0。

无突缘时

若 $r \neq r_底$，则　　$R_0 = \sqrt{r^2 + 2rH - 0.86r_底(r + 0.16r_底)}$

若 $r = r_底$，则　　$R_0 = \sqrt{2rH}$

带突缘时

若 $r \neq r_底$，则　　$R_0 = \sqrt{r_t^2 + 2rH - 0.86(r_t + r_底) + 0.14(r_t^2 - r_底^2)}$

若 $r_t = r_底 = r_1$，则　　$R_0 = \sqrt{r_t^2 + 2r(H - 0.86r_1)}$

3）从 ab 线段的中点向 R_0 圆弧作切线，此线与直边相交处再用 R_0 圆弧光滑连接。

此四分之一的毛坯图形，根据矩形制件不同的 H 与 r 可以得到三种形式的图形，如图 5-21a、b、c 所示。

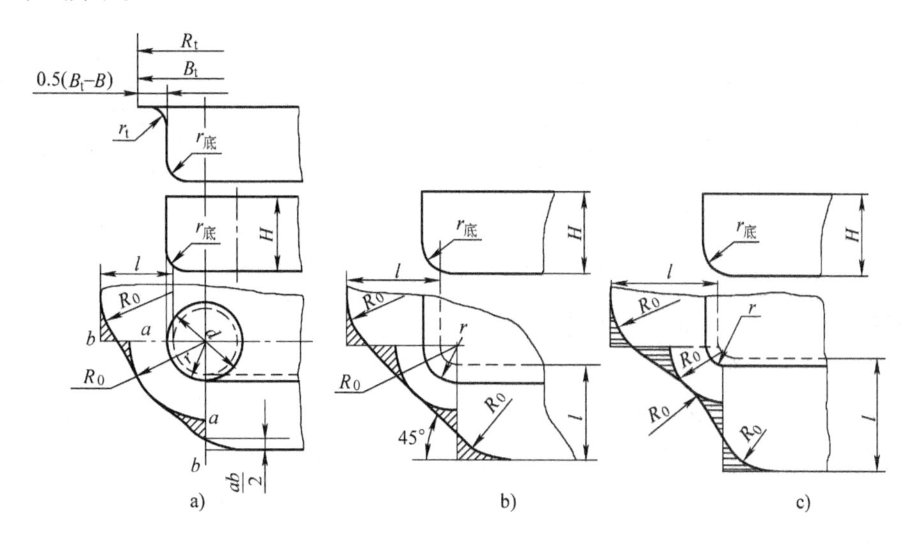

图 5-21　低矩形制件毛坯作图法

（2）Ⅱ$_b$ 区域　角部圆角半径较大的低矩（方）形制件（$0.22 < r/(B-H) < 0.4$）的毛坯尺寸的计算和作图程序如下：

1）同理可求出直壁的展开长度 l 和角部毛坯半径 R_0。

2）作出从圆角到直壁有阶梯过渡形状的毛坯（图 5-22）。

3）求角部加大的展开半径 R_1

$$R_1 = XR_0$$

式中　$X = 0.074 \times \left(\frac{R_0}{2r}\right)^2 + 0.982$，或由表 5-13 查得。

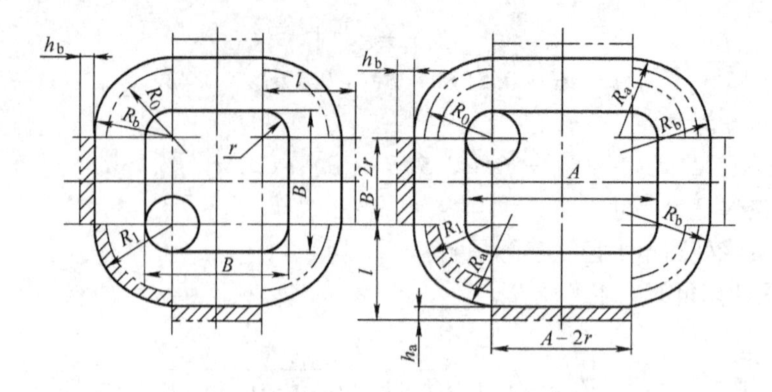

图 5-22 角部圆角半径较大的低矩（方）形制件的毛坯作图法

4）求出直壁部分展开长度上应切去的 h_a 和 h_b

$$h_a = Y\frac{R_0^2}{A-2r};\ h_b = Y\frac{R_0^2}{B-2r}$$

Y 值由表 5-13 查得。

表 5-13 计算矩形毛坯尺寸用的系数 *X*、*Y*

角部的相对圆角半径 r/B	系数 X				系数 Y			
	相对拉伸高度 H/B							
	0.3	0.4	0.5	0.6	0.3	0.4	0.5	0.6
0.10	—	1.09	1.12	1.16	—	0.15	0.20	0.27
0.15	1.05	1.07	1.10	1.12	0.08	0.11	0.17	0.20
0.20	1.04	1.06	1.08	1.10	0.06	0.10	0.12	0.17
0.25	1.035	1.05	1.06	1.08	0.05	0.08	0.10	0.12
0.30	1.03	1.04	1.05	—	0.04	0.06	0.08	—

5）对展开尺寸进行修正，将半径增大为 R_1，长度减少 h_a 和 h_b。

6）根据修正后的宽度、长度、毛坯半径，再用 R_a 和 R_b 的圆弧连成光滑外形。

（3）II_c 区域　角部具有大圆角半径的较高矩（方）形制件（$r/(B-H) \geqslant 0.4$），其毛坯尺寸可根据矩（方）形制件的表面积（按料厚中心线计算）和毛坯面积相等的原则求解（图 5-23）。

1）方形拉深制件可用圆毛坯（图 5-23a）。

当 $r = r_{底}$ 时

$$d_0 = 1.13\sqrt{B^2 + 4B(H-0.43r) - 1.72r(H+0.33r)}$$

当 $r \neq r_{底}$ 时

$$d_0 = 1.13\sqrt{B^2 + 4B(H-0.43r_{底}) - 1.72r(H+0.5r) - 4r_{底}(0.11\times r_{底} - 0.18r)}$$

2）$A\times B$ 矩形拉深制件，可看做由两端以 B 为宽的半正方形和中间为（$A-B$）的直边组成。这时的毛坯形状是由两个半径为 R_b 的半圆弧和两个平行边组成的长圆形，如图 5-23b 所示。

长圆形毛坯的假想圆弧半径为

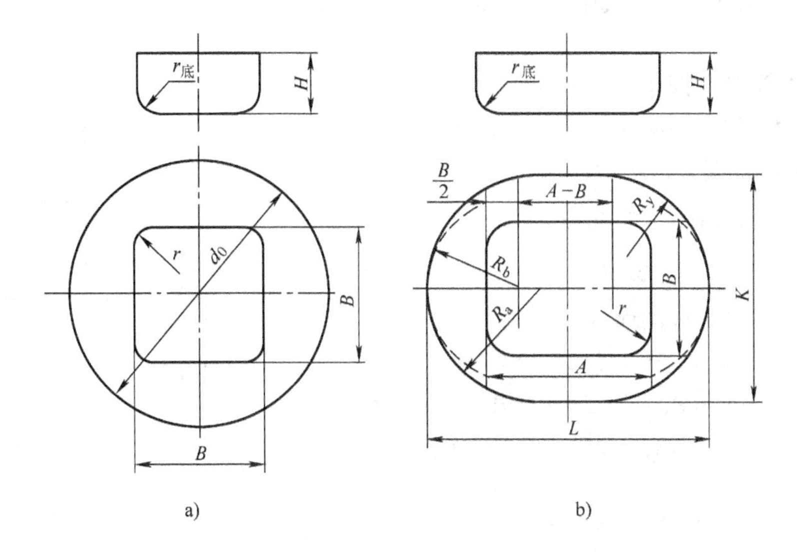

图 5-23　$r/(B-H)\geqslant 0.4$ 的正方形、矩形毛坯展开图

$$R_n = \frac{d_0}{2}$$

式中　d_0——$B\times B$ 假想方形制件的毛坯直径，按上述公式计算，圆弧（R_b）圆心离制件短边矩为 $B/2$。

长圆形毛坯的长度为

$$L = 2R_b + (A - B) = d_0 + (A - B)$$

长圆形毛坯的宽度为

$$K = \frac{0.5d_0^2 + [B + 2(H - 0.43r_{底})](A - B)}{A - B + 0.5d_0}$$

长圆形毛坯的圆弧半径为

$$R_a = 0.5K$$

毛坯作图法如图 5-23b 所示。当 $K\approx L$ 时，毛坯成圆形。当 $A/B<1.3$ 而且 $H/B<0.8$ 时，$K=2R_b=d_0$。

3. 多次拉深矩（方）形制件的毛坯计算

根据毛坯形状及确定方法的特点，多次拉深区可分为 I_a 和 I_c 两个区域，I_b 是介于两者之间的过渡区域。

（1）I_a 区域　角部具有小圆角半径的较高矩形制件（$H/B\leqslant 0.65\sim 0.7$）。该区拉深制件相对高度不高，但相对圆角半径较小，若一次拉深变形过大，容易造成圆角底部破裂，故需两次拉深，实际上第二次拉深为近似校正整形，目的是用来减小角部和底部圆角，但轮廓尺寸稍有变动，所以毛坯尺寸求法与 II_a 相同，如图 5-21 所示。

因为考虑圆角部分要两次拉深，同时材料也有向侧壁挤流的现象，故建议将展开圆角半径 R_0 加大 10% ~20%。

若 $r\neq r_{底}$，则　　$R_0 = (1.1\sim 1.2)\sqrt{r^2 + 2rH - 0.86r_{底}(r + 0.6r_{底})}$

若 $r = r_{底}$，则　　$R_0 = (1.1\sim 1.2)\sqrt{2rH}$

两次拉深的相互关系，如图5-24所示，应符合以下条件：

1）两次拉深角部圆角半径不同心。

2）第二次拉深可不采用压边圈，所以工序间的壁间距和角间距不宜太大，一般使用壁间距 $b=(4\sim5)t$，角间距 $\chi\leqslant0.4b=0.5\sim2.5\text{mm}$，则

$$r_1=r_2+3.4b-2.4\chi$$

3）第二次拉深高度的增量

$$\Delta H=b-0.43(r_{底1}-r_{底2})$$

式中　$r_{底1}$、$r_{底2}$——首次和第二次拉深的底角半径。

当 $b=0.43(r_{底1}-r_{底2})$ 时，则 $\Delta H=0$，即两次拉深高度不变。

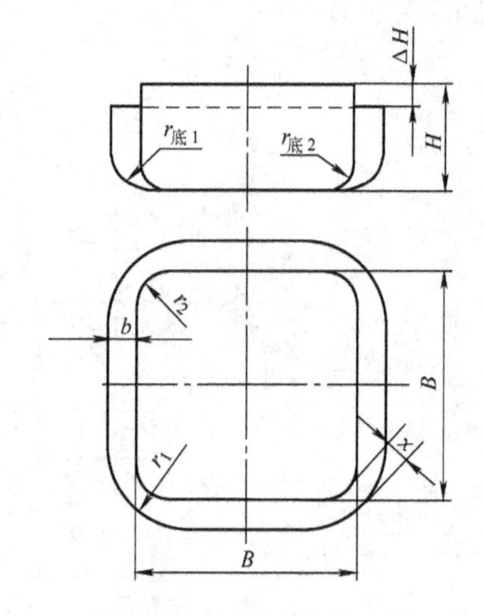

图5-24　整形方形制件拉深

（2）I_c区域　高矩形制件（$H/B\geqslant0.7\sim0.8$）。此区毛坯外形是短边半径 R_b、长边半径 R_a 的椭圆形（图5-25a），或为由半径为 $R_0=0.5K$ 的两个半圆和两条平行边所构成的长圆形（图5-25b）。

L、K 和 R_b 可根据前述公式计算。椭圆长边的圆弧半径为

$$R_a=\frac{0.25(L^2+K^2)-LR_b}{K-2R_b}$$

当矩形制件尺寸 A 与 B 相差不大，而且相对高度很大时，则可采用圆形毛坯。

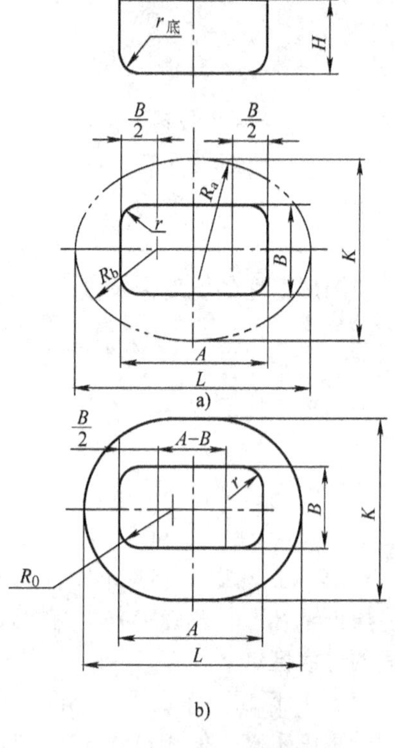

图5-25　矩形制件多工序拉深的毛坯形状

三、矩（方）形制件的拉深系数、拉深深度及各工序间的尺寸计算

由图5-20可以清楚看出，低矩（方）形制件包括II_a、II_b、II_c区域和I_a区域。前者为一次拉深成功的矩（方）形制件，后者虽是两次拉深，但第二次拉深实际上属于校正整形，因此同属于低矩形制件类。

高矩形制件是指高度很大需多次拉深者。高矩形制件拉深时，各道工序的形状和尺寸，是影响拉深过程中变形均匀的重要因素。一般规律是前几次拉深时，往往通过过渡形状来转变。如从圆筒形制件拉深成方形制件；从椭圆形制件拉深成矩形制件。因此必须确定各工序的过渡形状，特别重要的是确定倒数第二道（$n-1$ 道）工序的形状。

1. 低矩形制件拉深工序尺寸的计算

1）确定修边余量（Δh 或 Δd）。首先计算制件相对高度 h/r，然后查表5-12或表5-2，可得 $H=h+\Delta h$。

2）计算 H/B 和 r/B（图5-20），判断是否属于低矩形拉深。

3）按上述公式和方法计算毛坯尺寸。

4）核算角部拉深系数。对于低矩（方）形制件，由于圆角部分对直边部分影响相对较小，圆角处变形最集中，所以变形程度可以用圆角处的拉深系数来表示

$$m=\frac{r}{R_0}$$

式中　R_0——毛坯圆角部分的半径；

r——制件口部圆角半径。

矩（方）形制件第一次拉深系数极限值 m_1 如表5-14所示。若 $m \geqslant m_1$，则一次拉成；相反则需几次拉成。对塑性较差的金属，取表内大值；而塑性好的金属，可取表内小值。

表5-14　矩（方）形制件角部第一次拉深系数的极限值 m_1（材料08、10钢）

r/B	材料相对厚度 t/d_0 或 $t/(2R_0)$　（%）							
	2.0～1.5		1.5～1.0		1.0～0.5		0.5～0.2	
	矩　形	方　形	矩　形	方　形	矩　形	方　形	矩　形	方　形
0.4	0.40	0.42	0.41	0.43	0.42	0.45	0.44	0.48
0.3	0.36	0.38	0.37	0.39	0.38	0.40	0.40	0.42
0.2	0.33	0.34	0.34	0.35	0.35	0.36	0.36	0.38
0.15	0.32		0.33		0.34		0.35	
0.10	0.30		0.31		0.32		0.33	
0.05	0.29		0.30		0.31		0.32	
0.025	0.28		0.29		0.30		0.31	

2. 高矩（方）形制件拉深工序尺寸的计算

1）确定修边余量（同前），可得 $H=h+\Delta h$。

2）根据矩（方）形制件相对高度 $\frac{H}{B}$ 估算拉深次数（见表5-15）。

表5-15　矩（方）形制件多次拉深所能达到的最大相对高度 H/B

工序数量	材料相对厚度 t/B（%）			
	0.3～0.5	0.5～0.8	0.8～1.3	1.3～2.0
1	0.50	0.58	0.65	0.75
2	0.70	0.80	1.00	1.25
3	1.20	1.30	1.6	2.0
4	2.0	2.2	2.6	3.5
5	3.0	3.4	4.0	5.0
6	4.0	4.5	5.0	6.0

3）高矩（方）形制件拉深工序尺寸的计算均采用反推算法，即从倒数第二道（$n-1$ 道）拉深工序尺寸算起。

因为矩（方）形制件拉深变形时沿周边的变形是不均匀的，外形转角处变形最大，而直边部分变形最小，所以变形程度只能用平均拉深系数 m_b 来表示

由 $$m_b = \frac{B - 0.43r}{0.5\pi R_{bn-1}}$$

得 $$R_{bn-1} = \frac{B - 0.43r}{1.57m_b}$$

变形程度也可用前后两次拉深的工序间距 b_n 表示

$$b_n = R_{bn-1} - 0.5B = \frac{\left(1 - 0.785m_b - 0.43\frac{r}{B}\right)B}{1.57m_b}$$

以上公式并无实用意义，但可通过此公式来分析 b_n 与 r/B 及 m_b的关系。由上述公式可清楚地看出 r/B 越大则 b_n 越小；拉深次数越多，则 b_n 也越小（见图 5-26）。当 $t/B=2\%$ 或 $B=50t$ 时，相对圆角半径 r/B 和拉深次数与 b_n 的关系曲线见图 5-26，可供选择 b_n 时参考。

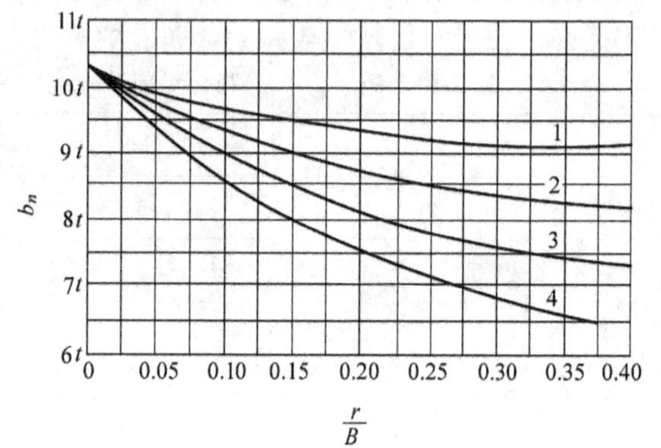

图 5-26　壁间距 b_n 值

4）材料相对厚度 t/B 不同的矩（方）形制件，其变形过程中材料的稳定性也不同，因此各工序的过渡形状及尺寸计算均有差异。

① 按照材料相对厚度 t/B 的不同，确定高方形制件多次拉深过渡形状的方法有三种。

第一种：过渡工序的毛坯形状均为圆形，仅在最后一道工序才拉深成正方形。

第二种：此方法将 $n-1$ 或 $n-2$ 道工序拉深成具有较大圆角半径的过渡毛坯，最后再拉深成制件要求的尺寸。

第三种：由于材料相对厚度小，拉深时易起皱，所以从 $n-1$ 道工序或 $n-2$ 道工序起，将过渡毛坯拉深成四边略微外凸的四边形。

以上三种处理方法，在 $n-1$ 道工序时，经常将底部尺寸拉成与制件相同的尺寸及形状，而壁与底之间成45°斜面，并带有较大的圆角半径，其目的是使最后一次拉深能顺利达到制件的形状和尺寸（图 5-27）。

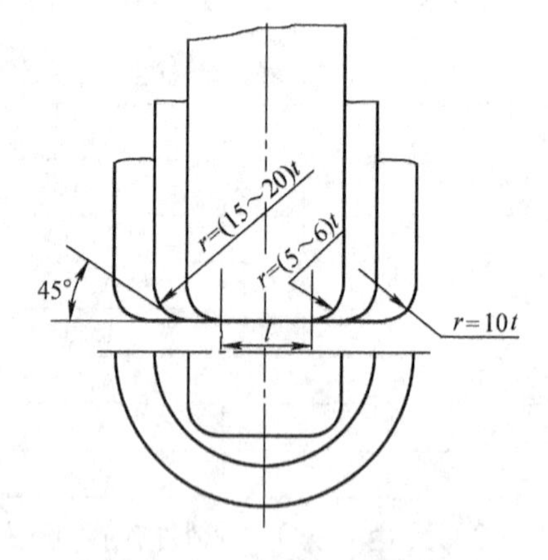

图 5-27　矩（方）形拉深制件过渡毛坯壁与底的连接形状

② 按照材料相对厚度 t/B 的大小，确定高矩形制件多次拉深过渡形状的方法有四种。

第一种：毛坯形状为椭圆形，中间工序过渡的半成品均为椭圆形空心件，最后一道工序拉深成矩形制件。

第二种：其适用范围与第一种相同，不同的是中间工序过渡的半成品均为长圆形空心制件。此方法的特点是制模简便。

第三种：此方法的特点是为了给最后一道拉深制造有利条件，所以将 $n-1$ 甚至于 $n-2$ 道工序均拉深成具有较大圆角半径的矩形过渡半成品。

第四种：因为材料相对厚度较小，为了防止起皱，故将 $n-1$ 和 $n-2$ 道工序拉深成具有微凸边的四边形。

以下处理方形制件的三种方法和矩形制件的四种方法，其计算程序及公式均可从表 5-16 ~ 表 5-18 和表 5-19 ~ 表 5-22 中查到。

表 5-16　高方形制件多次拉深计算程序和公式（$t/B \geqslant 2\%$）

项目		计算程序和公式
图形	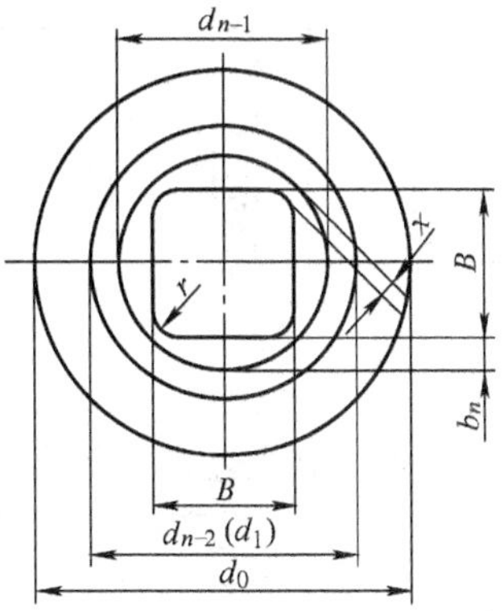	
毛坯直径	$r \neq r_{底}$	$d_0 = 1.13\sqrt{B^2 + 4B(H - 0.43r_{底}) - 1.72r(H + 0.5r) - 4r_{底}(0.11r_{底} - 0.18r)}$
	$r = r_{底}$	$d_0 = 1.13\sqrt{B^2 + 4B(H - 0.43r) - 1.72r(H + 0.33r)}$
第 $n-1$ 道工序	壁间距	$b_n \leqslant 10t$（由 r/B 及拉深次数查图 5-26）
	角间距	$\chi = b_n + 0.41r - 0.207B$
	拉深直径	$d_{n-1} = B + 2b_n$
	拉深高度	$H_{n-1} = 0.88H$
第 $n-2$ 道工序	拉深直径	$d_{n-2} = \dfrac{d_{n-1}}{m_{n-1}}$
	拉深高度	$H_{n-2} = \dfrac{0.25}{d_{n-2}}(d^2 - d_{n-2}^2) + 0.43\dfrac{r_{n-2}}{d_{n-2}}(d_{n-2} + 0.32r_{n-2})$
	以下各次计算与第 $n-2$ 次相同，直到能从毛坯直接进行拉深为止	
第一道工序	拉深系数	$m_1 = \dfrac{d_1}{d} \geqslant [m_1] = 0.5 \sim 0.6$
	拉深高度	$H_1 = 0.25\left(\dfrac{d}{m_1} - d_1\right) + 0.43\dfrac{r_1}{d_1}(d_1 + 0.32r_1)$

注：1. 如果 $m_1 > [m_1]$，则可适当减小第一次的拉深直径，并将各次拉深尺寸作适当修正。

2. 若 $r < 4t$，则可按图 5-21 的方法，再增加一次拉深，这时 $n-1$ 次拉深的圆角半径应为 $r_{yn-1} \geqslant 4t$。

3. m_1 的极限值查表 5-14。

表 5-17　高方形制件多次拉深计算程序和公式（$2\% > t/B \geqslant 1\%$）

图形	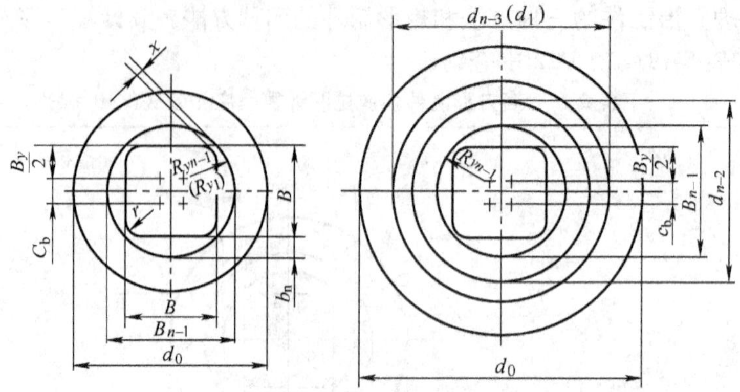		
毛坯直径	$r \neq r_{底}$	$d_0 = 1.13\sqrt{B^2 + 4B(H - 0.43r_{底}) - 1.72r(H - 0.5r) - 4r_{底}(0.11r_{底} - 0.18r)}$	
毛坯直径	$r = r_{底}$	$d_0 = 1.13\sqrt{B^2 + 4B(H - 0.43r) - 1.72r(H + 0.33r)}$	
工作假想宽度		$B_y \approx 50t$	
第 $n-1$ 道工序	壁 间 距	$b_n \leqslant 10t$（由 r/B_y 及拉深次数查图 5-26）	
	角 间 距	$\chi = b_n + 0.41r - 0.207B_y$	
	圆弧半径	$R_{yn-1} = 0.5B_y + b_n$	
	拉深宽度	$B_{n-1} = B + 2b_n$	
	拉深高度	$H_{n-1} \approx 0.88H$	
第 $n-2$ 及 $n-3$ 道工序		第 $n-2$ 道工序	第 $n-3$ 道工序
	拉深直径	$d_{n-2} = 2\left(\dfrac{R_{yn-1}}{m_{n-1}} + 0.707C_b\right)$　$C_b = B - B_y$	$d_{n-3} = \dfrac{d_{n-2}}{m_{n-2}}$
	拉深高度	$H_j = \dfrac{0.25}{d_j}(d^2 - d_j^2) + 0.43\dfrac{r_j}{d_j}(d_j + 0.32r_j)$　j 为 $(n-2)$ 或 $(n-3)$	
	以下各次计算与 $n-3$ 次相同，直到能从毛坯直接进行拉深为止		
第一道工序	总拉深次数	$n = 2$	$n \geqslant 3$
	拉深系数	$m_1 = \dfrac{R_{y1}}{0.5d - 0.707C_b} \geqslant [m_1] = 0.5 \sim 0.6$ $C_b = B - B_y$	$m_1 = \dfrac{d_1}{d} \geqslant [m_1] = 0.5 \sim 0.6$
	拉深高度	$H_1 \approx 0.88H$	$H_1 = 0.25\left(\dfrac{d}{m_1} - d_1\right) + 0.43\dfrac{r_1}{d_1}(d_1 + 0.32r_1)$

注：1. 若 $m_1 > [m_1]$，则可适当减小第一次的拉深直径（或拉深宽度），并将各次拉深尺寸作适当修正。

2. 若 $r < 4t$，则可按图 5-21 的方法，再增加一次拉深，这时 $n-1$ 次拉深的圆角半径应为 $r_{yn-1} \geqslant 4t$。

3. m_1 的极限值查表 5-14。

表 5-18 高方形制件多次拉深计算程序和公式（$t/B<1\%$）

图形			
毛坯直径	$r \neq r_{底}$	$d_0 = 1.13\sqrt{B^2 + 4B(H - 0.43r_{底}) - 1.72r(H + 0.5r) - 4r_{底}(0.11r_{底} - 0.18r)}$	
	$r = r_{底}$	$d_0 = 1.13\sqrt{B^2 + 4B(H - 0.43r) - 1.72r(H + 0.33r)}$	
第 $n-1$ 及 $n-2$ 道工序		第 $n-1$ 道工序	第 $n-2$ 道工序
	壁间距	$b_n \approx 8t$	$b_{n-1} = (9-10)t$
	角间距	$\chi_n = \dfrac{1-m_n}{m_n}r$	$\chi_{n-1} = \dfrac{1-m_{n-1}}{m_{n-1}}R_{yn-1}$
	圆弧半径	$R_{bn-1} = \dfrac{B^2}{8b_n} + \dfrac{b_n}{2}$ $R_{yn-1} \approx 2.5r$（可用作图法求得）	$R_{bn-2} = R_{bn-1} + b_{n-1}$ R_{yn-2}用作图法求得
	拉深高度	$H_{n-1} \approx 0.88H$	$H_{n-2} \approx 0.86H_{n-1}$
	拉深宽度	$B_{n-1} = B + 2b_n$	$B_{n-2} = B_{n-1} + 2b_{n-1}$
第 $n-3$ 及 $n-4$ 道工序		第 $n-3$ 道工序	第 $n-4$ 道工序
	拉深直径	$d_{n-3} = 2\left(\dfrac{R_{yn-2}}{m_{n-1}} + 0.707C_b\right)$ （C_b 由作图法求得）	$d_{n-4} = \dfrac{d_{n-3}}{m_{n-3}}$
	拉深高度	$H_j = \dfrac{0.25}{d_j}(d^2 - d_j^2) + 0.43\dfrac{r_j}{d_j}(d_j + 0.32r_j)$　　j 为（$n-3$）或（$n-4$）	
	以下各次计算与 $n-4$ 次相同，直到能从毛坯直接进行拉深为止		
第一道工序	总拉深次数	$n=2$ 或 3	$n \geqslant 4$
	拉深系数	$m_1 = \dfrac{R_{y1}}{0.5d - 0.707C_b} \geqslant [m_1] = 0.5 \sim 0.6$ （C_b 用作图法求得）	$m_1 = \dfrac{d_1}{d} \geqslant [m_1] = 0.5 \sim 0.6$
	拉深高度	$n=2$ 时　$H_1 \approx 0.88H$ $n=3$ 时　$H_1 \approx 0.86H_2$	$H_1 = 0.25\left(\dfrac{d}{m_1} - d_1\right) + 0.43\dfrac{r_1}{d_1}$ $X(d_1 - 0.32r_1)$

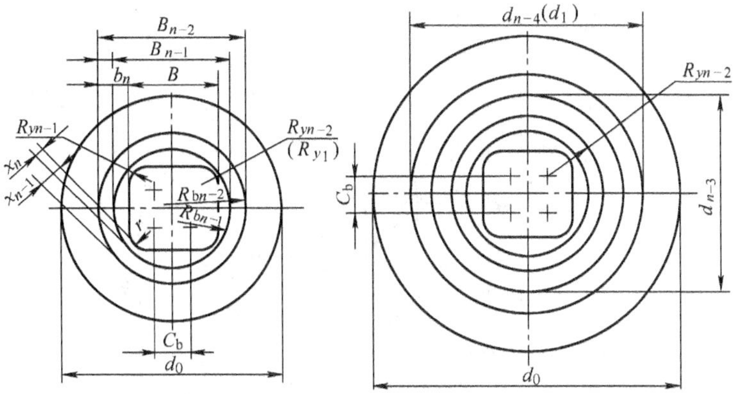

注：1. 若 $m_1 > [m_1]$，则可适当减小第一次的拉深直径（或拉深宽度），并将各次拉深尺寸作适当修正。

2. 若 $r<4t$，则可按图 5-21 的方法，再增加一次拉深，这时 $n-1$ 次拉深的圆角半径应为 $r_{yn-1} \geqslant 4t$。

3. $m_1 \sim m_n$ 的极限值查表 5-4。

表 5-19　高矩形制件多次拉深计算程序和公式（$t/B \geqslant 2\%$）

项目			计算程序和公式
图形			
毛坯尺寸	直径	$r \neq r_{\text{底}}$	$d_0=1.13\sqrt{B^2+4B(H-0.43r_{\text{底}})-1.72r(H+0.5r)-4r_{\text{底}}(0.11r_{\text{底}}-0.18r)}$
		$r=r_{\text{底}}$	$d_0=1.13\sqrt{B^2+4B(H-0.43r)-1.72r(H+0.33r)}$
	长度和宽度		$L=d_0+(A-B)$，$K=\dfrac{0.5d_0^2+[B+2(H-0.43r_{\text{底}})](A-B)}{A-B+0.5d}$
	圆弧半径		$R_b=0.5d_0$　$R_a=\dfrac{0.25(L^2+K^2)-LR_b}{K-2R_b}$
工序间比例系数			$x_1=(K-B)/(L-A)$
第 $n-1$ 道工序	壁间距		$b_n \leqslant 10t$　$a_n=x_1b_n$（b_n 由 r/B 及拉深次数查图 5-26）
	角间距		$\chi=b_n+0.41r-0.207B$
	圆弧半径		$R_{bn-1}=0.5B+b_n$
	长度、宽度		$A_{n-1}=A+2b_n$　$B_n=B+2a_n$
	圆弧半径		$R_{an-1}=\dfrac{0.25(A_{n-1}{}^2+B_{n-1}{}^2)-A_{n-1}R_{bn-1}}{B_{n-1}-2R_{bn-1}}$或用作图法求得
	拉深高度		$H_{n-1}\approx 0.88H$
第 $n-2$ 道工序	圆弧半径		$R_{bn-2}=\dfrac{R_{bn-1}}{m_{n-1}}$
	壁间距		$b_{n-1}=R_{bn-2}-R_{bn-1}$　$a_{n-1}=x_1b_{n-1}$
	长度、宽度		$A_{n-2}=A_{n-1}+2b_{n-1}$　$B_{n-2}=B_{n-1}+2a_{n-1}$
	圆弧半径		$R_{an-2}=\dfrac{0.25(A_{n-2}^2+B_{n-2}^2)-A_{n-2}R_{bn-2}}{B_{n-2}-2R_{bn-2}}$
	拉深高度		$H_{n-2}\approx 0.86H_{n-1}$
	以下各次计算与 $n-2$ 次相同，直到能从毛坯直接进行拉深为止		
第一道拉深系数	毛坯为椭圆形		$m_1=\dfrac{R_{b1}}{R_b}\geqslant[m_1]=0.5\sim0.6$
	毛坯为圆形		$m_1=\dfrac{R_{b1}}{0.5(d'-C_a)}\geqslant[m_1]=0.5\sim0.6$　　$(C_a=A-B)$

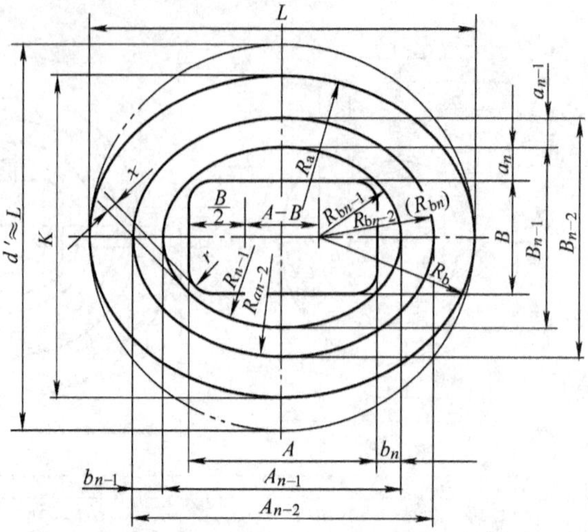

注：1. 若 $m_1>[m_1]$，则可适当减小第一次的拉深圆弧半径 R_{b1}，并将各次拉深尺寸作适当修正。

2. 若 $r<6t$，则可按图 5-21 的方法再增加一次拉深，这时 $n-1$ 次拉深的圆角半径应为 $r_{yn-1}\geqslant 6t$。

3. $m_1\sim m_n$ 的极限值查表 5-4。

表 5-20　高矩形制件多次拉深计算程序和公式（$t/B\geqslant2$）

项目			计算程序和公式
图形			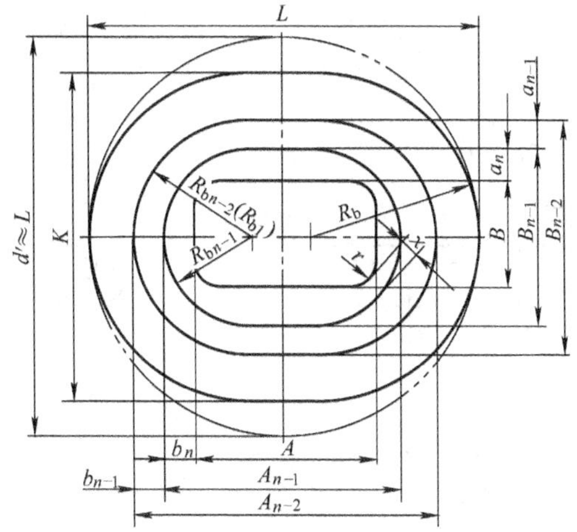
毛坯尺寸	直径	$r\neq r_{底}$	$d_0=1.13\sqrt{B^2+4B(H-0.43r_{底})-1.72r(H+0.5r)-4r_{底}(0.11r_{底}-0.18r)}$
		$r=r_{底}$	$d_0=1.13\sqrt{B^2+4B(H-0.43r)-1.72r(H+0.33r)}$
	长度、宽度		$L=d_0+(A-B)$　$K=\dfrac{0.5d_0^2+[B+2(H-0.43r_{底})](A-B)}{A-B+0.5d}$
	圆弧半径		$R_b=0.5K$
工序间比例系数			$x_1=(K-B)/(L-A)$
第 $n-1$ 道工序	壁间距		$b_n\leqslant10t$　$a_n=x_1b_n$（b_n 由 r/B 及拉深次数查图 5-26）
	角间距		$\chi=0.3a_n+0.7b_n+0.41r-0.207B$
	圆弧半径		$R_{bn-1}=0.5B+a_n$
	长度、宽度		$A_{n-1}=A+2b_n$　$B_{n-1}=B+2a_n$
	拉深高度		$H_{n-1}\approx0.88H$
第 $n-2$ 道工序	壁间距		$b_{n-1}=\dfrac{1-m_{n-1}}{m_{n-1}}R_{bn-1}$　$a_{n-1}=x_1b_{n-1}$
	圆弧半径		$R_{bn-2}=0.5B+a_n+a_{n-1}$
	长度、宽度		$A_{n-2}=A_{n-1}+2b_{n-1}$　$B_{n-2}=B_{n-1}+2a_{n-1}$
	拉深高度		$H_n\approx0.86H_{n-1}$
	以下各次计算与 $n-2$ 次相同，直到能从毛坯直接进行拉深为止		
第一次拉深系数	毛坯为长圆形		$m_1=\dfrac{R_{b1}}{0.5(L-A_1+B_1)}\geqslant[m_1]=0.5\sim0.6$
	毛坯为圆形		$m_1=\dfrac{R_{b1}}{0.5(6d'-A_1+B_1)}\geqslant[m_1]=0.5\sim0.6$

注：1. 若 $m_1>[m_1]$，则可适当减小第一次的拉深宽度，并将各次拉深尺寸作适当修正。

2. 若 $r<6t$，则可按图 5-21 的方法再增加一次拉深，这时 $n-1$ 次拉深的圆角半径应为 $r_{yn-1}\geqslant6t$。

3. $m_1\sim m_n$ 的极限值查表 5-4。

表 5-21　高矩形制件多次拉深计算程序和公式（$2>t/B\geqslant 1\%$）

图形			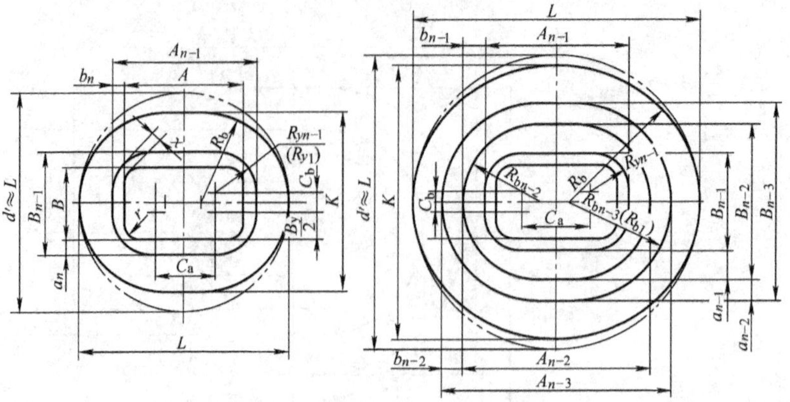	
毛坯尺寸	直径	$r\neq r_{底}$	$d_0=1.13\sqrt{B^2+4B(H-0.43r_{底})-1.72r(H+0.5r)-4r_{底}(0.11r_{底}-0.18r)}$	
		$r=r_{底}$	$d_0=1.13\sqrt{B^2+4B(H-0.43r)-1.72r(H+0.33r)}$	
	长度、宽度		$L=d_0+(A-B)$　$K=\dfrac{0.5d_0^2+[B+2(H-0.43r_{底})](A-B)}{A-B+0.5d}$	
	圆弧半径		$R_b=0.5K$	
制件假想宽度			$B_y\approx 50t$	
工序间比例系数			$X_1=\dfrac{K-B}{L-A}$	
第 $n-1$ 道工序	壁间距		$b_n\leqslant 10t$　$a_n=x_1b_n$（b_n 由 r/B_y 及拉深次数查图 5-26）	
	角间距		$\chi=0.3a_n+0.7b_n+0.41r-0.207B_y$	
	圆弧半径		$B_{yn-1}=0.5B_y+a_n$	
	长度、宽度		$A_{n-1}=A+2b_n$　$B_{n-1}=B+2a_n$	
	拉深高度		$H_{n-1}\approx 0.88H$	
第 $n-2$ 及 $n-3$ 道工序			第 $n-2$ 道工序	第 $n-3$ 道工序
	壁间距		$b_{n-1}=\dfrac{1-m_{n-1}}{m_{n-1}}R_{yn-1}$；$a_{n-1}=X_1b_{n-1}$	$b_{n-2}=\dfrac{1-m_{n-2}}{m_{n-2}}R_{bn-2}$；$a_{n-2}=X_1b_{n-2}$
	圆弧半径		$R_{bn-2}=0.5B+a_n+a_{n-1}$	$R_{bn-3}=0.5B+a_n+a_{n-1}+a_{n-2}$
	长度、宽度		$A_{n-2}=A_{n-1}+2b_{n-1}\cdot B_{n-2}=B_{n-1}+2a_{n-1}$	$A_{n-3}=A_{n-2}+2b_{n-2}$ $B_{n-3}=B_{n-2}+2a_{n-2}$
	拉深高度		$H_{n-2}\approx 0.86H_{n-1}$	$H_{n-3}\approx 0.86H_{n-2}$
	以下各次计算与 $n-3$ 次相同，直到能从毛坯直接进行拉深为止			
第一次拉深系数	总拉深次数		$n=2$	$n\geqslant 3$
	毛坯为长圆形		$m_1=\dfrac{R_{y1}}{0.5}[K-\sqrt{(C_a-L+K)^2+C_a^2}]\geqslant[m_1]=0.5\sim0.6$（$C_a=A_1-2R_{y1}$　$C_b=B_1-2R_{y1}=B-B_y$）	$m_1=\dfrac{R_{b1}}{0.5(L-A_1+B_1)}\leqslant[m_1]=0.5\sim0.6$
	毛坯为圆形		$m_1=\dfrac{R_{y1}}{0.5}[d'-\sqrt{C_a^2+C_b^2}]\geqslant[m_1]=0.5\sim0.6$（$C_a$、$C_b$ 同上）	$m_1=\dfrac{R_{b1}}{0.5(d'-A_1+B_1)}\geqslant[m_1]=0.5\sim0.6$

注：1. 若 $m_1>[m_1]$，则可适当减小第一次的拉深宽度和圆弧半径，并将各次拉深尺寸作适当修正。
2. 若 $r<6t$，则可按图 5-21 的方法再增加一次拉深，这时 $n-1$ 次拉深的圆角半径应为 $r_{yn-1}\geqslant 6t$。
3. $m_1\sim m_n$ 的极限值查表 5-4。

表 5-22 高矩形制件多次拉深计算程序和公式（$t/B<1\%$）

图形	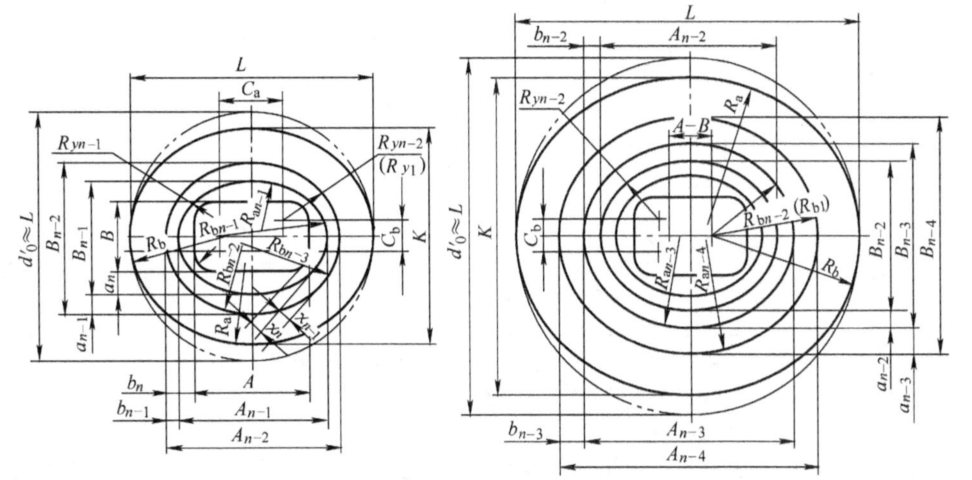		
毛坯尺寸	直径 $r \neq r_{底}$	$d_0=1.13\sqrt{B^2+4B(H-0.43r_{底})-1.72r(H-0.5r)-4r_{底}(0.11r_{底}-0.18r)}$	
	直径 $r=r_{底}$	$d_0=1.13\sqrt{B^2+4B(H-0.43r)-1.72r(H+0.33r)}$	
	长度、宽度	$L=d_0+(A-B)\quad K=\dfrac{0.5d_0^2+[B+2(H-0.43r_{底})](A-B)}{A-B+0.5d_0}$	
	圆弧半径	$R_b=0.5d_0\quad R_a=\dfrac{0.25(L^2+K^2)-LR_b}{K-2R_b}$	
工序间比例系数		$x_1=(K-B)/(L-A)$	
第 $n-1$ 及 $n-2$ 道工序		第 $n-1$ 道工序	第 $n-2$ 道工序
	壁间距	$b_n\approx 8t\quad a_n=x_1b_n$	$b_n=(9-10)t_{an-1}=X_1b_{n-1}$
	角间距	$\chi_n=\dfrac{1-m_n}{m_n}\cdot r$	$\chi_{n-1}=\dfrac{1-m_{n-1}}{m_{n-1}}R_{yn-1}$
	圆弧半径	$R_{bn-1}=\dfrac{B^2}{8b_n}+\dfrac{b_n}{2}$；$R_{an-1}=\dfrac{A^2}{8a_n}+\dfrac{a_n}{2}$ R_{yn-1} 由作图法求得	$R_{bn-2}=R_{bn-1}+b_{n-1}$；$R_{an-2}=R_{an-1}+a_{n-1}$ R_{yn-2} 由作图法求得
	长度、宽度	$A_{n-1}=A+2b_n\quad B_n=B+2a_n$	$A_{n-2}=A_{n-1}+2b_{n-1}$；$B_{n-2}=B_{n-1}+2a_{n-1}$
	拉深高度	$H_{n-1}\approx 0.88H$	$H_{n-2}\approx 0.86H_{n-1}$
第 $n-3$ 及 $n-4$ 道工序		第 $n-3$ 道工序	第 $n-4$ 道工序
	圆弧半径	$R_{bn-3}=\dfrac{R_{yn-2}}{m_{n-2}}+0.707C_b$（$C_b$ 由作图法求得）	$R_{bn-4}=\dfrac{R_{bn-3}}{m_{n-3}}$
	壁间距	$b_{n-2}=R_{bn-3}-\left(b_n+b_{n-1}+\dfrac{B}{2}\right)a_{n-2}=x_1b_{n-2}$	$b_{n-3}=R_{bn-4}-R_{bn-3}$；$a_{n-3}=x_1b_{n-3}$
	长　度	$A_{n-3}=A_{n-2}+2b_{n-2}$	$A_{n-4}=A_{n-3}+2b_{n-3}$
	宽　度	$B_{n-3}=B_{n-2}+2a_{n-2}$	$B_{n-4}=B_{n-3}+2a_{n-3}$
	圆弧半径	$R_{an-3}=\dfrac{0.25(A_{n-3}^2+B_{n-3}^2)-A_{n-3}R_{bn-3}}{B_{n-3}-2R_{bn-3}}$	$R_{bn-4}=\dfrac{0.25(A_{n-4}^2+B_{n-4}^2)-A_{n-4}R_{bn-4}}{R_{n-4}-2R_{bn-4}}$
	拉深高度	$H_{n-3}\approx 0.86H_{n-2}$	$H_{n-2}\approx 0.86H_{n-3}$
	以下各次计算与 $n-4$ 次相同，直到能从毛坯直接进行拉深为止		

（续）

	总拉深次数	$n=2$ 或 3	$n\geqslant 4$
第一次拉深系数	毛坯为椭圆形	$m_1=\dfrac{R_{y1}}{R_b-0.707C_b}\geqslant[m_1]=0.5\sim0.6$ （C_b 由作图法求得）	$m_1=\dfrac{R_{b1}}{R_b}\geqslant[m_1]=0.5\sim0.6$
	毛坯为圆形	$m_1=\dfrac{R_y}{0.5}(d'-\sqrt{C_a^2+C_b^2})\geqslant[m_1]$ $=0.5\sim0.6$（C_a、C_b 由作图法求得）	$m_1=\dfrac{R_{b1}}{0.5(d'-A+B)}\geqslant[m_1]=0.5\sim0.6$

注：1. 若 $m_1>[m_1]$，则可适当减小第一次拉深宽度和圆弧半径，并将各次拉深尺寸作适当修正。

2. 若 $r_1<6t$，则可按图 5-21 的方法再增加一次拉深，这时 $n-1$ 次的圆角半径为 $r_{n-1}\geqslant 6t$。

3. $m_1\sim m_n$ 的极限值查表 5-4。

例 5-3 按图 5-28 所示高矩形制件的要求，试求出毛坯尺寸及多次拉深时各工序的半成品尺寸和形状。

解 $\dfrac{r}{B}=\dfrac{6}{64}=0.094$

$$\frac{H_0}{B}=\frac{84}{64}=1.31$$

查图 5-20 得此矩形制件位于Ⅰ$_c$区，应按高矩形制件多次拉深来计算各工序尺寸，步骤如下：

1. 检查材料相对厚度

$$\frac{t}{B}=\frac{0.6}{64.6}=0.93\%<1\%$$

故应按表 5-22 的程序及公式计算。

2. 检查圆角半径

$$6t=6\times0.6\text{mm}=3.6\text{mm}$$
$$r=6\text{mm}>6t$$

3. 矩形制件毛坯高度

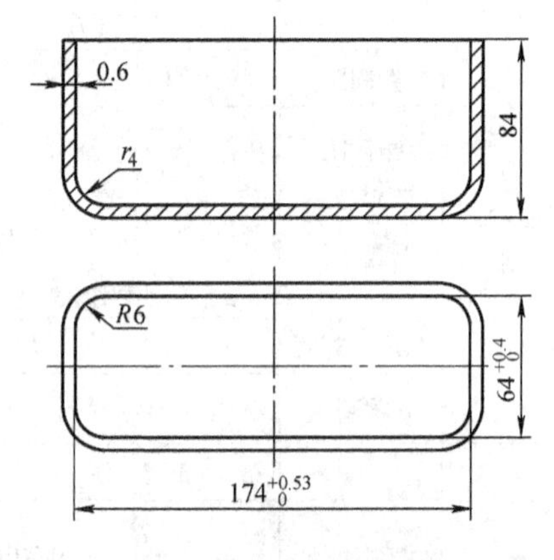

图 5-28 高矩形制件

由表 5-12 查得：$\dfrac{H_0}{r}=\dfrac{84}{6}=14$ 时，$\Delta H=(0.04\sim0.06)H_0$（注：$H_0$ 为未加修边余量的制件实际高度）。

所以
$$\Delta H=0.06\times84\text{mm}\approx5\text{mm}$$
$$H=H_0+\Delta H=(84+5)\text{mm}=89\text{mm}$$

4. 毛坯直径（$r\neq r_{底}$）

（注：以下均按中心层计算）

$$\begin{aligned}d_0&=1.13\sqrt{B^2+4B(H-0.43r_{底})-1.72r(H+0.5r)-4r_{底}(0.11r_{底}-0.18r)}\\&=1.13[64.6^2+4\times64.6\times(88.7-0.43\times4.3)-1.72\times6.3\times(88.7+0.5\times6.3)\\&\quad-4\times4.3\times(0.11\times4.3-0.18\times6.3)]^{1/2}\text{mm}\end{aligned}$$

$= 1.13\sqrt{25631.5}\text{mm} = 1.13 \times 160.1\text{mm} \approx 181\text{mm}$

5. 毛坯长度

$$L = d_0 + (A - B) = [181 + (174.6 - 64.6)]\text{mm} = 291\text{mm}$$

6. 毛坯宽度

$$K = \frac{0.5d_0^2 + [B + 2(H - 0.43r_{底})](A - B)}{A - B + 0.5d_0}$$

$$= \frac{0.5 \times 181^2 + [64.6 + 2(88.7 - 0.43 \times 4.3)] \times (174.6 - 64.6)}{174.6 - 64.6 + 0.5 \times 181}\text{mm}$$

$$= \frac{42593.72}{200.5}\text{mm} \approx 213\text{mm}$$

7. 毛坯半径

$$H_b = 0.5d_0 = 0.5 \times 181\text{mm} = 90.5\text{mm}$$

$$R_a = \frac{0.25(L^2 + K^2) - LR_b}{K - 2R_b} = \frac{0.25 \times (291^2 + 213^2) - 291 \times 90.5}{213 - 2 \times 90.5}\text{mm}$$

$$= 193\text{mm}$$

8. 工序比例系数

$$X_1 = \frac{K - B}{L - A} = \frac{213 - 64.6}{291 - 174.6} = 1.3$$

9. 初步估算拉深次数

根据 $t/B = 0.94$ 及 $H/B = 1.31$ 查表5-15可知，拉深次数 $n = 3$；下面从倒数第二道（即 $n - 1$ 道）拉深工序起反推出各工序的半成品形状及其尺寸。

10. $n - 1$ 道工序的壁间距

$$b_n = 8t = 8 \times 0.6\text{mm} = 4.8\text{mm}$$

$$a_n = x_1 b_n = 1.3 \times 4.8\text{mm} = 6.24\text{mm}$$

11. $n - 1$ 道工序的角间距（包括料厚 t）

$$\chi = \frac{1 - m_n}{m_n} r = \frac{1 - 0.81}{0.81} \times 6\text{mm} = 1.4\text{mm}(m_n \text{ 可查表5-4})$$

12. $n - 1$ 道工序的圆弧半径（A、B、R 均用内径计算）

$$R_{bn-1} = \frac{B^2}{8b_n} + \frac{b_n}{2} = \left(\frac{64^2}{8 \times 4.8} + \frac{4.8}{2}\right)\text{mm} = 109\text{mm}$$

$$R_{an-1} = \frac{A^2}{8a_n} + \frac{a_n}{2} = \left(\frac{174^2}{8 \times 6.24} + \frac{6.24}{2}\right)\text{mm} = 609.6\text{mm}$$

R_{yn-1} 由作图法求出为11mm。

13. $n - 1$ 道工序的拉深尺寸

长度　$A_{n-1} = A + 2b_n = (174 + 2 \times 4.8)\text{mm} = 183.6\text{mm}$

宽度　$B_{n-1} = B + 2a_n = (64 + 2 \times 6.24)\text{mm} = 76.5\text{mm}$

高度　$H_{n-1} = 0.88H = 0.88 \times 88.7\text{mm} = 78\text{mm}$

14. $n-2$ 道工序的壁间距

$$b_{n-1}=(9\sim10)t=9\times0.6\text{mm}=5.4\text{mm}$$

$$a_{n-1}=X_1b_{n-1}=1.3\times5.4\text{mm}=7\text{mm}$$

15. $n-2$ 道工序的角间距

$$\chi_{n-1}=\frac{1-m_{n-1}}{m_{n-1}}R_{yn-1}=\frac{1-0.79}{0.79}\times11\text{mm}=2.92\text{mm}$$

16. $n-2$ 道工序的圆弧半径

$$R_{bn-2}=R_{bn-1}+b_{n-1}=(109+5.4)\text{mm}=114.4\text{mm}$$

$$R_{an-2}=R_{an-1}+a_{n-1}=(609.6+7)\text{mm}=616.6\text{mm}$$

R_{yn-2}用作图法作出为30mm。

17. $n-2$ 道工序的拉深尺寸

长度 $A_{n-2}=A+2(b_n+b_{n-1})=[174+2\times(4.8+5.4)]\text{mm}=194.4\text{mm}$

宽度 $B_{n-2}=B+2(a_n+a_{n-1})=[64+2\times(6.24+7)]\text{mm}=90.5\text{mm}$

高度 $H_{n-2}=0.86H_{n-1}=0.86\times78\text{mm}=67.1\text{mm}$

18. 核算 $n-2$ 道工序能否由毛坯直接拉成

$$m_1=\frac{R_{yn-2}}{R_b-0.707C_b}=\frac{30}{90.5-0.707\times23}$$

$$=0.404<[m_1]=0.58$$

式中 C_b——R_{yn-2}的中心距（表5-22），由作图法求得。

原估计 $n=3$，经计算推出尚需增加一道拉深工序，所以 $n=4$。

19. $n-3$（即第一次拉深）道工序的圆弧半径及拉深系数

$$R_{bn-3}=R_{b1}=\frac{R_{yn-2}}{m_{n-2}}+0.707C_b=\left(\frac{30}{0.79}+0.707\times23\right)\text{mm}$$

$$=54.2\text{mm}$$

$$m_1=\frac{R_{b1}}{R_b}=\frac{54.2}{90.5}=0.599>[m_1]=0.58$$

说明 $n-3$ 次能直接由毛坯拉深而成，因为 $m_1>[m_1]$，所以改取 $m_1=0.59$。

$$R_{b1}=m_1R_1=0.59\times90.5\text{mm}=53.4\text{mm}$$

20. $n-3$ 道工序的壁间距

$$b_{n-2}=R_{bn-3}-\left(b_n+b_{n-1}+\frac{B}{2}\right)=[53.4-(4.8+5.4+32)]\text{mm}$$

$$=11.2\text{mm}$$

$$a_{n-2}=Xb_{n-2}=1.3\times11.2\text{mm}=14.6\text{mm}$$

21. $n-3$ 道工序的拉深尺寸

长度 $A_{n-3}=A_1=A+2(b_n+b_{n-1}+b_{n-2})$

$=[174+2\times(4.8+5.4+11.2)]\text{mm}$

$=216.8\text{mm}$

宽度 $B_{n-3}=B_1=B+2(a_n+a_{n-1}+a_{n-2})$

$=[64+2\times(6.24+7+14.6)]\text{mm}$

$= 119.7\text{mm}$

圆弧半径　$R_{a1} = \dfrac{0.25(A_1^2 + B_1^2) - A_1 R_{b1}}{B_1 - 2R_{b1}}$

$= \dfrac{0.25(216.8^2 + 119.7^2) - 216.8 \times 53.4}{119.7 - 2 \times 53.4}\text{mm}$

$= 291\text{mm}$

高度　$H_{n-3} = H_1 = 0.86H_{n-2}$

$= 0.86 \times 67.1\text{mm} = 57.7\text{mm}$

22. 画出各工序图（图 5-29）

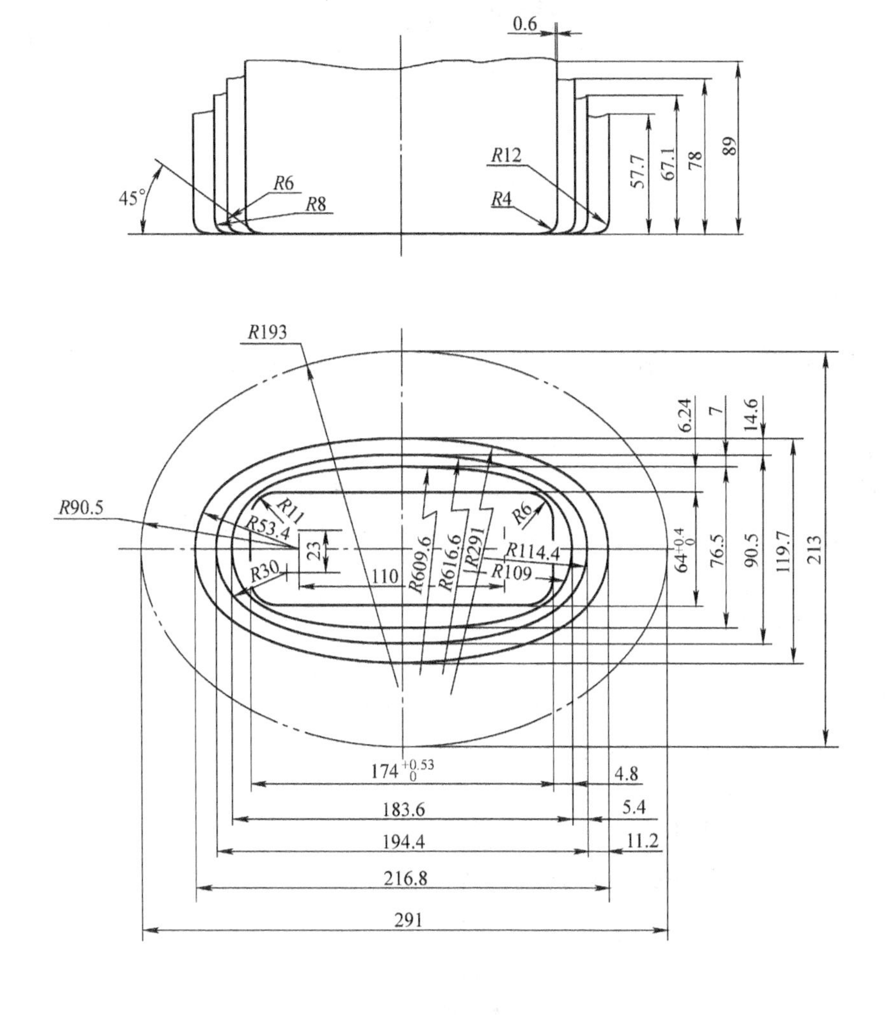

图 5-29　各工序图

例 5-4　试按 19mm×19mm×74mm 方形制件的要求，求出毛坯直径及各次半成品尺寸。（注：计算过程略）

解　各工序简图如图 5-30 方形件各工序图所示。

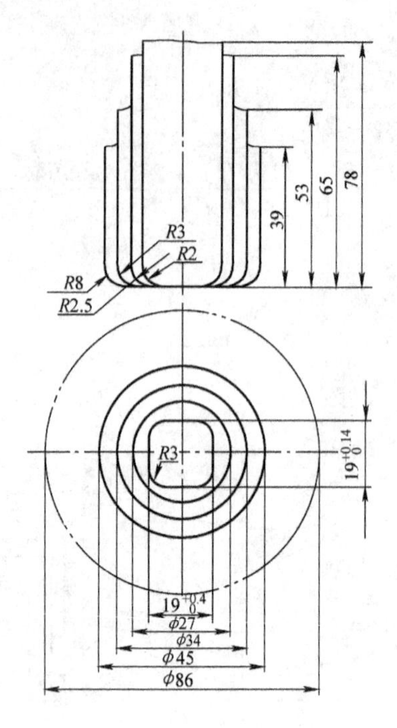

图 5-30　方形件各工序图

第五节　拉深力、压边力的计算及压力机的选用

一、拉深力的计算

1. 圆筒形制件

初次拉深　$F_{max} = \pi d_1 t\sigma_b K_1$

多次拉深　$F_{max} = \pi d_n t\sigma_b K_2$

2. 椭圆筒形制件

初次拉深　$F_{max} = \pi d_{f1} t\sigma_b K_1$

多次拉深　$F_{max} = \pi d_{fn} t\sigma_b K_2$

式中　d_1——初次拉深时的凸模直径；

d_n——多次拉深时的凸模直径；

K_1、K_2——系数，见表 5-23 和表 5-24；

d_{f1}——椭圆形制件初次拉深时的凸模平均直径；

d_{fn}——椭圆形制件多次拉深时的凸模平均直径；

σ_b——材料的抗拉强度。

表 5-23　钢板系数 K_1

t/d_0 (%)	初次拉深系数 d_1/d_0									
	0.45	0.48	0.50	0.52	0.55	0.60	0.65	0.70	0.75	0.80
5.0	0.95	0.85	0.75	0.65	0.60	0.50	0.42	0.35	0.28	0.20
2.0	1.10	1.00	0.90	0.80	0.75	0.60	0.50	0.42	0.35	0.25
1.2		1.10	1.00	0.90	0.80	0.68	0.56	0.47	0.37	0.30

（续）

t/d_0（%）	初次拉深系数 d_1/d_0									
	0.45	0.48	0.50	0.52	0.55	0.60	0.65	0.70	0.75	0.80
0.8			1.10	1.00	0.90	0.75	0.60	0.50	0.40	0.33
0.5				1.10	1.00	0.82	0.67	0.55	0.46	0.36
0.2					1.10	0.90	0.75	0.60	0.50	0.40
0.1						1.10	0.90	0.75	0.60	0.50

注：当凸模圆角半径取 $r_p=4\sim6\text{mm}$ 时按上表值增大5%。

表5-24 钢板系数 K_2

t/d_0（%）	以后各次拉深系数 d_2/d_1									
	0.7	0.72	0.75	0.78	0.80	0.82	0.85	0.88	0.90	0.92
5.0	0.85	0.70	0.60	0.50	0.42	0.32	0.28	0.20	0.15	0.12
2.0	1.10	0.90	0.75	0.60	0.52	0.42	0.32	0.25	0.20	0.14
1.2		1.10	0.90	0.75	0.62	0.52	0.42	0.30	0.25	0.16
0.8			1.00	0.82	0.70	0.57	0.46	0.35	0.27	0.18
0.5			1.10	0.90	0.76	0.63	0.50	0.40	0.30	0.20
0.2				1.00	0.85	0.70	0.56	0.44	0.33	0.23
0.1				1.10	1.00	0.82	0.68	0.55	0.40	0.30

注：1. 凸模圆角半径小时，按上表值增大5%。

2. 第三次拉深后，如不进行中间退火，K_2 取上表各系列中的最大值。

3. 带突缘筒形制件

初次拉深

$$F_{max} = \pi d_p t \sigma_b K_t$$

式中 K_t——系数，见表5-25。

表5-25 软钢板的 K_t（$\sigma_b=320\sim450\text{MPa}$）

t/d_p	拉 深 系 数 d_p/d_0										
	0.35	0.38	0.40	0.42	0.45	0.50	0.55	0.60	0.65	0.70	0.75
3.0	1.0	0.9	0.83	0.75	0.68	0.56	0.45	0.37	0.30	0.23	0.18
2.8	1.1	1.0	0.90	0.83	0.75	0.62	0.50	0.42	0.34	0.26	0.20
2.5		1.1	1.0	0.90	0.82	0.70	0.56	0.46	0.37	0.30	0.22
2.2			1.1	1.0	0.90	0.77	0.64	0.52	0.42	0.33	0.25
2.0				1.1	1.0	0.85	0.70	0.58	0.47	0.37	0.28
1.8					1.1	0.95	0.80	0.65	0.53	0.43	0.33
1.5						1.1	0.90	0.75	0.62	0.50	0.40
1.3							1.0	0.85	0.70	0.56	0.45

注：突缘部使用压边圈时，K_t 值应增大10%～20%。

4. 矩（方）形制件

根据克列茵经验公式

$$F_{max} = \sigma_b t(2\pi r C_1 + LC_2)$$

式中 r——制件口部的圆角半径；

L——直边部分的全长；

C_1——与拉深深度有关的系数，当 $h=(5\sim6)r$ 时，$C_1=0.2$，当 $h>6r$ 时，$C_1=0.5$；

C_2——与拉深方式有关的系数，当无压边圈并有较大圆角时，$C_2=0.2$，当有压边圈压边时，$C_2=0.3$。

二、压边力的计算

拉深时压边力必须适当。压边力过大会引起拉深力的增加；压边力过小则会造成制件直壁或突缘起皱。具体计算公式见表5-26。

表5-26 拉深时压边力的计算

拉深状况	计算公式
任何形状的拉深制件	$F_{压}=Ap$
筒形件第一次拉深	$F_{压}=\frac{\pi}{4}[d_0^2-(d_1+2r_d)^2]p$
筒形件以后各次拉深	$F_{压}=\frac{\pi}{4}[d_{n-1}^2-(d_n+2r_d)^2]p$

注：A——压边圈内的毛坯面积（m^2）。

p——单位压边力（Pa），可查表5-27。

表5-27 单位压边力 p （单位：MPa）

材料	p	材料	p
软质碳钢 $t<0.5$mm	2.5~3.0	黄铜	1.1~2.1
软质碳钢 $t>0.5$mm	2.0~2.5	不锈钢	3.0~4.5
铝	0.3~0.7	青铜	2.0~2.5
铜	0.8~1.4	铝合金	1.4~7.0

注：带突缘筒形制件拉深，在无突缘筒形制件计算的 $F_{压}$ 值上，增加20%~30%。

三、压力机的选择

选用单动压力机时，压力机吨位应等于计算的 F_{max} 加上压边力 $F_{压}$，即

$$F_{总}=F_{max}+F_{压}$$

选用双动压力机时比较简单，拉深滑块和压边滑块分别与 F_{max} 和 $F_{压}$ 相对应即可。

选取通用压力机进行拉深时，特别是对深拉深制件，一定要使工艺压力曲线低于压力机滑块许用负荷曲线，否则易使压力机超载而损坏。如果无法得到拉深工艺曲线，则按下式选择设备

浅拉深时 $$F_{压机}\geqslant(1.6\sim1.8)F_{总}$$

深拉深时 $$F_{压机}\geqslant(1.8\sim2)F_{总}$$

式中 $F_{压机}$——压力机公称压力。

第六节 拉深模工作部分尺寸的计算

拉深模工作部分的凸、凹模圆角半径的确定已如前述。本节主要介绍拉深模间隙值和凸、凹模工作部分尺寸的计算。

一、拉深间隙

确定拉深间隙时，必须考虑到材质、材料厚度、制件的尺寸精度、表面粗糙度以及模具寿命等因素。拉深普通圆筒形制件时，一般间隙以取（1.05~1.20）t 为宜。圆筒形制件拉深时的间隙值见表5-28。

确定矩（方）形制件拉深间隙时，虽然直边部分与转角部分的间隙必须改变，但实际生产中转角部的间隙，多趋于全周光滑连接。表 5-29 所列矩（方）形件拉深间隙值可供设计时参考。

表 5-28　圆筒形制件拉深间隙值

拉深条件	单边间隙
无压边圈的拉深（浅拉深）	$(1.0 \sim 1.05)t$
有压边圈的初次拉深	$(1.05 \sim 1.15)t$
以后各次拉深	$(1.10 \sim 1.20)t$
校正拉深	$(1.05 \sim 1.10)t$
侧壁均匀的变薄拉深	$(0.9 \sim 1.0)t$

表 5-29　矩（方）形制件拉深间隙值

拉深条件	单边间隙
初次拉深	$(1.1 \sim 1.35)t$
以后各次拉深	$(1.2 \sim 1.4)t$
校正拉深	$(0.9 \sim 1.1)t$

二、凸、凹模工作尺寸的计算

计算凸、凹模工作部分尺寸时，对拉深制件有关尺寸的公差，只在最后一道拉深工序时予以考虑。计算原则与冲裁及弯曲工艺相同，主要考虑模具的磨损及制件的回弹。根据拉深制件尺寸（外形或内孔）的要求，具体计算见表 5-30。圆形拉深凸、凹模的制造公差见表 5-31，一般均按 IT10 级制造。

表 5-30　拉深模工作部分尺寸计算

尺寸标注方法	凹模尺寸（D_d）	凸模尺寸（d_p）
$d_{-\Delta}^{\ 0}$	$D_d = (d - 0.75\Delta)_{\ 0}^{+\delta_d}$	$d_p = (d - 0.75\Delta - 2Z)_{-\delta_p}^{\ 0}$
$D_{\ 0}^{+\Delta}$	$D_d = (D + 0.4\Delta + 2Z)_{\ 0}^{+\delta_d}$	$d_p = (D + 0.4\Delta)_{-\delta_p}^{\ 0}$

表 5-31　圆形拉深模凸、凹模制造公差　　　　（单位：mm）

材料厚度 t /mm	制件公称直径							
	≤10		10～50		50～200		200～500	
	δ_d	δ_p	δ_d	δ_p	δ_d	δ_p	δ_d	δ_p
0.25	0.015	0.010	0.02	0.010	0.03	0.015	0.03	0.015
0.35	0.020	0.010	0.03	0.020	0.04	0.020	0.04	0.025
0.50	0.030	0.015	0.04	0.030	0.05	0.030	0.05	0.035

（续）

材料厚度 t /mm	制件公称直径							
	≤10		10 ~ 50		50 ~ 200		200 ~ 500	
	δ_d	δ_p	δ_d	δ_p	δ_d	δ_p	δ_d	δ_p
0.80	0.040	0.025	0.06	0.035	0.06	0.040	0.06	0.040
1.00	0.045	0.030	0.07	0.040	0.08	0.050	0.08	0.060
1.20	0.055	0.040	0.08	0.050	0.09	0.060	0.10	0.070
1.50	0.065	0.050	0.09	0.060	0.10	0.070	0.12	0.080
2.00	0.080	0.055	0.11	0.070	0.12	0.080	0.14	0.090
2.50	0.095	0.060	0.13	0.085	0.15	0.100	0.17	0.120
3.50	—	—	0.15	0.100	0.18	0.120	0.20	0.140

注：1. 表列数值用于未精压的薄钢板。
2. 如用精压钢板，则凸模及凹模的制造公差，等于表列数值的 20% ~25%。
3. 如用非铁金属，则凸模及凹模的制造公差，等于表列数值的 50%。

第七节　常用拉深模具结构简介

拉深模具的设计具有工艺计算复杂、模具结构简单的特点。按其工序顺序来分，可分为首次拉深模和以后各工序拉深模，它们之间的本质区别是在压边圈的结构和定位方式上的差异。按其使用的冲压设备的不同又可分为单动压力机用的拉深模和双动压力机用的拉深模。它们的本质区别在于压边装置不同（弹性压边和刚性压边）。按其模具结构来分，又可分为单工序拉深模、复合拉深模和级进式拉深模。总之，分类的方法很多，没有必要一一去叙述。下面介绍几种实用而又常见的典型拉深模结构。

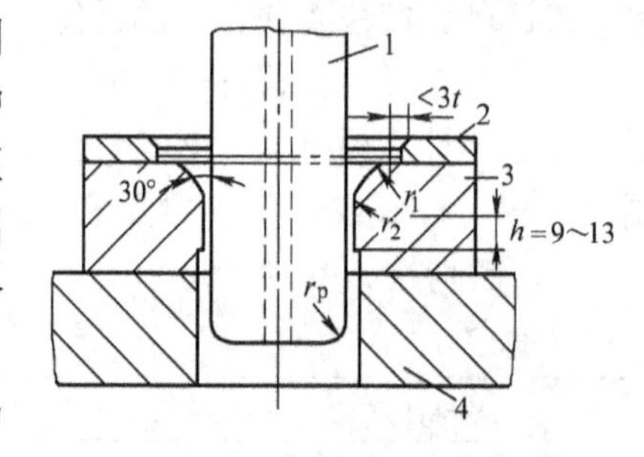

图 5-31　无压边装置首次拉深模
1—凸模　2—定位板　3—凹模　4—下模座

一、首次拉深模

1. 无压边装置的首次拉深模

如图 5-31 所示，此模具属于拉深模的基本形式，常用于材料相对厚度较大，$t/d_0 \geqslant 0.03(1-m)$ 的场合。

此模具在结构设计上有以下三大特征：

1）凹模孔口做成 30°锥面的过渡形式，目的在于使凹模圆角半径造成的摩擦阻力和弯曲变形阻力都减少到很低程度；另外，凹模锥面对毛坯变形区的作用力也有助于使它产生切向压缩变形。这样可以降低拉深力，因此可用很小的拉深系数。

2）为了防止烧伤，凹模垂直壁高度 h 要限制在最小限度内，普通拉深为 9 ~ 13mm，精拉深为 6 ~ 10mm，并倾向于采用小间隙。

3）结构简单，成本低。

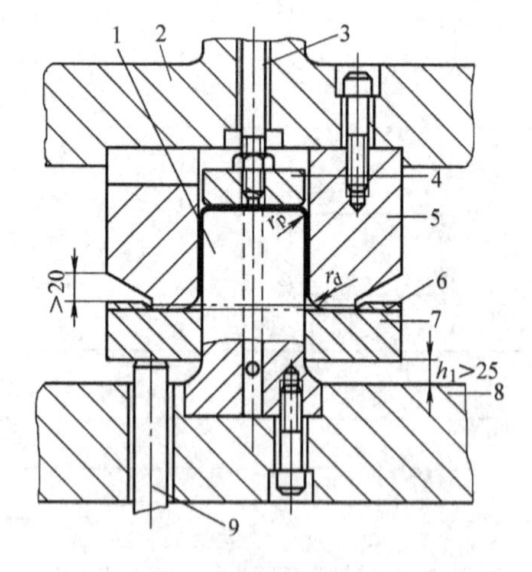

图 5-32　有压边装置的首次拉深模
1—凸模　2—上模座　3—打杆　4—推件块　5—凹模　6—定位板　7—压边圈　8—下模座　9—托杆

2. 具有弹性压边装置的首次拉深模

如图 5-32 所示，这是最广泛采用的结构形式。弹性压边装置分为上压边和下压边两种类型。上压边的特征是由于上模空间位置受到限制，不可能使用很大的弹簧或橡胶，因此上压边装置的压边力小；相反，下压边装置的压边力就大。所以，对于材料较薄、拉深深度又深、容易起皱的中、大型制件，其拉深模具常用下压边装置。

从以上两种首次拉深模来看，拉深模的凸模上都开有排气孔，目的是防止制件变形（歪扭）、粘膜拉裂。排气孔直径视拉深件大小而定（见表 5-32）。

表 5-32　拉深凸模排气孔直径　（单位：mm）

凸模直径	排气孔直径
<25	3.0
25 ~ 50	3.0 ~ 5.0
50 ~ 100	5.5 ~ 6.5
100 ~ 200	7.0 ~ 8.0
>200	>8.5

注：高速时孔径必须增大。

二、以后各工序拉深模

此类模具拉深的毛坯为半成品筒形制件，其定位与首次拉深模是完全不同的。以后各工序拉深模的定位方法常用的有三种，第一种采用特定的定位板；第二种是凹模上加工出供半成品定位的凹窝；第三种是利用半成品内孔用凸模外形来定位。

1. 无压边装置的以后各工序拉深模

如图 5-33 所示，此模无压边圈，结构简单，成本低，但不能完成严格的多次拉深，仅适合直径缩小较少的拉深、整形，以及侧壁料厚要求一致或要求尺寸精度高的场合。为了防止烧伤，凹模垂直壁 h 也必须采用最小限度，对普通拉深，常取 9 ~ 13mm。

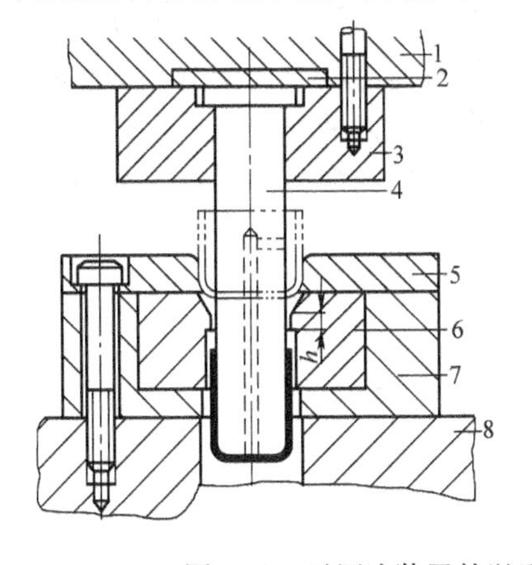

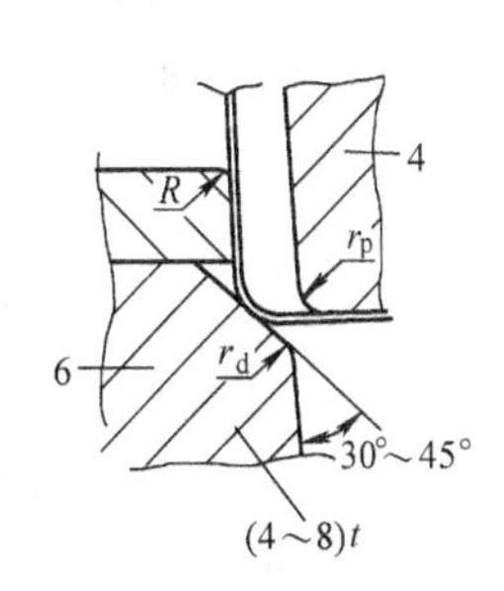

图 5-33　无压边装置的以后各工序拉深模

1—上模座　2—垫板　3—凸模固定板　4—凸模　5—定位板　6—凹模　7—凹模固定板　8—下模座

2. 带压边装置的以后各工序拉深模

如图 5-34 所示，此结构是广泛采用的形式。拉深时常用定位销定位。批量生产时，凹模入口处可镶硬质合金材料。

3. 双动压力机上使用的初次拉深模

如图 5-35 所示，双动压力机上有两个滑块，凸模 1 与拉深滑块相连接，而上模座 2（上模座上装有压边圈 3）与压边滑块相连。此模具因装有刚性压边装置，所以模具结构显得很简单，制造周期短，成本也低，但压力机设备投资较高。

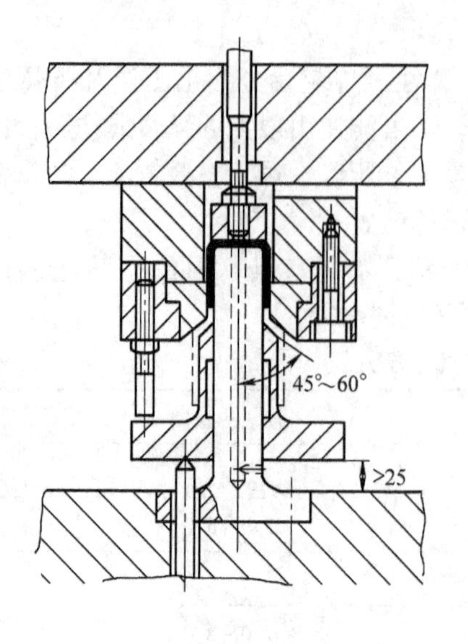

图 5-34　带压边装置的以后各工序拉深模

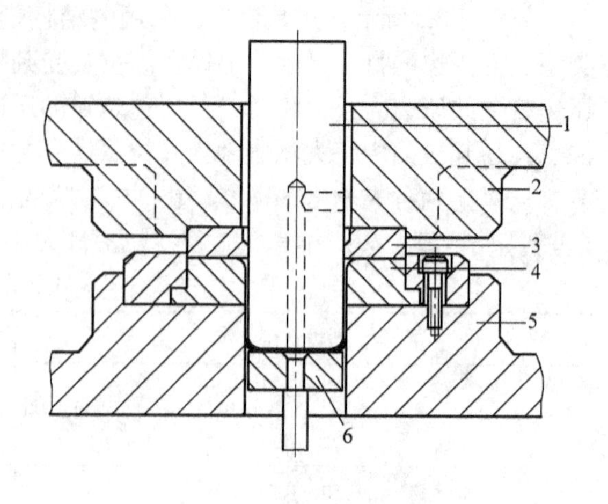

图 5-35　双动压力机上使用的初次拉深模
1—凸模　2—上模座　3—压边圈
4—凹模　5—下模座　6—顶件块

第八节　拉深润滑

拉深润滑是拉深工艺中的一个重要内容。润滑可以减少材料与压边圈及模具之间的摩擦因素，降低拉深力，提高模具寿命。此外，润滑还可提高制件表面质量，使模具工作部分散热快，并为制件从模具中取出带来方便。

拉深润滑剂的配方很多，使用极广，但无论何种润滑剂都必须满足以下 6 个方面的技术要求：

1）润滑时能引起一层强度高、能负高压的薄膜。

2）润滑剂要有很大的粘性。

3）润滑剂应能方便地从制件表面上清除。

4）润滑剂不能产生机械、化学方面对制件的损伤。

5）化学稳定性要好，不能变质，无毒及其他刺激性气体产生。

6）具有好的耐热性。

应根据拉深材料、制件复杂程度、温度及工艺特点来合理选用润滑剂。表 5-33 所列的生产中常用的拉深低碳钢用润滑剂配方可供使用时参考。

拉深时应特别注意润滑剂的使用方法，切忌涂在凸模接触的毛坯表面或凸模上，这样容易引起材料沿着凸模滑动，造成凸模圆角半径处的材料变薄或拉裂。因此，润滑剂应涂在与凹模接触的毛坯表面上（突缘处），使材料容易进入凹模。尤其对薄的材料，$t/d_0<0.3$ 时，首次拉深时则应将润滑剂涂在凹模洞口上，以保护坯件不致擦伤，切忌涂在突缘上，以免引起坯料起皱。当然除了以上应该掌握的敷涂法外，使用时还应该注意润滑剂的清洁，不能使润滑剂沾上脏物。

拉深完毕后，常用热碱槽洗涤法、电解法和汽油等对制件进行清洗。

表 5-33　拉深低碳钢用的润滑剂

简称号	润滑剂成分	质量分数（%）	附　注
5号	锭子油 鱼肝油 石　墨 油　酸 硫　磺 绿肥皂 水	43 8 15 8 5 6 15	用这种润滑剂可得到最好的效果，硫磺应以粉末状态加进去
6号	锭子油 黄　油 滑石粉 硫　磺 酒　精	40 40 11 8 1	硫磺应以粉末状态加进去
9号	锭子油 黄　油 石　墨 硫　磺 酒　精 水	20 40 20 7 1 12	将硫磺溶于温度约为160℃的锭子油内。其缺点是保存时间太久时会分层
10号	锭子油 硫化蓖麻油 鱼肝油 白垩粉 油　酸 苛性钠 水	33 1.5 1.2 45 5.6 0.7 13	润滑剂很容易去除，用于重的压制工作
2号	锭子油 黄　油 鱼肝油 白垩粉 油　酸 水	12 25 12 20.5 5.5 25	这种润滑剂比以上的略差
8号	绿肥皂 水	20 80	将肥皂溶在温度为60～70℃的水里，是很容易溶解的润滑剂，用于半球形及抛物线形工件的拉深中
	乳化液 白垩粉 焙烧苏打 水	37 45 1.3 16.7	可溶解的润滑剂，加质量分数为3%的硫化蓖麻油后，可改善其效用

第九节　复杂形状制件的拉深工艺

一、阶梯形制件的拉深

旋转体阶梯形制件拉深时，毛坯变形区的应力状态和变形特点与圆筒形制件相同，而冲压工艺、工序次数、工序顺序的安排与圆筒形制件的差别较大。

阶梯制件（图 5-36）能否一次拉成，可用下述方法近似判断：首先求出制件的总高与最小直径之比值 h/d_n，再按前述圆筒形件拉深的相对高度（表 5-6）查得是否一次能拉成。或者采用简单的计算方法核实，阶梯圆筒形制件的相对厚度较大时，即 $t/D_0>0.1$，而阶梯间的直径差和高度较小时，则可一次拉深成形，即

$$\frac{h_1+h_2+\cdots+h_n}{d_n}\leqslant\frac{h}{d_n}$$

式中　h_1、…、h_n 如图 5-36 所示；

　　h——直径为 d_n 的圆筒形制件一次拉深可能获得的最大高度。

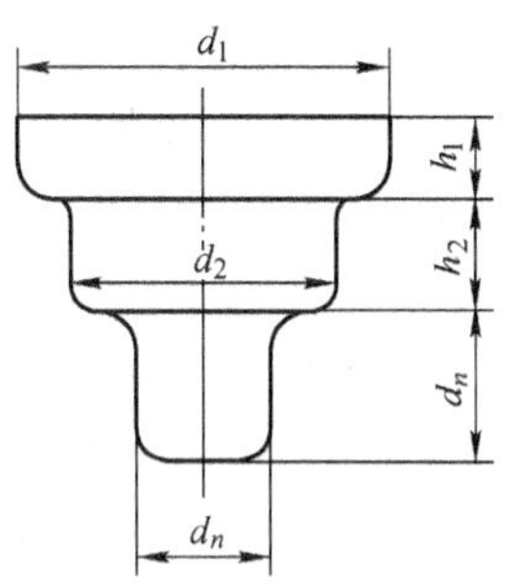

图 5-36　阶梯圆筒件

需多次拉深时，其一般的方法有两种：

1）当任意两相邻阶梯直径的比值 d_n/d_{n-1} 都大于或等于相应圆筒形制件的极限拉深系数时，其拉深采用由大阶梯到小阶梯的方法依次拉出，如图 5-37 所示，其拉深次数等于阶梯数。

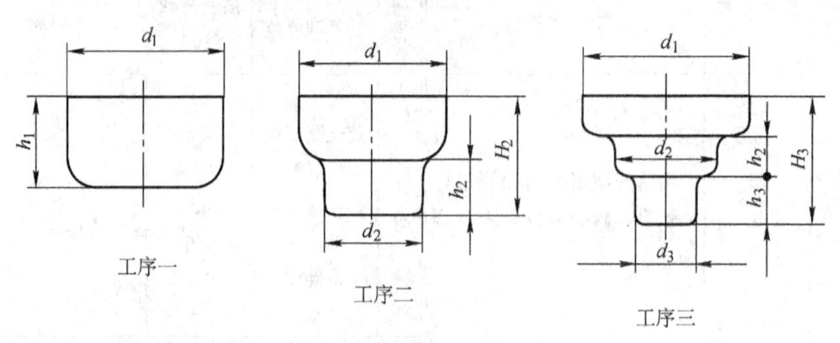

图 5-37　阶梯形制件的拉深方法之一

2）当相邻阶梯直径比值 d_n/d_{n-1} 小于相应圆筒形制件的极限拉深系数时，则由直径 d_{n-1} 到 d_n 的拉深，按带突缘筒形制件拉深方法计算。如图 5-38 所示，由于 d_2/d_1 小于相应圆筒形制件的极限拉深系数，故用前三次拉深拉出 d_2，此时的半成品如图 5-38 中的虚线所示，是一个宽突缘制件。然后用校形工序得到制件的形状和尺寸。但应特别注意，可能在圆角及其附近产生过度的厚度变薄现象，而影响制件的质量。

二、球面形制件的拉深

在讲球面形制件拉深前，首先要对这一类制件的变形机理进行了解，这样在今后的工作中才能顺利地解决实际的生产技术问题。这一类复杂曲面形状制件的拉深，实际包括球面制件、锥形制件、抛物线制件及汽车覆盖件等。对于这类制件就不能像圆筒形制件那样简单地用拉深系数去衡量和判断成形的难易程度，也不能用来作模具设计和工艺过程设计的依据。为了说明曲面拉深的各种问题，首先对球形制件的拉深变形进行分析。通过这样分析得到的知识，也适用于其他类型的曲面制件拉深，在实际生产中很有实用价值。

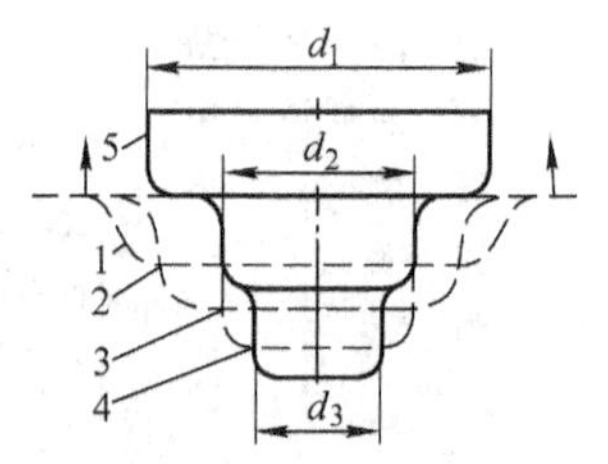

图 5-38　阶梯形制件拉深方法之二

如图 5-39 所示，圆筒形制件拉深时毛坯的变形区仅局限在压边圈下的突缘部分（图上 $A—B$ 的环形部分）。而球形制件成形时，为了使平面形状的毛坯变成球面形状的制件，不仅毛坯突缘部分产生变形，而且还要求毛坯的中间部分即 $O—B$ 处的圆形部分也成为变形区，由平面变成曲面。所以在曲面形状制件拉深时，毛坯的突缘部分与中间部分的材料均属于变形区，而且在很多情况下，中间部分反而是主变形区。毛坯突缘部分的应力状态与圆筒形制件拉深相同，而中间部分的材料受力变形就比较复杂了。在凸模行程向下时，由于凸模力的作用，使位于凸模顶点 O 附近的材料处于双向受拉的应力状态，如图 5-39 所示，切向拉应力 σ_θ 的数值，随着与顶点 O 的距离加大而减小，超过一定界限后，变成压应力。

变形前平板毛坯上有一点 D，在成形后应与凸模的表面贴合并占据 D_1 点的位置。如果毛坯厚度不变，成形前后毛坯面积相等，D 点应该与 D_1 点贴合。因为 $d_1 < D$，所以此时 D 点材料必定产生切向压缩变形，而这种变形性质与圆筒形制件拉深时突缘变形区的变形特点（一向受拉和另一向受压的特点）恰好相同。我们把它称作曲面制件的第一种成形机理，即

拉深变形。由于成形的初始阶段曲面凸模与毛坯的接触面积很小，在毛坯内实现第一种成形机理所必需的径向拉应力 σ_r，已经使毛坯中心附近的材料在两向拉应力作用下产生厚度变薄的胀形现象，并使这部分材料与凸模的顶端靠紧贴模。由于材料变薄必定使毛坯表面积增大，于是 D 点的贴模位置从 D_1 外移到 D_2，其直径 $d_2 > d_1$。当毛坯中心部分胀形变形足够大时，可以使 D 点金属材料本身完全不产生切向压缩变形的情况下与 D_3 点贴模，这时 D 点的贴模完全是由于毛坯中间部分（D 点以内的部分）胀形的结果。这现象称为曲面制件变形的第二种成形机理，即胀形。由此可以得出重要的结论：曲面制件的成形，实际上是拉深与胀形两种变形方式的复合。如图 5-40 所示为曲面制件拉深后的变形参数。括号内的参数为径向变形，括号前的参数为切向变形。其中图 5-40a 上的第 5 点与图 5-40b 上的第 4 点在成形前后直径尺寸没有变化。因此可以此为分界线，以上部分为拉深变形，以下部分为胀形变形。由于制件形状和所用的模具不同，胀形区的大小和在整个变形区中所占的比例大小也有较大的差别。因此改变模具的形状或改变制件的形状与尺寸都能对胀形比例起到控制作用。为了防止曲面制件拉深时毛坯的中间部分起皱（内皱），一般采用加大毛坯直径、加大压边力和采用拉深筋形式的模具等方法。以上三种方法的共同特点都是通过增大毛坯突缘部分的变形阻力和摩擦阻力，来提高径向拉应力参数，从而增大毛坯中间部分的胀形成分。

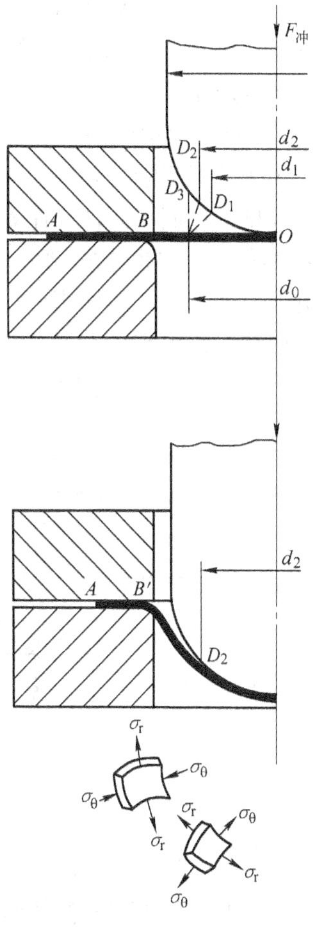

图 5-39　曲面制件拉深时的应力与变形

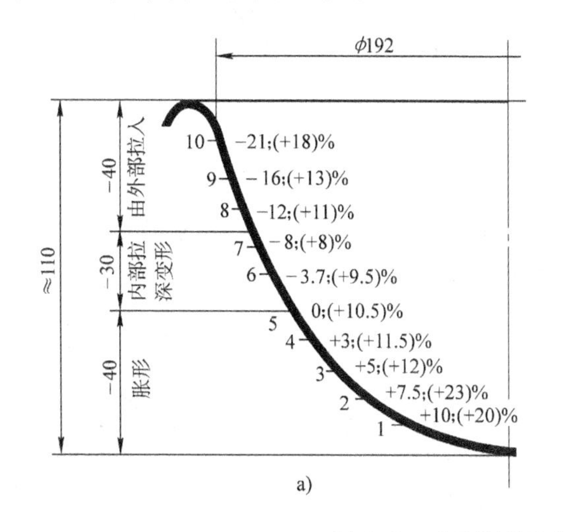

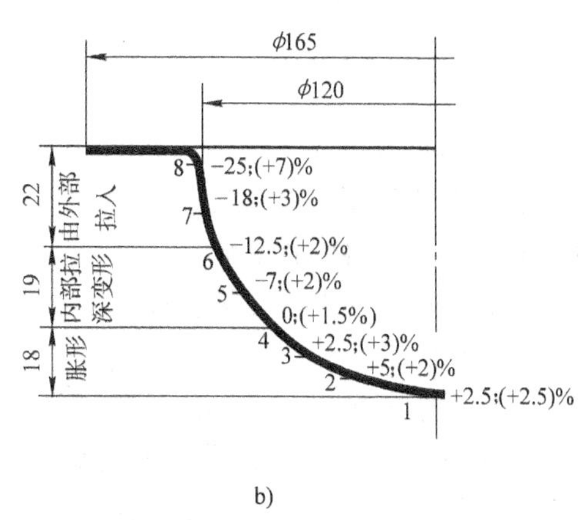

图 5-40　曲面制件拉深后实测的变形参数

a）汽车灯罩（抛物面）：材料 08，料厚 0.8mm，$D_0=\phi280$mm

b）电动喇叭罩（半球）：材料 08，料厚 0.8mm，$D_0=\phi199$mm

由于制件的形状和尺寸不同，生活中所用拉深筋的形式较多。如图 5-41 所示为曲面制件成形时常用的一种拉深筋，当成形制件的厚度为 0.5～1.5mm 时，其尺寸参见表 5-34，设计时拉深圆角半径一般取小值，以便在试模调整时根据实际情况逐渐修装加大。

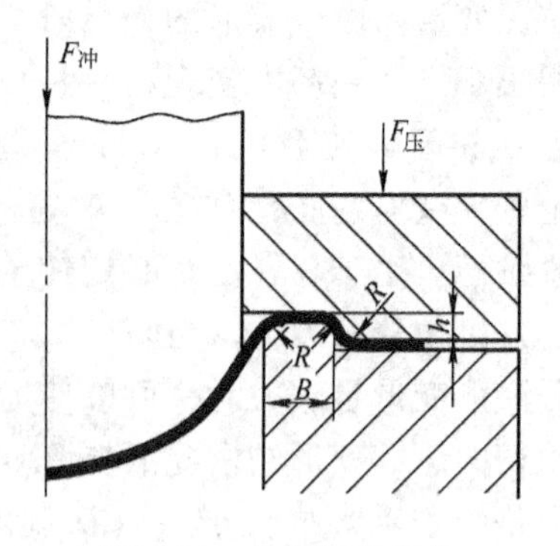

图 5-41　拉深筋的结构

常见的球面形制件如图 5-42 所示，它们的拉深方法和所用的模具结构也不相同。从突缘到毛坯中心，切向应力 σ_θ 由压应力逐渐变为拉应力，这正反映了球面制件拉深变形的特点，即由突缘区的拉深变形逐步过渡到毛坯中心的胀形。由于球面制件拉深时自由表面区很大，容易失稳起皱（内皱）。

表 5-34　拉深筋参数尺寸　　（单位：mm）

h	B	R
8	10～15	2～5

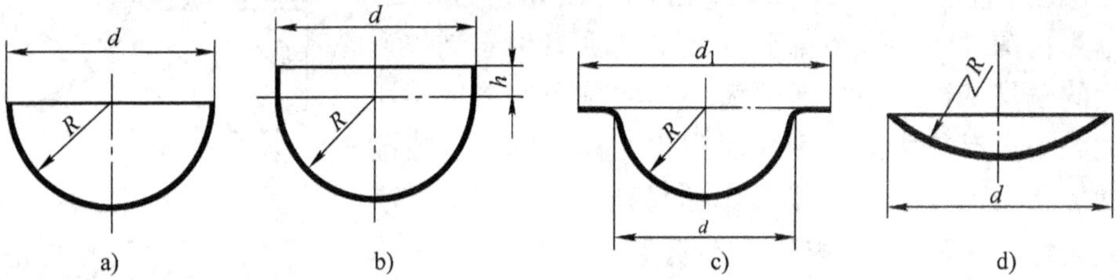

a)　b)　c)　d)

图 5-42　各种球面形制件

而球形底部为两向拉伸而变薄，当材料与凸模表面间的摩擦因数较小时，底部可能产生破裂。当毛坯与凸模接触面间的摩擦因数较大时，再加上毛坯中心部变形产生的加工硬化，均能阻止材料变薄，使危险断面离球顶最薄处可能出现在 1/3～1/4 凸模半径处。

如图 5-42a 所示是半球形制件，其拉深系数是与制件直径大小无关的常数 $m=0.71$。

$$m = \frac{d}{D_0} = \frac{d}{\sqrt{2}d} = 0.71 = 常数$$

所以在这种情况下不能用拉深系数来作工艺设计过程的根据。由于球面制件拉深时主要的困难在于毛坯的中间部分起皱，因此材料的相对厚度 t/D_0（%）就成为决定成形难易和选定拉深方法的主要依据。

1. $t/D_0>3\%$ 时

材料相对厚度较大，可以用不带压边圈的简单模具一次拉成，如图 5-43 所示。但需注意两点：第一，要采用带球形底的凹模；第二，冲压终了要进行一定程度的精压校形处理。这方法冲压的制件表面质量不高，因为毛坯贴模不好而使几何形状和尺寸精度均受影响。

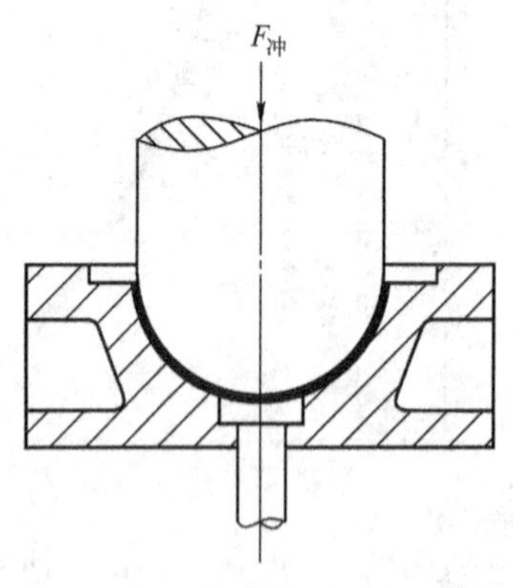

图 5-43　不带压边装置的球形制件拉深模

2. $t/D_0<3\%$ 时

材料相对厚度较小，所以要采用压边装置。压边除了防止突缘部分起皱外，同时使径向拉应力增大，增大胀形成分，以防止毛坯中间部分起皱。其结构如图 5-44 所示，此时压边力由气垫或弹簧垫提供。气垫的作用力在拉深过程中随着滑块的下行将升高 5% ~10%，弹簧力升高更大，可能超过 30%甚至 50%。这种随滑块下行而压力增大的现象，对球形制件拉深是有利的，因为随毛坯突缘减小而使拉应力下降时，弹簧力增大能起一定的影响作用，对拉深后期毛坯成形和贴模是有利的。

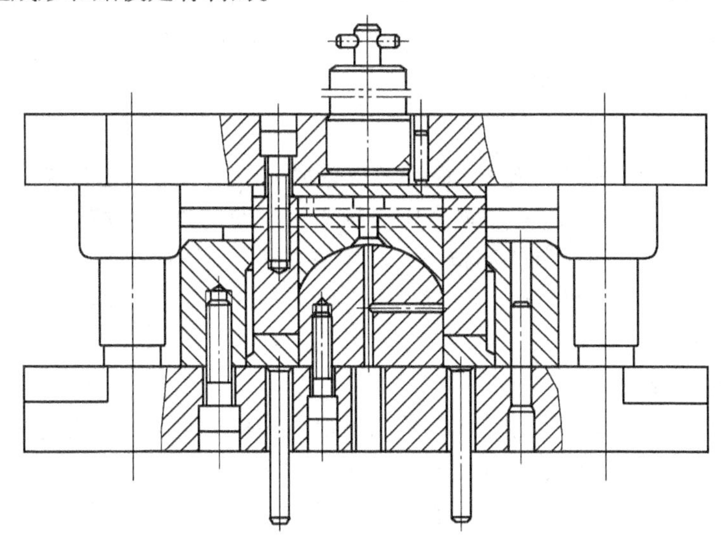

图 5-44　单动压力机上用的落料拉深复合模

当球形制件带有高度为（0.1 ~0.2）d 的直边（图 5-42b），或带有每边宽度为（0.1 ~0.5）d 的突缘边（图 5-42c）时，虽然拉深系数有一定的降低，但对制件的成形有相当的好处。所以当对不带直边和不带突缘边的半球形制件表面质量与尺寸精度要求较高时，都用加工艺余料的方法以形成突缘边，在制件成形后再将其切除。此方法在曲面制件拉深、汽车覆盖件拉深中应用极广。

当用平面压边圈时，压边力不仅要保证突缘不能起皱，还要保证中间曲面部分也不起皱。其压边力 $F_{压}$ 可按下式计算

$$F_{压} = \frac{\pi}{4}(D_0^2 - d^2)p$$

式中　D_0——毛坯直径；

d——毛坯球面直径；

p——突缘单位面积上的压力，它与板料性能、毛坯初始直径、成形结束时毛坯外径和材料相对厚度等有关。

表 5-35 中列出的 p 值，适用于厚度为 0.5 ~2mm 的低碳钢冷轧板拉深成半球形制件的情况。

表 5-35　防止毛坯内部起皱必要的初始压力 p　（单位：MPa）

D_0/d	材料相对厚度 t/D_0	
	0.006 ~0.013	0.003 ~0.006
1.5	3 ~3.5	5 ~6
1.6	1.7 ~2.2	3.5 ~4.5

（续）

$\frac{D_0}{d}$	材料相对厚度 t/D_0	
	0.006～0.013	0.003～0.006
1.7	1.0～1.5	1.5～3
1.8	1.0～1.2	0.7～1.5

注：本表中的数据是按压边部分不用润滑的条件下得到的实验结果，如果采用润滑，表中数据应提高50%～100%。

当毛坯直径 $D_0 \leqslant 9\sqrt{Rt}$时，可以用带底模具压成。这时，毛坯不会起皱，但在成形时毛坯容易窜动，且产生回弹，成形精度不高。当球面半径 R 较大，而制件的深度和厚度较小时，必须按回弹量修正模具。

当毛坯直径 $D_0 > 9\sqrt{Rt}$时，由于毛坯容易起皱因而不能采用上述方法。这时应该附加一定宽度的突缘边（工艺废料），并用强力压边圈或拉深筋的模具，增大成形中的胀形部分。工艺废料在成形后切除，这样制件回弹小，尺寸精度高，表面质量好。

采用图5-45所示的正反拉深，可以防止起皱。毛坯在环形凹模口处受拉，使底部拉应力增大，从而使 σ_θ 的作用减小，避免起皱。

三、抛物面制件的拉深

抛物面制件的拉深方法和所用模具结构与球面制件基本相似。但当抛物面制件的深度 h 较大、顶端圆角半径 R_1 较小时，如图5-46所示，其成形难度远远超过球面制件拉深。这时，为了使毛坯中间部分紧密贴模而又不起皱，必须加大成形中的胀形成分和径向拉应力。图5-47为带两个环形拉深筋，用于较深抛物面制件的拉深模。

浅抛物浅制件（$h/d < 0.5 \sim 0.6$）时，其成形过程与球面制件相似，如图5-47所示，用带有两个环状拉深筋的模具一次拉成。

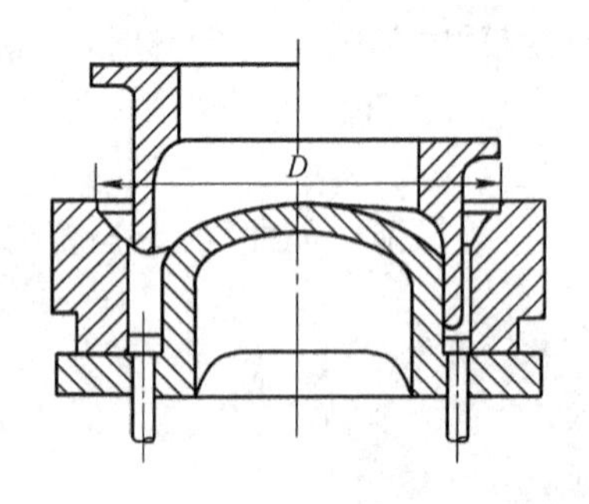

图5-45　正反拉深法

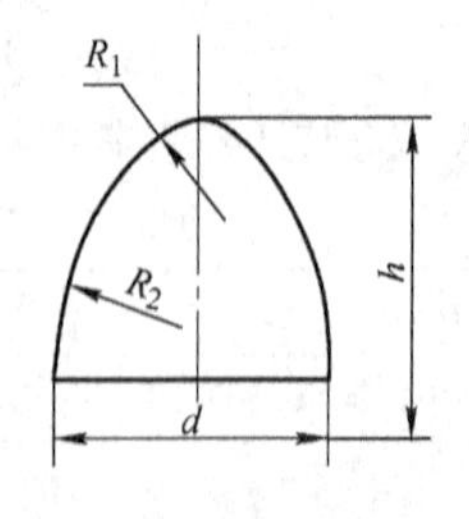

图5-46　抛物面制件

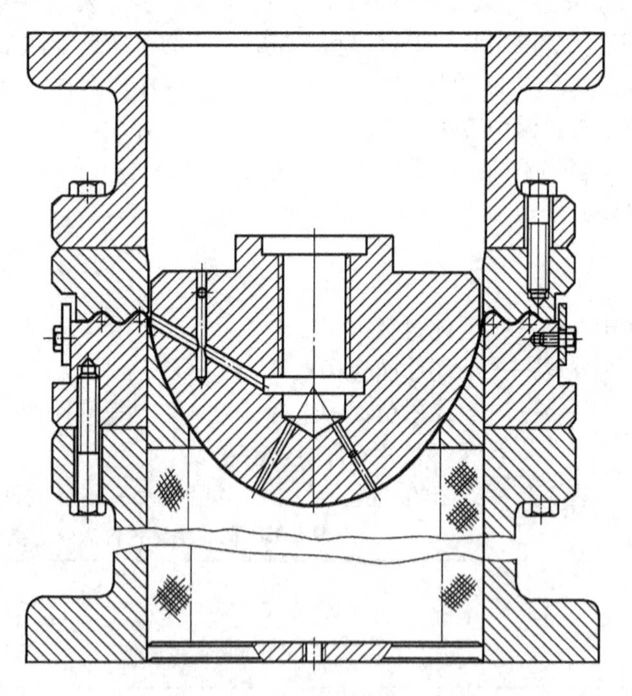

图5-47　深度较大的抛物面制件拉深模

深抛物浅制件（$h/d>0.6$）时，此类制件由于增大成形中的胀形成分和提高径向拉应力的措施受到毛坯尖顶部分承载能力的限制，需用多工序或正反拉深，以逐渐增加制件深度和减小顶部的圆角半径。为了保证成形制件的尺寸精度和表面质量，在最后一道工序中应保证有一定的胀形成分。因此应使最后一道工序所用的半成品表面积稍小于成品制件的表面积。

1. 当 $h/d=0.5\sim0.7$ 材料相对厚度较大时

由于壁部起皱可能性小，可直接逐步拉深成形，如图 5-48 所示。先使制件下部按图样尺寸拉深成形。然后，使上部接近图样尺寸，最后全部拉深而成，如图 5-48a 所示。

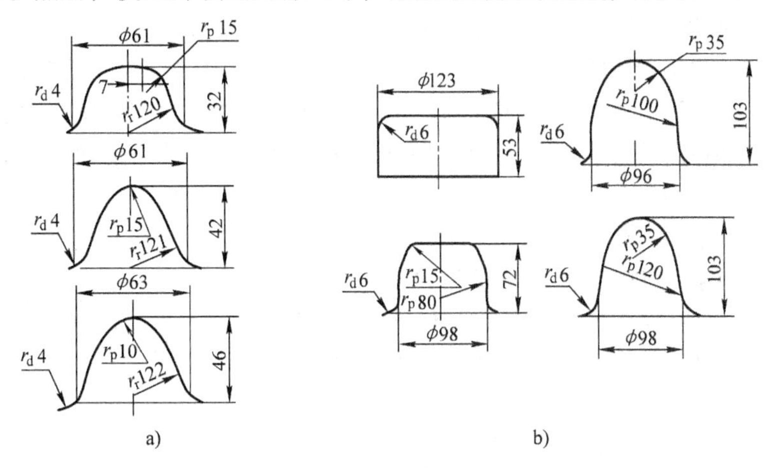

图 5-48　抛物面制件多次拉深

a）黄铜板（$t=0.8$mm，毛坯 $D_0=98$mm）　b）冷轧板（$t=0.8$mm，毛坯 $D_0=190$mm）

2. 当 $h/d=0.5\sim0.7$ 材料相对厚度较小时

先拉深成粗形，将凸模头部做成锥形或圆角为 r 的平底筒形，然后再多次拉深，使制件接近大直径，如图 5-48b 所示。

3. 当 $t/D_0<0.003$，$h/d=0.7\sim1$ 时

采用阶梯制件拉深方法，拉深成近似的阶梯圆筒形，最后胀形成形，如图 5-49a 所示。或用反拉深法，先拉深成圆筒形，然后反拉深，最后用胀形成形，如图 5-49b 所示。

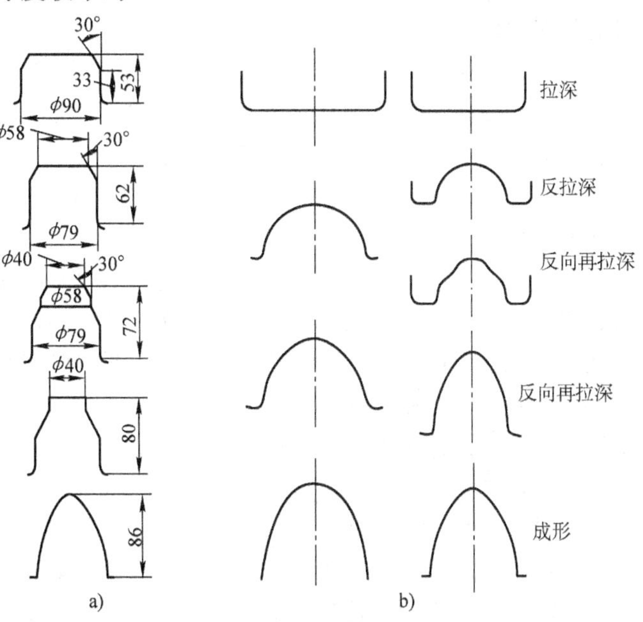

图 5-49　抛物面制件多次拉深

a）阶梯法　b）反拉深法

四、锥形制件的拉深

锥形制件的拉深与半球形制件拉深的特征是相似的，只是这类制件的拉深变形比半球形制件的拉深变形更加困难。锥形制件

拉深时，在菱形开始阶段，变形区可分为三部分，即突缘平面区（采用压边圈时）、毛坯与凹模圆角（R_d）接触区及位于凸、凹模间隙的自由表面区。由于自由表面积很大，容易造成失稳起皱和回弹。因此，在确定锥形制件的成形方法和设计其冲压工艺过程与所用模具时，应以下列几个参数为依据（图5-50）。

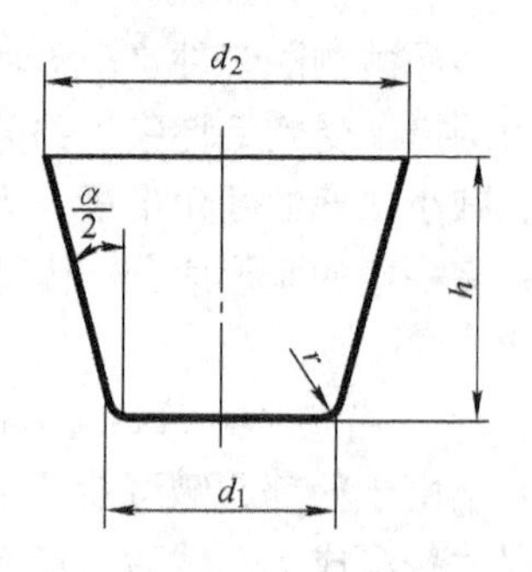

图5-50 锥形件各部分尺寸

1. 锥形制件相对高度 h/d_2

由图5-51可以看出两种不同的 h/d_2 情况的对比。假设条件相同，当锥形件高度 h_2 较大时，如不产生胀形变形，则离中心相同距离上的 B 点紧靠凸模所需的径向收缩量 $\Delta_2>\Delta_1$。因此，毛坯的自由表面区起皱的可能性也大。另一方面，锥形制件高度大时，毛坯直径也大，从而也增大了位于压边圈下突缘变形区的宽度，结果使其产生拉深变形所需的径向拉应力也增大。故当 h/d_2 较小时，可能一次冲压成功；但 h/d_2 较大时，成形的难度大，需要多次拉深。

2. 相对锥顶直径 d_1/d_2

当 d_1/d_2 较大时，即接近于圆筒形制件的拉深过程，成形比较容易。而 d_1/d_2 较小时，拉深时不仅毛坯中间部分的承载能力低，容易破裂，而且毛坯自由表面的宽度大，容易起皱。

3. 相对厚度 t/d_2

t/d_2 小时，中间部分容易起皱，需要增加工序数。现将上述因素的具体影响，综合分析如下：

1）当 $h/d_2<0.2$ 时，d_1/d_2 的影响较小，可根据 t/d_2 的值确定拉深方法。

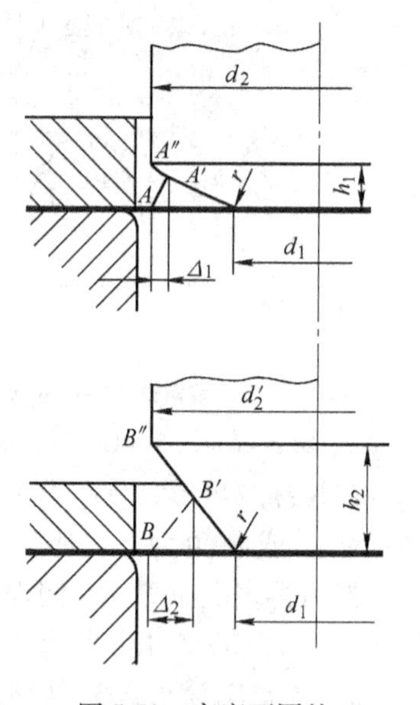

图5-51 高度不同的锥形件变形对比

① 当 $t/d_2>0.02$ 时，可以不用压边装置，用带底凹模一次拉成，但回弹比较严重，为了保证制件的尺寸精度，常需修正模具。当制件尺寸精度要求较高，或者当制件的相对厚度较小时，可采用平面压边圈或拉深筋，以增大径向拉应力和胀形成分。若锥形制件不带突缘，这时，为了冲压成形的需要，应加大毛坯尺寸（增加工艺余料），在成形结束时再将它切除。一般来说，锥形制件的胀形条件比球面制件差，变形不均匀性严重，变形主要集中在制件底部向锥面过渡的圆角 r 附近，如图5-51所示。

② 当相对厚度较大（$t/d_2>0.02$）时，若 $d_1/d_2>0.5$，且 $h/d_2<0.43$，可用带底凹模一次拉深成功，并在压力机行程终了时进行一定程度的整形。若 d_1/d_2 增大，一次拉深的高度也可相应增高。例如，$d_1/d_2=0.6\sim0.7$ 时，h/d_2 可达到0.5左右；$d_1/d_2=0.8\sim0.9$ 时，h/d_2 可达0.6或更大。

当锥形制件的相对厚度较大，而且其高度超过前述范围或同时又带有较宽的突缘边时，可以采用图5-52所示的冲压工艺方法。首先冲成圆筒形或带突缘边的筒形制件，然后用锥形凹模拉深成所要求的锥形尺寸，并在压力机行程终了时进行整形。在拉深过渡的圆筒形制件时，应使其具有便于在后续工序中成形的有利形状。锥面成形所用的模具如图5-44所示。

2）当 $h_1/d_1=0.3\sim0.5$ 时，若 $t/d_2<1.5\%\sim2\%$，且 $d_1/d_2\geqslant0.5$，一般采用两次拉深。第一次拉深成具有较大圆角半径的圆筒形或近似球面形状，然后采用胀形的整形工序得到所需的形状，如图5-53所示。第一次拉深后的毛坯尺寸，应保证胀形时的直径增大不超过5%～8%，而且第一次拉深时进入凹模孔内的毛坯面积应稍小于第二次拉深所需的面积。

当 $h/d_2=0.3\sim0.4$，且 d_1/d_2 与 r 都较大时，也可采用球面制件的成形方法，用较强的压边装置增大径向拉应力和胀形成分，一次拉深成形。

3）当 $h/d_2>0.5$，d_1/d_2 较小时，必须采用多次拉深成形方法。

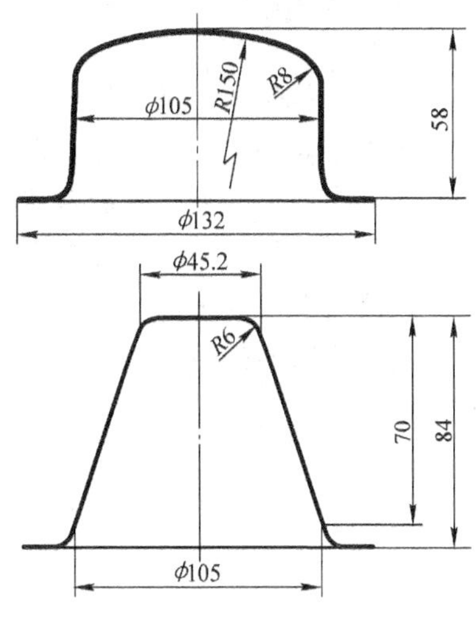

图5-52 相对厚度大的锥形件成形方法

第一种方法：如图5-54所示，先拉深成以大圆角半径过渡的阶梯形制件，然后整形成锥形制件，此方法将会在制件表面保留下阶梯形痕迹，故这种方法生产实践中很少采用。

第二种方法：如图5-55所示，为另一种逐次拉深成锥形制件的方法。每道工序中半成品的底部直径发生变化，可按圆筒形制件多工序拉深时的极限拉深系数选定。

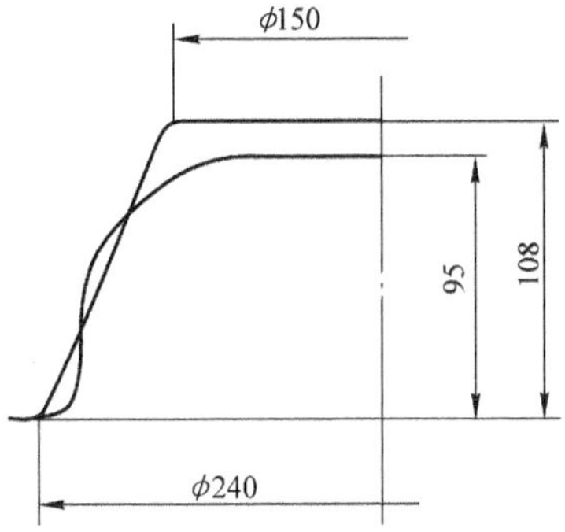

图5-53 相对厚度较小的锥形制件成形方法

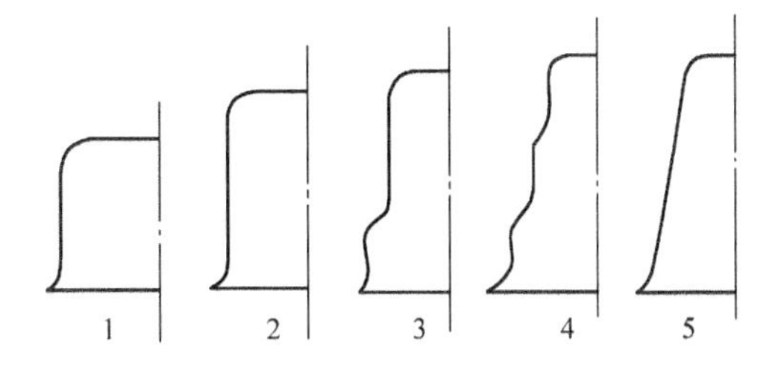

图5-54 高锥形制件的阶梯形过渡拉深方法

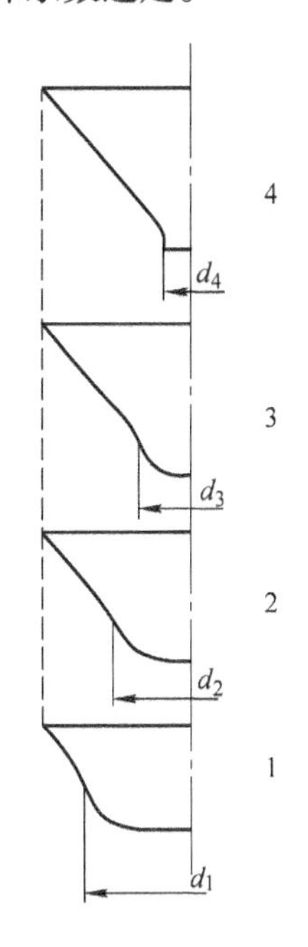

图5-55 高锥形制件的逐步成形法

思 考 题

1. 拉深的实质是什么？
2. 带突缘的拉深制件拉深时，各部分材料的应力、应变状态如何？

3. 拉深制件的两大缺陷是什么？如何从应力、应变的角度来分析、处理此缺陷？并提出处理方案。

4. 带突缘筒形件拉深与筒形件拉深的本质区别是什么？

5. 带类缘筒形件拉深方法有几种？

6. 矩（方）形件拉深的特征是什么？如何合理控制其变形？

7. 复杂异形拉深件的拉深模为什么要设置拉深筋？拉深筋的功能是什么？

8. 拉深润滑的目的是什么？如何合理使用？

9. 试计算图5-30所示方形制件的毛料尺寸及各工序的半成品尺寸（计算结果值均已在图上标出）。

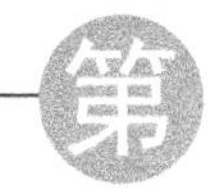

第六章 其他冲压工艺及模具

在冷冲压工艺中，除冲裁、弯曲、拉深等工序外，还有翻边、胀形、缩口、校平、整形、起伏、旋压等工序。它们的共同特点是通过局部变形来改变毛坯的形状和尺寸，因此统称为成形工序。

成形工序往往单独或和其他工序组合，用来加工某些形状复杂的冲压制件。在生产中，需要根据实际条件认真分析冲压制件和各基本工序的变形特点，合理地组合各冲压工序，生产出合格的制件。本章主要对使用较广的翻边工序进行重点分析，对其他工序只作简要介绍。

第一节 翻孔及翻边工艺

翻孔和翻边工艺在冲压生产中应用较广。它可以加工形状较为复杂、具有良好刚度而且外形美观的制件。在预先制好孔的半成品上或未经制孔的板料上冲制出竖立直边的工艺称为翻孔（图 6-1）；使毛坯的平面部分或曲面部分的边缘沿一定曲线翻起竖立直边的工艺称为翻边（图 6-2）。如果按变形的性质，翻边又可分为伸长类翻边和压缩类翻边。伸长类翻边时，模具直接作用所引起的变形是切向伸长变形（图 6-3）；压缩类翻边所引起的变形是切向压缩变形（图 6-2a）。

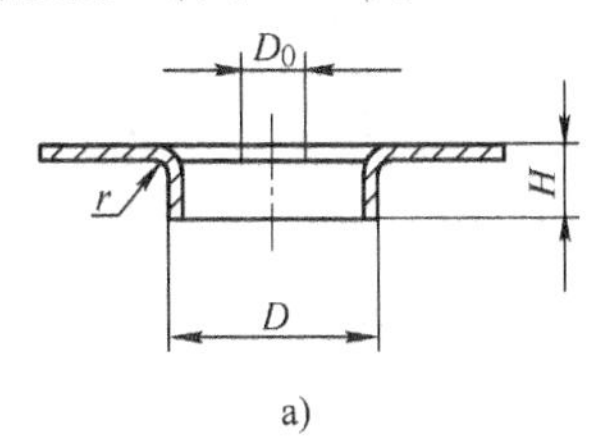

a)

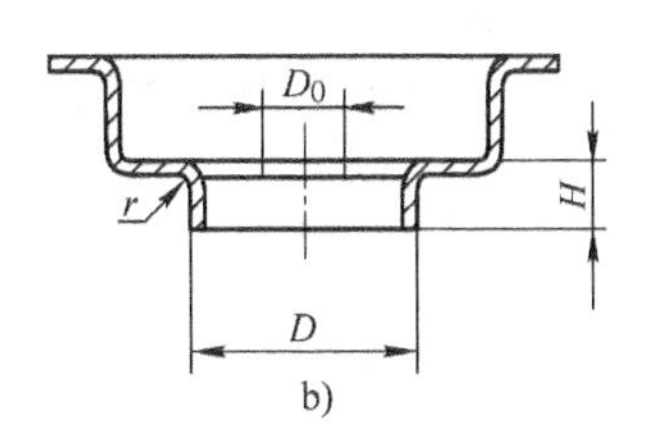

b)

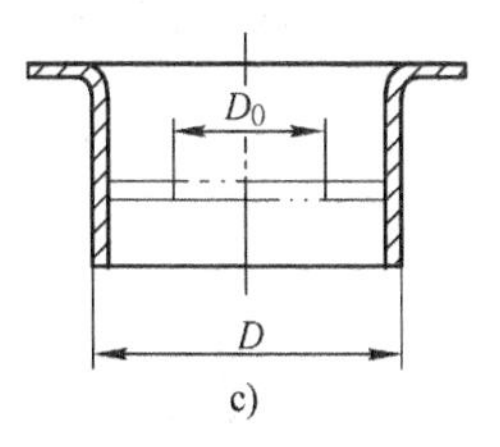

c)

图 6-1 翻孔加工的制件

一、翻孔

1. 翻孔的变形特点

在翻孔变形过程中，主要变形区在与凸模端部接触的内径为 D_0、外径为 D 的孔口附近的环形部分。变形区在凸模作用下其内径不断扩大，最终形成竖直的边缘。翻孔属于伸长类翻边。翻孔时，毛坯变形区受切向拉应力 σ_θ 和径向拉应力 σ_r 的作用，其中 σ_θ 是最大应力。如图 6-3 所示，在变形区内，孔边缘上的坯料处于单向拉应力状态，这样的应力状态使孔口附近的材料沿切线方向产生拉深变形，越接近口部变形越大，在边缘处切向伸长变形最大，厚度变薄最为严重，因此，主要危险在于边缘拉裂。其破坏条件取决于变形程度的大小。

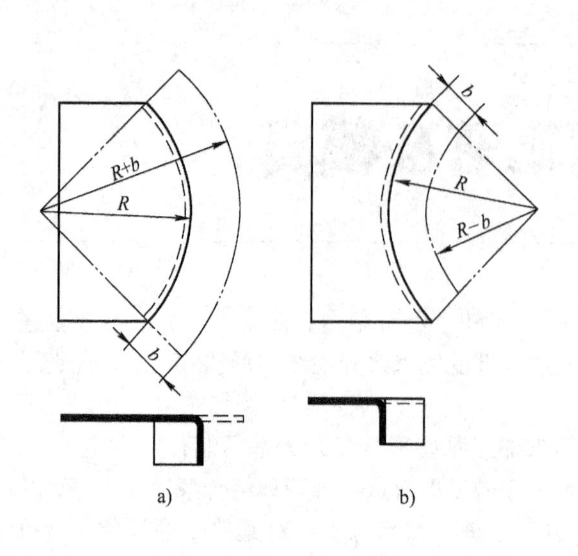

图 6-2 外缘翻边的两种形式

a）外曲翻边 b）内曲翻边

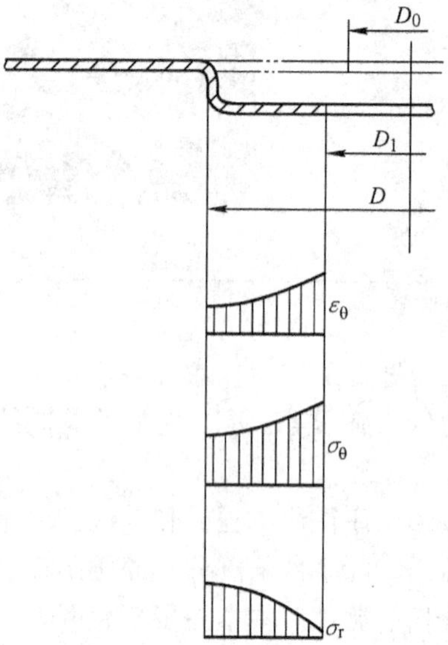

图 6-3 翻孔时的应力应变状态

2. 翻孔时的成形极限

翻孔变形程度通常以预制孔直径 D_0 与翻孔直径 D（中径）的比值 K 来表示，即

$$K=\frac{D_0}{D}$$

K 称为翻孔系数。显然 K 值越小，变形程度越大，竖边孔缘厚度减薄也越大，越容易在竖边的边缘出现微裂纹。翻孔成形极限受 K 值限制。表 6-1 和表 6-2 分别是保证低碳钢和其他一些金属材料翻孔不发生破裂时允许的极限翻孔系数 K_{min}。翻孔工艺设计中，必须控制 K 值的大小，使之不能小于翻孔系数的极限值 K_{min}。

表 6-1 低碳钢的极限翻孔系数

翻边凸模形式	孔的加工方法	预冲孔相对直径 D_0/t										
		100	50	35	20	15	10	8	6.5	5	3	1
球形凸模	钻后去毛刺	0.70	0.60	0.52	0.45	0.40	0.36	0.33	0.31	0.30	0.25	0.20
	用冲孔模冲孔	0.75	0.65	0.57	0.52	0.48	0.45	0.44	0.43	0.42	0.42	—
圆柱形凸模	钻后去毛刺	0.80	0.70	0.60	0.50	0.45	0.42	0.40	0.37	0.35	0.30	0.25
	用冲孔模冲孔	0.85	0.75	0.65	0.60	0.55	0.52	0.50	0.50	0.48	0.47	—

表 6-2 部分金属材料的翻孔系数

退 火 材 料		翻 边 系 数	
		K	K_{min}
白铁皮		0.70	0.65
软钢	t=0.25~2mm	0.72	0.68
	t=3~6mm	0.78	0.75
黄铜 H62 t=0.5~6mm		0.68	0.62

（续）

退火材料	翻边系数	
	K	K_{min}
铝　$t=0.5\sim5$mm	0.70	0.64
硬铝	0.89	0.80
钛合金 TA1（冷态）	0.64～0.68	0.55
TA1（加热 300～400℃）	0.40～0.50	0.45
TA5（冷态）	0.85～0.90	0.75
TA5（加热 500～600℃）	0.70～0.65	0.55

翻孔时的成形极限与下列因素有关：

1）材料的力学性能。材料塑性越好，材料允许变形程度越大，K_{min}可小些；材料应变硬化指数 n 越高，塑性应变比 r 越大，K_{min}越小。

2）孔的边缘状态。孔缘无毛刺和硬化时，K_{min}较小，成形极限较大。为了改善孔缘情况，可采用钻孔方法或在冲孔后进行整修，有时还可在冲孔后退火，以消除孔缘表面的硬化。为了避免毛刺，降低成形极限，翻孔时需将预制孔有毛刺的一侧朝凸模方向放置。

3）翻孔凸模的形状。用球形、锥形和抛物线形凸模翻孔时，孔缘将被圆滑地胀开，变形条件比平底凸模优越，故 K_{min}较小，成形极限较大。

4）材料相对厚度(t/d_0)越大，即材料越厚，在断裂前可能产生的绝对伸长越大，故 K_{min}越小，成形极限越大。

3. 翻孔工艺

（1）翻孔工艺分析　在预冲孔的毛坯上进行翻孔工艺设计计算前，应根据翻孔系数 D_0/D和毛坯直径与翻孔直径之比 d_0/D 来判断毛坯直径 d_0 在翻孔过程中是否收缩。图 6-4 表示软钢 D_0/D 和 d_0/D 不同组合翻孔时的情况。

图 6-4 中Ⅰ区为预冲孔尺寸没有变化的外缘翻边（相当于拉深），Ⅱ区为预冲孔直径有增大的翻边，Ⅲ区和Ⅳ区为毛坯直径发生收缩的翻孔，Ⅴ区为毛坯没有变化的翻孔。翻孔时，D_0/D 和 d_0/D 应在Ⅲ、Ⅳ、Ⅴ区内。

翻孔过程中，若毛坯直径发生收缩，就不能保证“变形区为弱区”的条件，这时就要增加一些附加工序，如增大毛坯直径，冲孔、翻孔后再增加冲切外圆工序，或落料后先拉深，然后再冲孔、翻孔。

如图 6-5 所示油封外圈冲压工艺，翻孔时，竖边与突缘平面的圆角半径应满足下列要求

$$r \geqslant 1.5t+1$$

当 $t<2$mm 时，取 $r=(4\sim5)t$；当 $t>2$mm 时，取 $r=(2\sim3)t$。如制件要求的圆角半径小于以上数值，应增加整形工序。

翻孔时竖边口部变薄，翻孔后近似厚度可按下式计算

$$t_1=t\sqrt{\frac{D_0}{D}}$$

（2）翻孔工艺计算

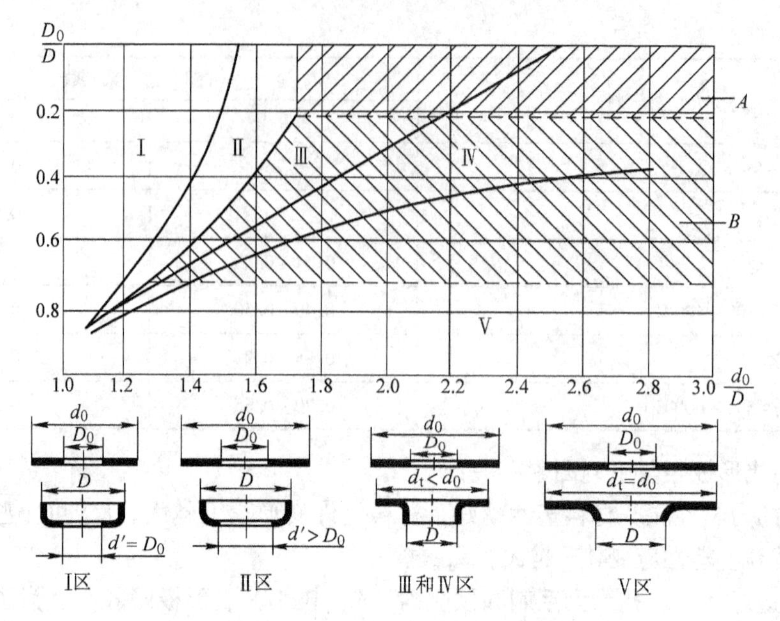

图6-4 取决于 d_0/D 和 D_0/D 组合的各种翻孔情况

d_0—毛坯直径 D—翻孔直径 D_0—预制孔直径

1）平板毛坯上的冲孔翻孔时，在进行翻孔工序之前，首先必须在毛坯上预制出待翻的孔，并核算其竖直孔边缘高度 H。由于翻孔时材料主要是切向拉深，厚度变薄，而径向变形不大，因此翻孔尺寸可根据弯曲制件中性层长度不变的原则近似地进行预制孔直径大小的计算（图6-6）。

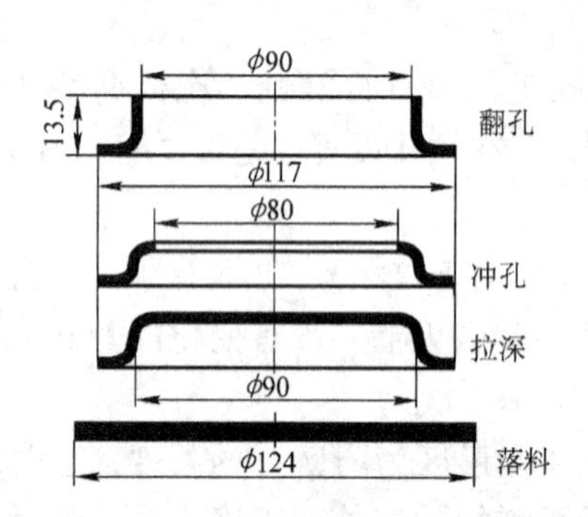

图6-5 油封外圈的冲压工艺过程

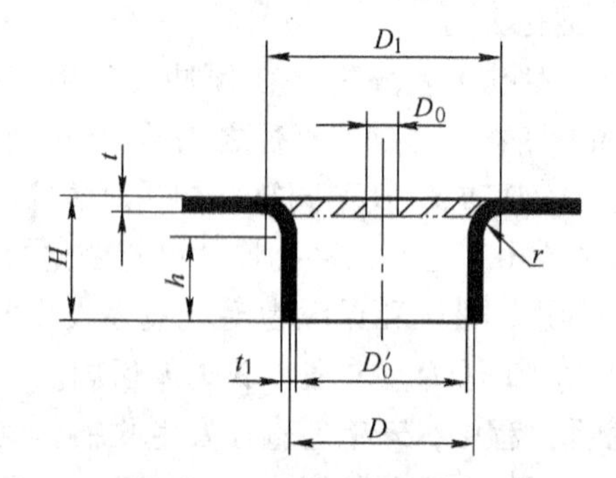

图6-6 预制孔—翻孔计算图

由图6-6可看出

$$D_0 = D_1 - \left[\pi\left(r + \frac{t}{2}\right) + 2h\right] \tag{6-1}$$

$$D_1 = D + 2r + t$$

$$h = H - r - t$$

将 D_1、h 代入式（6-1），化简得翻孔高度的表达式

$$H = \frac{D - D_0}{2} + 0.43r + 0.72t$$

或
$$H=\frac{D}{2}\left(1-\frac{D_0}{D}\right)+0.43r+0.72t=\frac{D}{2}(1-K)+0.43r+0.72t \tag{6-2}$$

由式（6-2）可见，当翻孔系数 K 确定后，翻孔高度 H 也就相应地确定了。当 K 值取极限值 K_{min} 时，即可求得最大翻孔高度

$$H_{max}=\frac{D}{2}(1-K_{min})+0.43r+0.72t$$

2）预拉深制件上的冲孔翻孔。当采用平板毛坯不能直接翻出所要求的高度 H 时，则应预先拉深，然后在拉深件底部冲孔，再进行翻孔，如图 6-7 所示。

$$\begin{aligned}h&=\frac{D-D_0}{2}-\left(r+\frac{t}{2}\right)+\frac{\pi}{2}\left(r+\frac{t}{2}\right)\\&=\frac{D-D_0}{2}+0.57\left(r+\frac{t}{2}\right)\\&\approx\frac{D-D_0}{2}+0.57r\end{aligned} \tag{6-3}$$

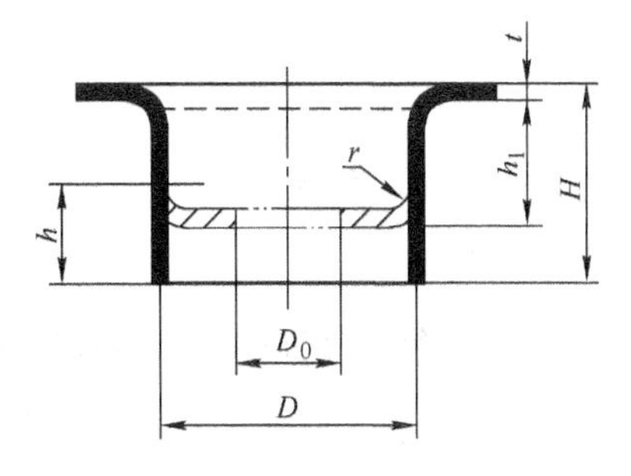

图 6-7　预拉深—翻孔计算图

将式（6-3）变换并将 K_{min} 代入，则预先拉深翻孔高度为

$$h_{max}=\frac{D}{2}(1-K_{min})+0.57r$$

预先拉深的高度 h_1 由图 6-7 可以看出

$$h_1=H-h_{max}+r+t$$

此时预冲孔直径 D_0 可由下式求得

$$D_0=D+1.14r-2h$$

3）翻孔凸、凹模间隙。考虑到变薄的情况，凸、凹模间隙可小于材料厚度。对于平板毛坯翻孔，可取间隙 $Z=0.85t$；对于拉深毛坯翻孔，可取 $Z=0.75t$。间隙过大，材料没有紧贴凹模，产生较大收缩；间隙过小，会使材料严重变薄。

4）翻孔力。翻孔力一般不大，可不计算，需要时可按下式计算

$$F_{翻}=1.1\pi t\sigma_s(D-D_0) \tag{6-4}$$

式（6-4）为圆形平底凸模翻孔时的翻孔力，如用圆球或锥形凸模翻孔时，翻孔力还可降低 30%。

4. 小螺纹底孔翻孔

在冲压生产中常会遇到在薄板毛坯或半成品件上冲制 M10 以下的小螺孔的情况，特别是在电器产品中更为广泛。它是将板料上预先冲好的孔进行变薄翻孔而形成一定高度的竖直边缘，以增加薄板螺纹部分的高度，增加螺纹牙数以提高产品制件的紧固性能。在同样螺纹牙数的情况下，可节省材料，减轻制件质量。

小螺纹底孔翻孔时，孔壁发生一定程度的变薄，能否成功地完全翻孔，还取决于凸模工作部分的形状和尺寸，因为凸模形状和尺寸对翻孔过程有着重要的影响。此外，毛坯材料的力学性能、预制孔的质量也会影响能否顺利完成翻孔。实践证明，采用图 6-8 所示的探头台阶形翻孔凸模能有效地消除翻孔口部裂纹。图中 d_4 为翻孔凸模引导部直径，d_5 为翻孔凸模直径，可取 $d_5=D_2$（D_2 为所翻螺纹底孔直径）。

使用探头台阶形凸模可在 0.5～4mm 厚的钢板上冲制高度达 $1.6t$、$1.8t$、$2t$ 的 M2～M10

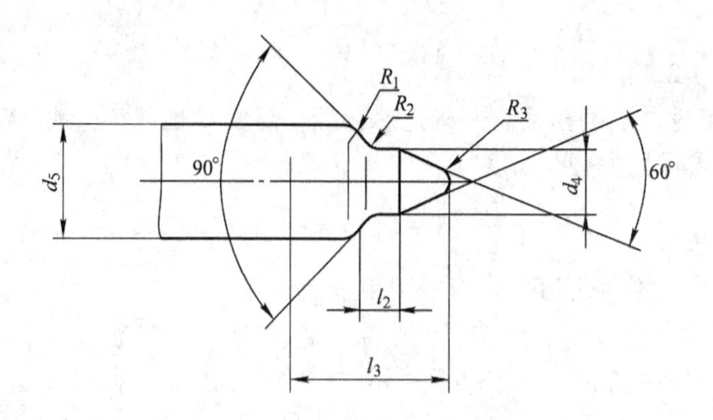

图 6-8　探头台阶形翻孔凸模

螺纹底孔，探头台阶形翻孔凸模尺寸见表 6-3。

表 6-3　探头台阶形翻孔凸模尺寸　　（单位：mm）

凸模尺寸 \ 螺纹尺寸	M2	M2.2	M2.5	M3	M4	M5	M6	M8	M10
l_2	1.4	1.4	1.5	1.5	1.8	2.0	2.3	2.5	3.0
l_3	3.7	4.2	4.2	4.7	5.7	7.2	8.5	10.4	12.5
R_1	0.5	0.5	0.6	0.7	1.0	1.3	1.5	2.0	2.0
R_2	0.2	0.2	0.2	0.3	0.4	0.4	0.5	0.7	0.7

预冲孔直径是一个计算值。它是根据基体金属与完成突缘孔材料体积相等的原则计算的。预冲孔直径 D_0 及其他有关尺寸与标准螺纹的关系可参考表 6-4 和表 6-5。

由于制件材料的种类不同，只有在材料的伸长率高于表中的 δ_5 时，才能保证在所翻的孔口不出现裂纹。

5. 非圆孔翻孔

非圆孔翻孔件如图 6-9 所示。孔口由外凸弧、内凹弧和直线部分组成。孔口竖边高度不大，一般为（4～6）t，精度要求也不高，其目的是为了减小结构的质量和增加结构的刚性。

如图 6-9 所示，分析孔部各段，可看出 2、4、6、7、8 段可视为圆孔的翻孔，1 和 5 直线段可视作简单弯曲，而内凹弧 3 与拉深情况相同，因此翻孔前预制孔的形状和尺寸应分别按圆孔翻孔、弯曲和拉深计算，再用平滑曲线连接。

由于各部分的应力与变形性质不同和各部分之间的相互制约，使变形性质较单一翻孔和拉深有所减小，所以可用较小的翻孔系数和拉深系数，以增大变形程度。一般翻孔系数可减小 10%～15%。

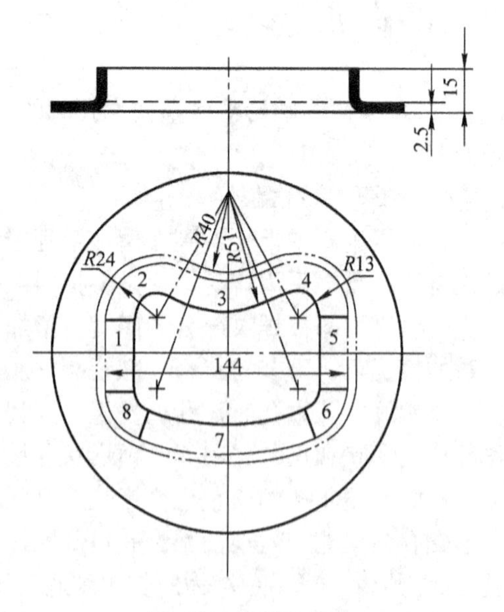

图 6-9　非圆孔翻孔

表 6-4 标准螺纹 M2 ~ M10

D_1			M2				M2.2				M2.5				M3				M3.5			
P			0.4				0.45				0.45				0.5				0.6			
D_2			1.65				1.8				2.1				2.55				2.95			
A_M/mm^2			1.1				1.35				1.56				2.1				2.93			
t	$\frac{h}{t}$	h	D_3	D_0	δ_5 (%)	Z_k	D_3	D_0	δ_5 (%)	Z_k	D_3	D_0	δ_5 (%)	Z_k	D_3	D_0	δ_5 (%)	Z_k	D_3	D_0	δ_5 (%)	Z_k
0.5	2	1	2.24	1.1	40	2.1																
0.6	1.6	1	2.18	1.3	12	2																
	1.8	1.12	2.24	1.1	24	2.3	2.4	1.3	22	2.1												
	2	1.25	2.3	0.8	48	2.7	2.5	0.9	43	2.4	2.8	1.4	38	2.4								
0.8	1.6	1.25	2.18	1.3	16	2.5	2.4	1.4	15	2.2	2.7	1.8	13	2.2								
	1.8	1.4	2.3	1.0	32	2.9	2.5	1.1	29	2.6	2.8	1.5	26	2.6								
	2	1.6	2.4	×	63	3.4	2.6	×	58	3	2.9	1.2	50	3	3.38	1.9	42	2.7				
1	1.6	1.6	2.3	1.1	20	3.2	2.5	1.2	18	2.9	2.8	1.6	16	2.9	3.25	2.2	13	2.6	3.75	2.6	12	2.2
	1.8	1.8	2.4	×	40	3.7	2.6	×	36	3.3	2.9	1.2	32	3.3	3.38	1.9	26	3	3.86	2.3	22	2.5
	2	2	2.5	×	80	4.2					3.0	×	63	3.8	3.5	1.4	53	3.4	4.0	1.8	45	2.8
1.2	1.6	2									2.9	1.3	19	3.6	3.38	2	16	3.3	3.86	2.3	14	2.7
	1.8	2.24									3.0	×	38	4.2	3.5	1.5	32	3.7	4.0	1.9	27	3.1
	2	2.5													3.65	×	63	4.3	4.15	1.7	55	3.5
1.5	1.6	2.5													3.5	1.7	20	4.1	4.0	2.1	17	3.4
	1.8	2.8													3.65	×	40	4.7	4.15	×	34	3.9
	2	3																				
2	1.6	3.15																				
	1.8	3.55																				
	2	4																				
2.5	1.6	4																				
	1.8	4.5																				
	2	5																				
3	1.6	5																				
	1.8	5.6																				
	2	6																				
4	1.6	6.3																				
	1.8	7.1																				
	2	8.0																				

（续）

D_1			M4				M5				M6				M8				M10			
P			0.7				0.8				1				1.25				1.5			
D_2			3.35				4.25				5.1				6.85				8.6			
A_M/mm^2			3.9				5.62				8.4				14.11				21.25			
t	$\frac{h}{t}$	h	D_3	D_0	δ_5 (%)	Z_k	D_3	D_0	δ_5 (%)	Z_k	D_3	D_0	δ_5 (%)	Z_k	D_3	D_0	δ_5 (%)	Z_k	D_3	D_0	δ_5 (%)	Z_k
0.5	2	1																				
0.6	1.6	1																				
	1.8	1.12																				
	2	1.25																				
0.8	1.6	1.25																				
	1.8	1.4																				
	2	1.6																				
1	1.6	1.6																				
	1.8	1.8																				
	2	2	4.45	2.3	40	2.4																
1.2	1.6	2	4.35	2.7	12	2.3																
	1.8	2.24	4.5	2.3	24	2.7																
	2	2.5	4.65	1.5	48	3	5.60	3	38	2.7												
1.5	1.6	2.5	4.46	2.5	15	2.9	5.45	3.5	12	2.5												
	1.8	2.8	4.65	1.8	30	3.3	5.6	3	24	2.9												
	2	3	4.75	×	60	3.6	5.75	2.5	48	3.2	6.7	3.6	40	2.5								
2	1.6	3.15	4.56	2.4	20	3.6	5.53	3.4	16	3.2	6.5	4.2	13	2.5								
	1.8	3.55	4.78	×	40	4.2	5.75	2.7	32	3.7	6.75	3.6	26	2.9								
	2	4					6.0	×	63	4.2	7.0	2.5	53	3.4	8.95	4.6	40	2.7				
2.5	1.6	4					5.75	3.1	20	4.1	6.7	4	16	3.2	8.65	5.7	12	2.6				
	1.8	4.5					6.0	×	40	4.7	7.0	3	34	3.7	8.95	4.9	25	3				
	2	5									7.3	×	66	4.2	9.25	3.6	50	3.4	11.2	5.6	40	2.8
3	1.6	5									7.0	3.4	20	4.1	8.95	5.1	15	3.3	10.9	6.9	12	2.7
	1.8	5.6									7.3	×	40	4.7	9.3	3.9	30	3.7	11.25	5.8	24	3.1
	2	6													9.5	×	60	4.1	11.5	5	48	3.4
4	1.6	6.3													9.15	5	20	4.1	11.1	6.8	16	3.4
	1.8	7.1													9.6	×	40	4.9	11.55	5.4	32	3.9
	2	8.0																	12	×	63	4.5

注：1. 打有标记×的表示未规定带螺纹金属板突缘孔的预制孔直径。
2. A_M——中径所形成的表面；P——螺距；t——板料厚度；Z_k——负载螺纹牙数。
3. 表中数据除特别标明及 Z_k 外，其余单位均为 mm。

表 6-5　标准细牙螺纹 M2×0.25～M10×1

D_1			M2				M2.2				M2.5				M3				M4			
P			0.25				0.25				0.35				0.35				0.5			
D_2			1.78				1.98				2.2				2.7				3.55			
A_M/mm^2			0.72				0.8				1.25				1.52				2.88			
t	$\frac{h}{t}$	h	D_3	D_0	δ_5 (%)	Z_k	D_3	D_0	δ_5 (%)	Z_k	D_3	D_0	δ_5 (%)	Z_k	D_3	D_0	δ_5 (%)	Z_k	D_3	D_0	δ_5 (%)	Z_k
0.5	1.6	0.8	2.12	1.6	10	2.6																
	1.8	0.9	2.18	1.5	20	3																
	2	1	2.24	1.3	40	3.4																
0.6	1.6	1	2.18	1.5	12	3.3	2.4	1.7	11	3.3	2.65	1.9	10	2.3								
	1.8	1.12	2.24	1.3	24	3.7	2.45	1.5	22	3.7	2.75	1.7	20	2.7								
	2	1.25	2.33	0.9	48	4.3	2.53	1.3	43	4.3	2.8	1.5	38	3								
0.8	1.6	1.25	2.2	1.4	16	4	2.4	1.6	15	4	2.7	1.8	13	2.9	3.18	2.5	11	2.9				
	1.8	1.4	2.3	1.2	32	4.6	2.5	1.4	29	4.6	2.78	1.6	26	3.3	3.28	2.3	22	3.3				
	2	1.6	2.4	×	63	5.4	2.6	1	58	5.4	2.9	1.2	50	3.9	3.4	1.8	42	3.9				
1	1.6	1.6	2.3	1.3	20	5.2	2.5	1.5	18	5.2	2.78	1.7	16	3.7	3.28	2.3	13	3.7	4.25	3.2	10	2.6
	1.8	1.8	2.4	1	40	6	2.6	1.2	36	6	2.9	1.4	32	4.3	3.4	2	26	4.3	4.35	3	20	3
	2	2									3	×	63	4.8	3.53	1.5	53	4.8	4.5	2.6	40	3.4
1.2	1.6	2									2.9	1.5	19	4.7	3.4	2	16	4.7	4.35	3	12	3.3
	1.8	2.24									3.05	×	38	5.4	3.53	1.6	32	5.4	4.5	2.6	24	3.7
	2	2.5													3.7	×	63	6.1	4.65	1.9	48	4.3
1.5	1.6	2.5													3.53	1.9	20	5.8	4.5	2.7	15	4.1
	1.8	2.8													3.7	×	40	6.7	4.65	2.1	30	4.7
	2	3																	4.78	1.6	60	5.1
2	1.6	3.15																	4.58	2.6	20	5.1
	1.8	3.55																	4.8	2	40	5.9
	2	4																				
2.5	1.6	4																				
	1.8	4.5																				
	2	5																				
3	1.6	5																				
	1.8	5.6																				
	2	6																				
4	1.6	6.3																				
	1.8	7.1																				
	2	8																				

（续）

D_1			M5				M6				M8				M10			
P			0.5				0.75				0.75				1			
D_2			4.55				5.33				7.33				9.1			
A_M/mm^2			3.67				6.5				8.85				14.68			
t	$\frac{h}{t}$	h	D_3	D_0	δ_5（%）	Z_k	D_3	D_0	δ_5（%）	Z_k	D_3	D_0	δ_5（%）	Z_k	D_3	D_0	δ_5（%）	Z_k
0.5	1.6	0.8																
	1.8	0.9																
	2	1																
0.6	1.6	1																
	1.8	1.12																
	2	1.25																
0.8	1.6	1.25																
	1.8	1.4																
	2	1.6																
1	1.6	1.6																
	1.8	1.8																
	2	2																
1.2	1.6	2	5.35	4	10	3.3												
	1.8	2.24	5.5	3.8	18	3.7												
	2	2.5	5.65	3.4	38	4.3												
1.5	1.6	2.5	5.45	3.8	12	4.1	6.4	4.7	10	2.7								
	1.8	2.8	5.65	3.6	24	4.7	6.6	4.2	20	3.1								
	2	3	5.78	3	48	5.1	6.75	3.8	40	3.4								
2	1.6	3.15	5.56	3.7	16	5.1	6.5	4.5	13	3.4	8.45	6.6	10	3.4				
	1.8	3.55	5.8	3.1	32	5.9	6.75	4	26	3.9	8.7	6.2	20	3.9	10.65	8.1	16	2.9
	2	4	6.05	2	63	6.8	7.05	2.8	53	4.5	9	5.4	40	4.5	10.95	7.3	32	3.4
2.5	1.6	4	5.78	3.5	20	6.5	6.75	4.2	16	4.3	8.7	6.3	12	4.3	10.6	8	10	3.2
	1.8	4.5	6.05	2.6	40	7.5	7.05	3.3	34	5	9	5.7	25	5	10.95	7.5	20	3.7
	2	5	6.35	×	80	8.5	7.3	×	66	5.6	9.3	4.6	50	5.6	11.25	6.5	40	4.2
3	1.6	5					7.05	3.7	20	5.5	9	5.8	15	5.5	10.95	7.6	12	4.1
	1.8	5.6					7.35	×	40	6.2	9.35	4.5	30	6.2	11.3	6.5	24	4.7
	2	6									9.6	3.6	60	6.8	11.55	5.6	48	5.1
4	1.6	6.3									9.2	5.6	20	6.8	11.1	7.5	16	5.1
	1.8	7.1									9.6	4.4	40	7.8	11.6	6.2	32	5.9
	2	8													12.1	×	63	6.8

注：1. 打有标记×的表示未规定带螺纹金属板突缘孔的预制孔直径。

2. A_M——中径所形成的表面；P——螺距；t——板料厚度；Z_k——负载螺纹牙数。

3. 表中数据除特别标明及 Z_k 外，其余单位均为 mm。

二、外缘翻边

外缘翻边可分为外曲翻边（图 6-2a）和内曲翻边（图 6-2b）。

外曲翻边的变形性质和应力状态类似于不用压边圈的浅拉深，竖边内产生的压应力容易使制件起皱，属压缩类变形。其变形程度 $E_{压}$ 为

$$E_{压}=\frac{b}{R+b}$$

内曲翻边与翻孔相似，属伸长类变形，竖边内产生的拉应力容易使制件拉裂。其变形程度 $E_{伸}$ 为

$$E_{伸}=\frac{b}{R-b}$$

各种材料的允许变形程度可查阅冲压手册。翻边可在专用翻边机的模具上成形，模具可用钢制模，也可用橡胶模。

三、翻孔模和翻边模

翻孔模的结构与一般拉深模相似，所不同的是翻孔凸模圆角半径一般较大（图 6-10），大部分做成球形、圆锥形或抛物线形，这样有利于变形，一般来说球形凸模最适用。

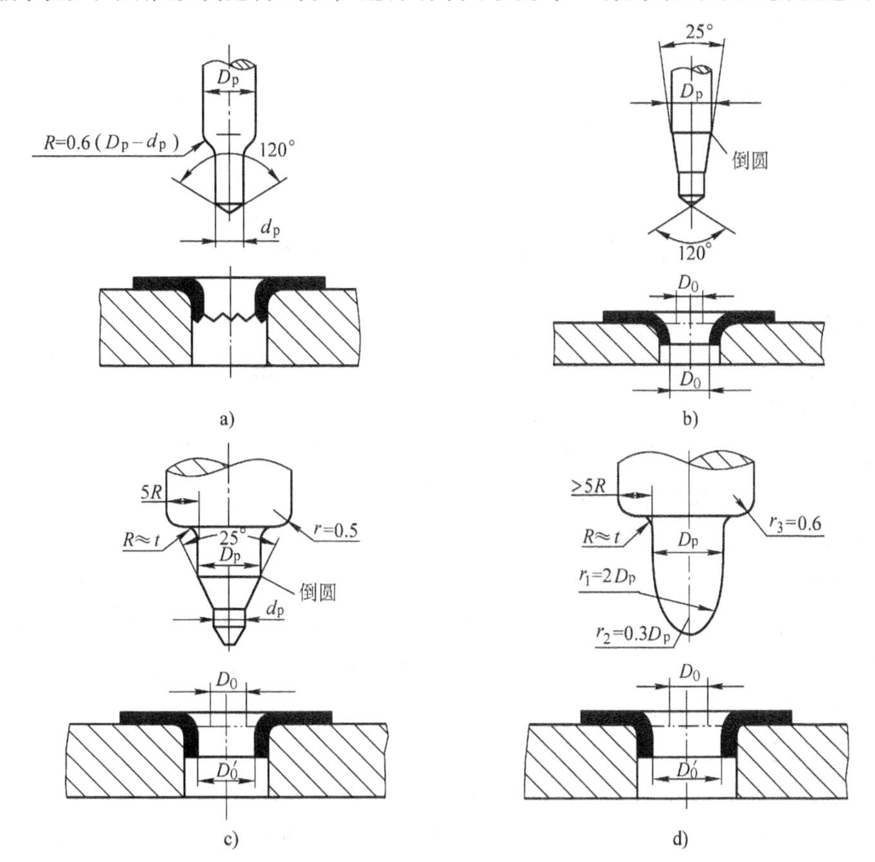

图 6-10　翻孔凸模形状

图 6-11 为小孔翻孔模，其压料板 2 装在下模上，翻孔后制件由顶料杆 4 顶出。

图 6-12 为内外缘同时翻边复合模，翻边后制件由上下顶料装置顶出。

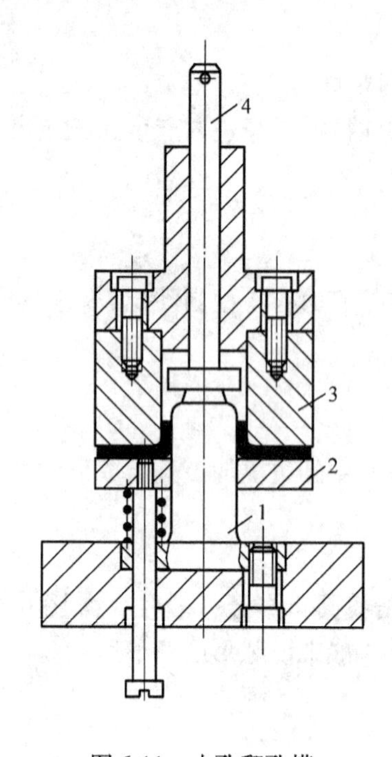

图 6-11　小孔翻孔模
1—凸模　2—压料板　3—凹模　4—顶料杆

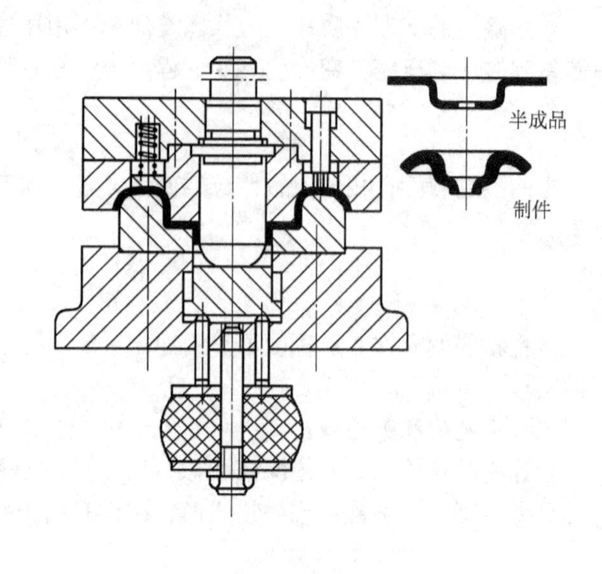

图 6-12　翻孔翻边复合模

第二节　胀形和起伏

一、胀形

胀形是冲压变形的一种基本形式，包括平板毛坯的局部胀形和管状毛坯的胀形，常与其他变形方式结合用于复杂形状制件的冲压。

胀形工艺的变形特点是塑性变形仅限于胀形的变形区之内。胀形变形区内金属处于两向拉应力状态，变形区内板料形状和尺寸的变化主要靠其局部表面积的增大来实现，所以胀形时毛坯厚度必然减小。

胀形件表面光滑，刚度大，回弹小，尺寸精度高。不同材料的胀形极限变形程度不同。一般来说，材料塑性越好，应变硬化指数越高，胀形成形的极限值越高。胀形中良好的润滑、光洁的模具工作表面都有利于增大胀形时的变形程度。应特别指出，胀形凸模圆角半径对胀形有显著影响，小的圆角半径会显著降低一次胀形深度。

二、平板毛坯的起伏成形

平板毛坯的起伏成形实质上是一种局部胀形。它广泛应用于平板坯料上凸起、凹坑、加强筋、花纹图案及标记的压制，以增大制件的刚度，起美观作用，或用作其他机件的定位。图 6-13 为起伏成形的一些例子。

在起伏成形中，由于材料受两向拉应力，当材料的塑性或变形程度太大时，都可能被胀裂。为使胀形起伏顺利，在表 6-6 中给出了某些起伏成形的尺寸参数。起伏成形的筋与边缘的距离，应大于（3～3.5）t，以防止边缘材料收缩，影响外形尺寸和美观。

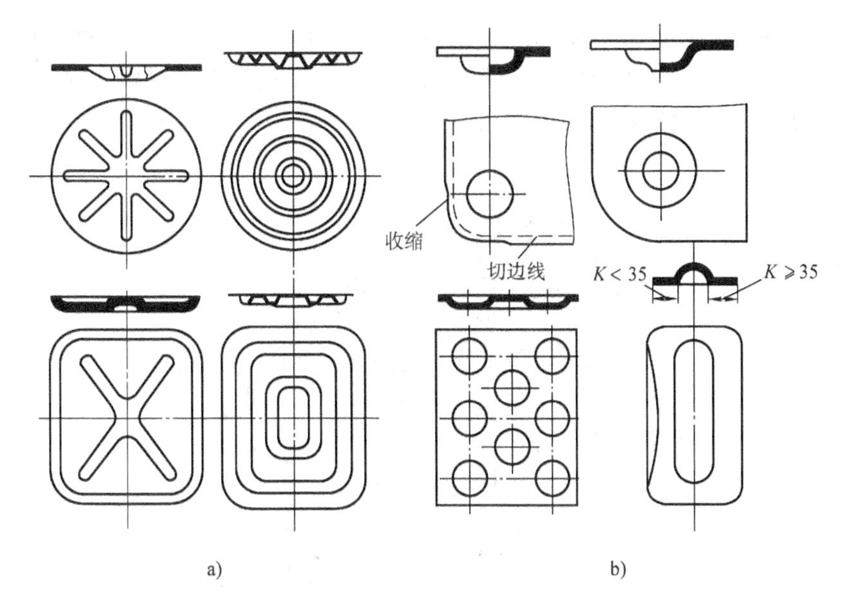

图 6-13　起伏的例子

a）加强筋　b）局部凹槽和凸台

表 6-6　某些起伏成形的尺寸参数

形状	简　　图	R	h	r	B 或 D	α
半圆形		$(3\sim4)t$	$(2\sim3)t$	$(1\sim2)t$	$(7\sim10)t$	
梯形			$(1.5\sim2)t$	$(0.5\sim1.5)t$	$\geqslant 3h$	$15°\sim30°$

三、管状毛坯的胀形

利用管状毛坯可以在空心坯料上胀出对称的凸肚、凸台，如波纹管、三通管、五通管等复杂形状的制件。胀形凸模可以使用刚性的钢件，也可用液体、气体或橡胶实现软模胀形。

图 6-14 为分块式胀形模，由楔形心块的斜面将分块凸模张开，由弹簧使分块复位。这种胀形模具结构复杂，胀形均匀程度较低，不易胀出形状复杂的制件。

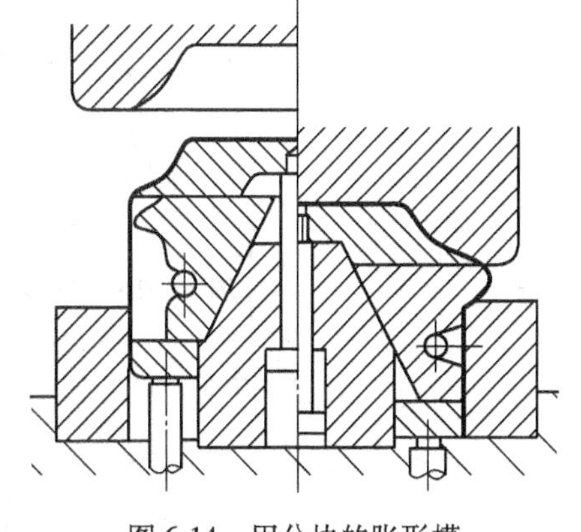

图 6-14　用分块的胀形模

图 6-15 为利用弹性体聚氨酯橡胶棒的压力代替刚性凸模在管坯上胀自行车三通管的方法。管坯在

轴向受上、下凸模1、9压力F的作用，管坯相应缩短并在径向受到橡胶棒的压力，使金属产生塑性流动，迫使部分管壁材料流入活动凹模2空腔，成形后再在成形的凸起上冲（钻）孔并翻出所需高度的竖直边缘，即形成三通管。

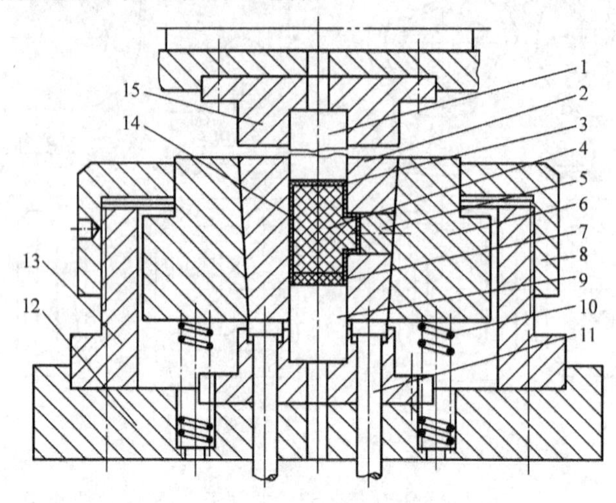

图6-15　橡胶胀形模

1—上凸模　2—活动凹模　3—橡胶上垫片　4—橡胶芯轴　5—垫块　6—活动凹模座　7—橡胶下垫片　8—定位调节圈　9—下凸模　10—弹簧　11—托杆　12—下模座　13—定位调节座　14—制件　15—上模座

第三节　校平和整形

校平和整形属于成形工序，它们大都在冲裁、弯曲、拉深和翻孔等冲压工序后进行，其作用是消除制件的平面误差，将成形件的形状和圆角半径校正到图样的要求。这类工序的特点是，在局部地方成形，变形量小，校正和整形后制件精度较高，因此模具精度也要求较高。校平和整形所需压力较大，需要在压力机下止点进行，故对设备的精度、刚性要求较高。

一、校平

校平工序多对冲裁件进行，以消除冲裁件的拱弯不平。U形制件若不用压料板，底部也有拱曲现象，也需对底部进行校平。

模具校平通常在摩擦压力机上进行。其模具多为光面校平模、细齿校平模和粗齿校平模。对于薄的板料或表面不允许有压痕的制件，一般用光面校平模（图6-16）。对于较厚制

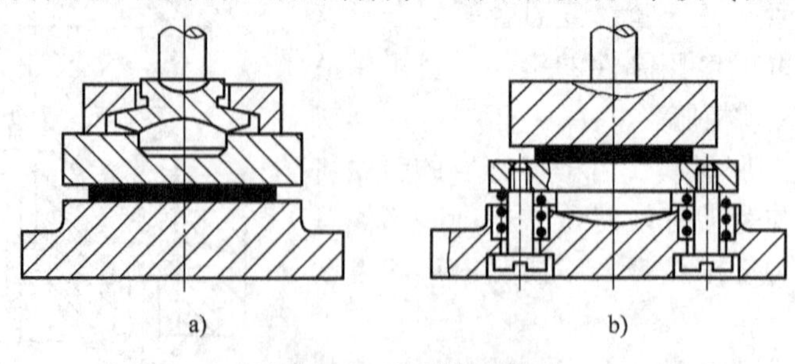

图6-16　光面校平模

a）浮动上模　b）浮动下模

件通常采用齿形校平模。齿形有细齿和粗齿两种，工作时上下齿相互交错，其形状和尺寸如图 6-17 和图 6-18 所示。

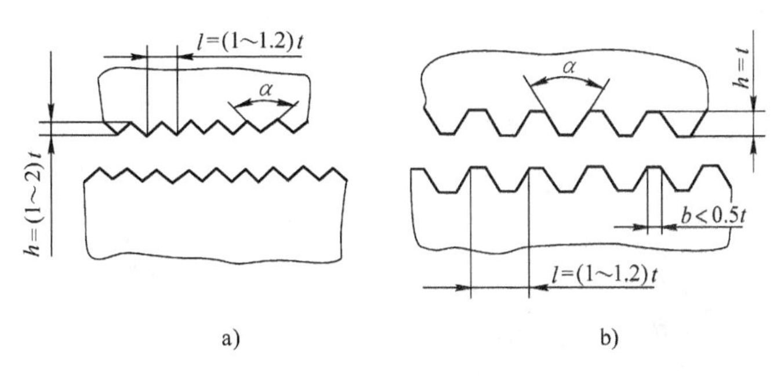

图 6-17　校平模齿形

a）细齿校平模齿形　b）粗齿校平模齿形

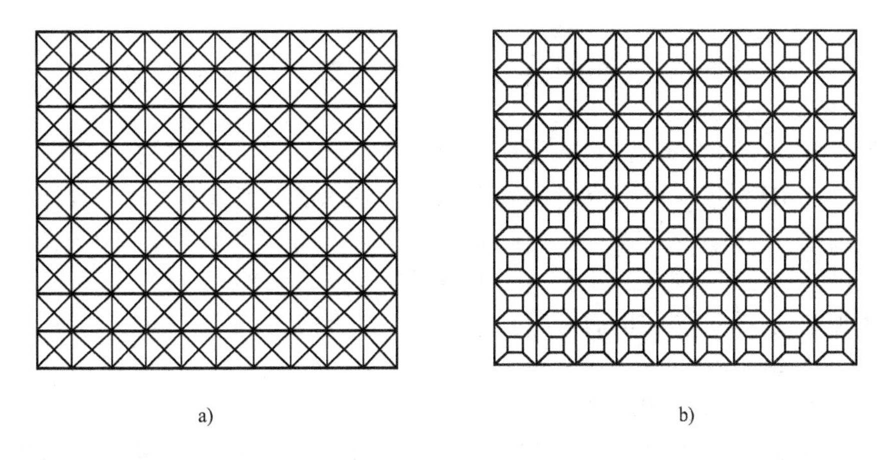

图 6-18　校平模齿形俯视图

校平所需力 $F_{校}$ 较大，通常用下式计算：

$$F_{校}=Ap$$

式中　A——校平部位投影面积；

p——校正单位压力，其值参考表 6-7。

表 6-7　校平与整形单位压力

方　　法	单位压力 p/MPa
光面校平模校平	5～8
细齿校平模校平	8～12
粗齿校平模校平	10～15
敞开形制件整形	5～10
拉深件减小圆角及对底面、侧面整形	15～20

二、整形

整形一般用于弯曲、拉深或其他成形工序之后，整形模具与一般成形模具相似，只是工作部分的定形尺寸精度高，表面粗糙度数值要求更小、圆角半径和间隙值较小（图 6-19）。

通过整形可将制件的形状和尺寸加以校正，使其达到图样要求。其整形力 $F_{整}$ 可按下式计算，即

$$F_{整} = Ap$$

式中　A——整形投影面积；

p——整形单位压力，其值参考表 6-7。

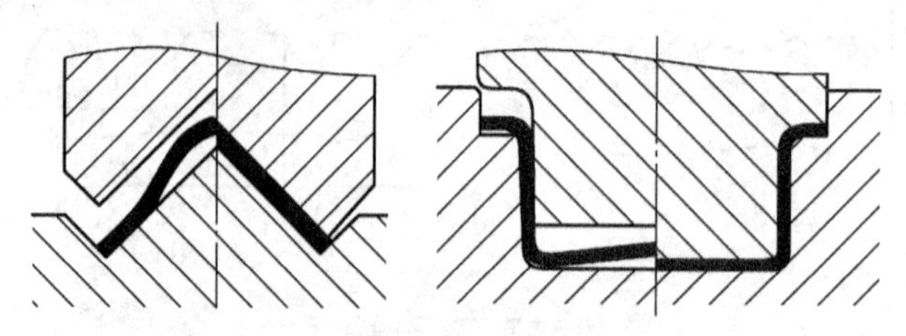

图 6-19　弯曲制件的整形兼边部的精压

第四节　其他冲模

前面所介绍的各种冲压工艺及模具都属于传统的常规工艺和普通模具，它们适用于普通精度冲压件的大批量生产，并且要用高精度的加工设备制造。对于新产品试制，产品技术改造，多品种的中、小批量生产有很大的局限性。随着冲压工艺和制模技术的发展，出现了其他一些结构的冲模。它们具有结构简单，制造周期短，成本低，加工工艺方便以及不需要高、精、尖加工设备等优点，因而得到了越来越广泛的应用。

一、组合冲模

1. 组合冲模的特点和工作原理

组合冲模是根据制件的特点，将其复杂形状加以分类、归纳，设置若干套与几何要素相应的、单一的基本单元模具。它具有灵活多变、拆卸自如和经济实用的特点。

我们知道，各类冲压件按其形状可分为平面型和立体型。平面型制件都是由直线、圆弧或任意曲率半径的曲线等有限的基本要素所组成的，如图 6-20 所示，它们的不同尺寸和组

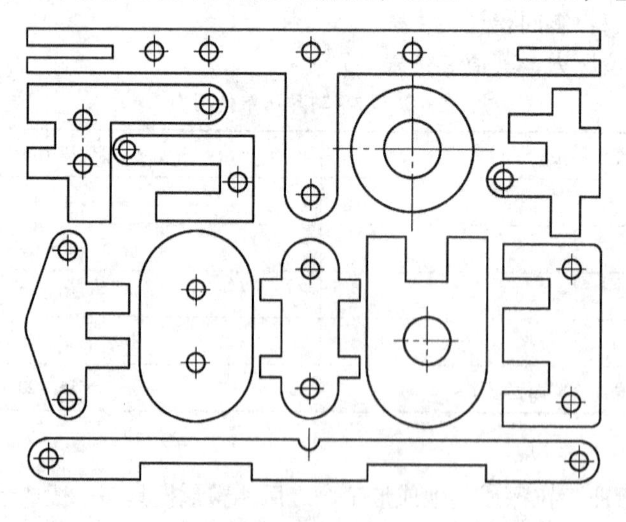

图 6-20　平面型制件

合构成了各种各样的冲压件。根据制件的特点，可预先分别设计制造具有精度高、通用性好、互换性强、标准化、系统化、通用化的裁料、冲圆弧、冲孔、冲槽和弯曲等组合冲模元件，如图6-21所示。通过选件—组装—使用—拆卸循环重复使用，按冲压件的需要，分步冲切成形。

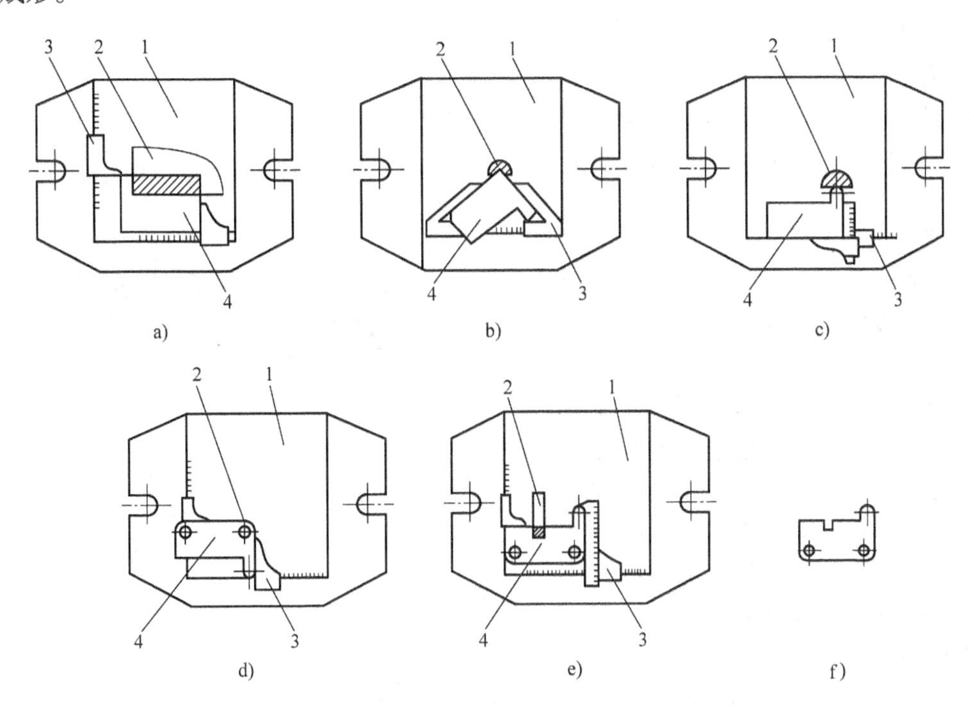

图6-21 组合冲模工作原理

a）裁料 b）冲圆角 c）冲圆弧 d）冲孔 e）冲槽 f）制件

1—下模座 2—凸模 3—定位尺 4—制件

由图6-21可以看出，组合冲模的裁料、冲圆弧、冲圆角、冲孔、冲槽等模块在组合冲模中起一个基本单元的作用。利用这些单元模块共同对制件进行组合加工。组合冲模在组合过程中，需要安置可调节、可拆装和可更换的工作元件，如凸模和凹模，还需要附有专用或通用的定位装置，并且定位装置可以在模具上调节和更换，以适应不同制件的要求。

2. 组合冲模的设计特点

设计组合冲模时，应按照冲压件的外形、结构尺寸、材料种类及厚度进行分类，并将孔径、圆弧、槽宽、弯曲制件形状及角度、拉深件直径和深度进行整理，列出表格，选择常用尺寸系列和变化范围，确定该模具应完成的工艺，并注意解决好整体的连接刚性。设计时应注意以下几点：

1）由于组合冲模采用多工序分解冲压，因此，对制件定位基准的选择、局部冲裁后所引起的变形以及加工顺序应综合处理，否则不能顺利进行冲压。

2）冲裁模间隙按冲压件料厚分档规定方法确定，利用冲模间隙可变动性来扩大其应用范围，即通过一套模具完成对厚度相差不大的制件的冲压加工。如冲压厚度为0.5～2mm的08钢板料，间隙可按1.2mm料厚选取（间隙为0.108～0.156mm），冲制0.5mm料厚时为大间隙，冲制2mm料厚时为小间隙。虽然板料厚度不同，但用同一副模具均能保证冲裁质量。

3）组合模的压力中心经常不与模具中心重合，给模具刃口和导向部分带来不良影响，故设计时应充分考虑模架的整体刚性和强度，以保证模具的寿命和冲压精度。

4）组合冲模应提供方便的调试基准，使安装迅速，准确可靠，灵活方便，通用性广。

3. 组合冲模的结构

组合冲模的模架如图 6-22 所示，由上、下基础板 6、7，模柄 5、导柱 2、导套 3、导柱座 1 和导套座 4（用平键定位，螺栓紧固）组成。模柄通过止口定位并用螺钉与基础板连接组成可拆结构，以适应不同压力机使用。下基础板有整体和组合两种形式，以适应不同尺寸和加工形式的需要。整体基础板中部有孔，由于尺寸限制，主要用于小尺寸落料；组合基础板利用长条形板和支承元件组装成所需要的落料形状和尺寸。

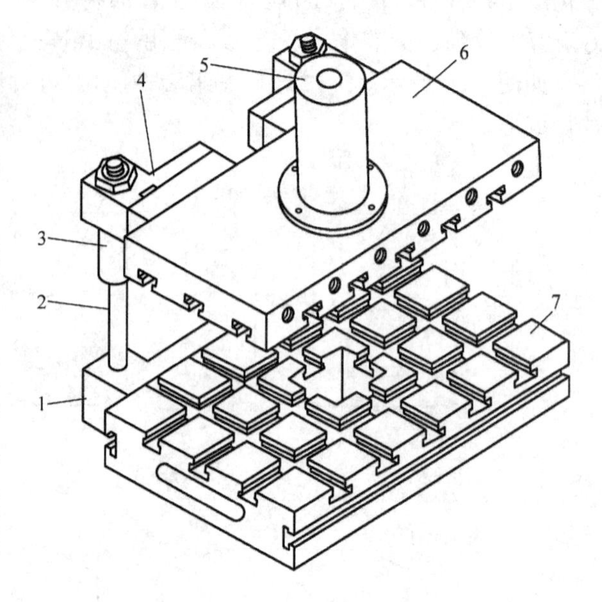

图 6-22　模架组装结构

1—导柱座　2—导柱　3—导套　4—导套座　5—模柄　6—上基础板　7—下基础板

冲孔组合冲模可以冲制 $\phi25 \sim \phi150$mm 范围内的孔。图 6-23 为冲 $\phi8$mm 孔的组合冲模，

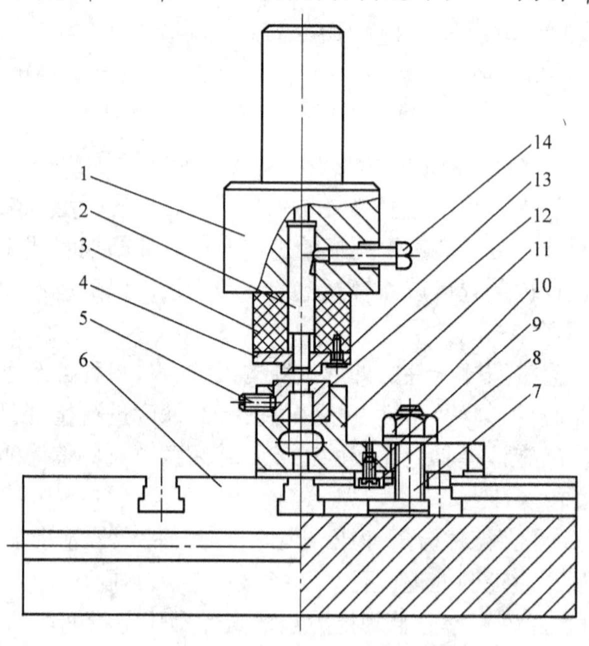

图 6-23　冲 $\phi8$mm 孔的组合冲模

1—带柄上模座　2—直柄圆凸模　3—卸料橡胶　4—卸料板　5、9、13、14—螺钉　6—下基础板　7—槽用螺栓　8—平键　10—螺母　11—单耳下模座　12—圆凹模

可以冲制 $\phi2.5 \sim \phi20$mm 范围内的孔。其直柄圆冲头 2 柄部直径与带柄上模座 1 为间隙配合，用螺钉 14 固定，构成快换结构。圆凹模 12 在单耳下模座 11 安装孔内与孔间隙配合，用螺钉 5 固定。单耳下模座依靠下平面及平键 8 的侧面在下基础板 6 的上平面及槽中定位，用螺栓 7 及螺母 10 紧固在下基础板上。卸料装置 3、4 直接用螺钉 13 安装在凸模柄上。通过更换凸模 2 和凹模 12，便可改变冲孔直径，若冲孔直径大于此冲孔冲模范围或改变冲压工序，则可将整个组合冲孔冲模卸去，另换冲模即可进行其他内容的冲压。

图 6-24 为组合弯曲模，它比通用弯曲模具有更大的灵活性和通用性。

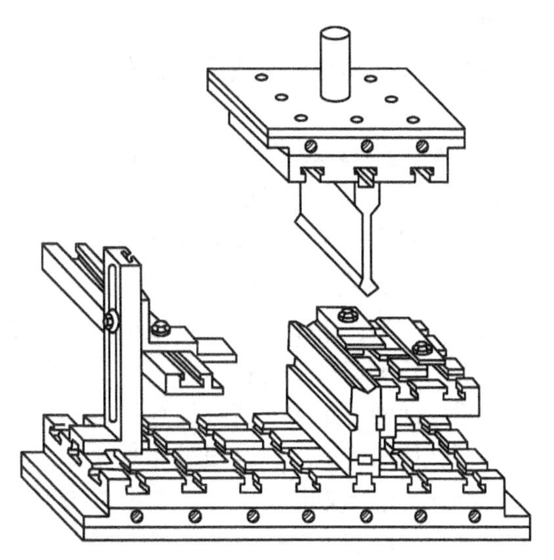

图 6-24　组合弯曲模

二、锌合金模具

锌合金模具是以锌合金材料铸造制成凸模或凹模的一种简单模具。这种模具制造工艺简单，不需要使用高精度机械加工设备和较高的钳工技术，生产周期短，成本低，非常适用于新产品试制，中、小批生产和老产品改型等。

1. 锌合金冲裁模

锌合金冲裁模在结构形式上与普通钢制冲裁模基本相同，只是凹模由锌合金做成，但制作方法却不同于钢制凹模。锌合金凹模是利用钢制凸模做型芯浇铸而成的。当用普通方法制造好不淬火凸模后，便可用作浇铸凹模的型芯（如图 6-25 所示）。

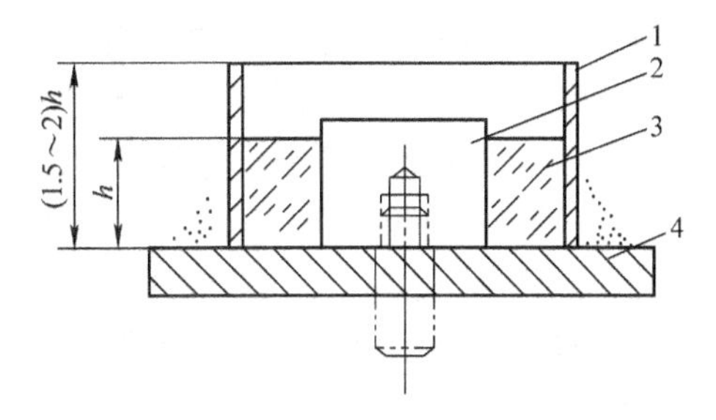

图 6-25　冲裁模凹模的铸制

1—模框　2—凸模　3—锌合金　4—底板

浇铸温度为 400 ~ 450℃，当合金冷却到 150℃左右时取出凸模。凝固后铣削合金凹模上、下平面，然后修出孔口角并加工成形。由于锌合金冷凝收缩的缘故，所得凹模的型孔往往略小于凸模，在安装于压力机上使用前需用淬硬凸模对准凹模型孔进行修整，然后保持其相对位置进行冲压生产，它大大简化了凹模的制作方法。

表 6-8　锌合金成分表

合金成分（质量分数）		杂质（质量分数）	
Al	3.9% ~4.3%	Pb	<0.003%
Cu	2.85% ~3.35%	Cd	<0.001%
Mg	0.03% ~0.06%	Sn	<0.02%
Zn	余量	Fe	<0.02%

锌合金冲裁模能冲裁比模具本身硬度、强度高的材料。图 6-26 为一弧形件的落料模。

显然若用常规制模，则需用电火花线切割机床或仿形铣等昂贵的加工设备，而用锌合金则十分简单且经济。

锌合金冲裁模与钢冲裁模相比有如下三个特点。

1）锌合金冲裁模的合理间隙是依靠冲模在冲裁过程中自动调整形成的，这是因为这种冲模的凸模和凹模之间有比较大的硬度差，其差值大于30HRC，在冲裁力的作用下，软质材料产生较大的塑性变形。由于起始间隙很小，所以在冲裁时凹模刃口侧壁所受的挤压力很大，导致凸模侧壁磨损，使间隙扩大。随着间隙扩大，凹模刃口侧壁所受挤压力减小，磨损也相应减小，经几次反复冲裁，使间隙相对平衡在最小挤压力和最小磨损的合理状态下进行冲裁。

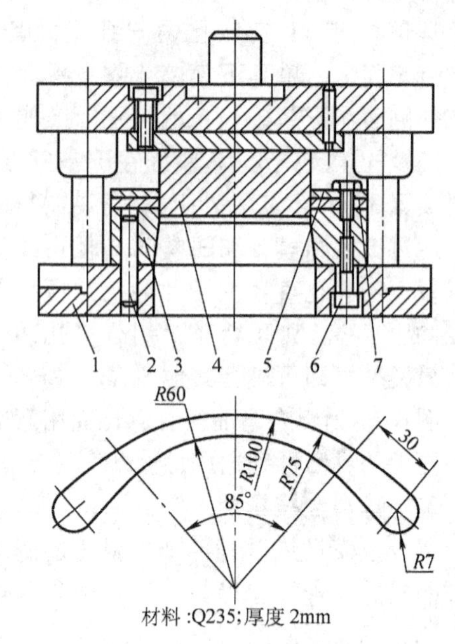

图 6-26　平动扣落料模

1—下模座　2—销钉　3—锌基合金凹模　4—凸模　5—卸料板　6—螺钉　7—导料板

2）有自动补偿磨损的作用。其自动补偿作用是由于锌合金凹模刃口上表面受冲压力的作用，使凹模刃口上表面产生塌角并导致径向产生塑性变形，从而补偿凹模刃口侧壁的磨损。

锌合金冲裁模的重修与报废不是以出现过大的间隙或刃口变钝为依据，而主要是根据凹模刃口上表面出现的过大塌角是否影响冲裁件质量来决定的。

3）锌合金冲裁模不需要热处理，因而模具制作简单、成本低廉。

2. 锌合金成形模

锌合金成形模具，是用浇铸工艺方法制造模具型腔和成形凸模的，其制造方法很多。下面介绍用样件制模法制造弯曲—成形模的方法。

所谓样件，就是按产品制件图制成的铸模工艺元件，其形状和厚度与被冲制件完全相同，只是外形尺寸比冲压制件稍大，并考虑铸造工艺的需要增设溢流孔和脱模斜度。样件材料可用金属板材、塑料、玻璃钢以及纸浆等。有时也可用已有的产品制件。

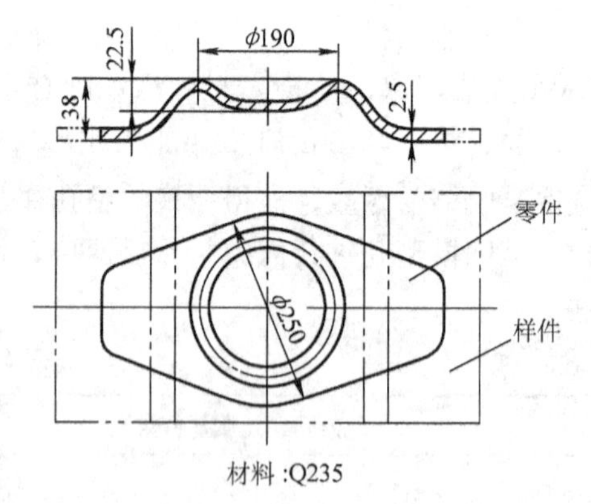

图 6-27　零件图

图 6-27 所示弯曲成形尺寸较大，形状也较复杂，在仿形机床上加工钢制凸、凹模一般需很长时间，若采用锌合金样件制模法制造将十分简单。其做法是：在平台上由四块钢板连接组成铸造型框，此型框拆卸后还可再进行组合浇铸其他模具，样件由螺杆、螺母固定在型框中间，并将型腔隔成前、后两部分，后腔浇铸合金后成凸模；前腔浇铸成凹模。凸、凹模一次浇铸而成。待冷凝淬火（固溶处理）后，再将样件及弯曲模一起放在液压机上校形，使凸、凹模型面与样件完全吻合（因变形抗力较低，从而抵消锌合

金冷凝收缩而引起的变形），后经其他机加工修磨后即可安装使用。

三、聚氨酯橡胶模具

橡胶模具是将凸、凹模之一改用橡胶来代替的一种模具。对冲裁模而言，落料时用橡胶作凹模，冲孔时用橡胶作凸模，与它们对应的凸模或凹模仍为钢件。橡胶模所采用的聚氨酯橡胶是一种人工合成的高分子材料，它具有很强的耐磨损和抗剪切能力，其力学性能介于橡胶和塑料之间。由于它是一种弹性体，在封闭容框内受压时，具有与液体在各个方向上传递单位压力相同的性质，因此对于被冲压制件来说，只要有一定的单位压力，便能使封闭弹性体产生很小的变形，因而能冲出精度高、毛刺小、质量稳定的制件。利用聚氨酯橡胶模具可以完成落料冲孔、弯曲及各种成形冲压工序。

图 6-28 为聚氨酯橡胶冲裁模的落料过程，聚氨酯橡胶压入容框内代替冲裁凹模，在冲裁过程中处于密封状态（图 6-28a）。当压力机滑块下行时，橡胶受到钢制凸模的压力，橡胶就以同样的反压力迫使材料沿着凸模外形周边发生弯曲、拉深，并在凸模的刃口处产生塑性变形，如图 6-28b 所示。当压力机滑块继续下行，被冲材料受到的橡胶压力超过其本身抗剪强度时，沿凸模刃口周边便产生裂纹，随之就断裂分离，完成落料（图 6-28c）。

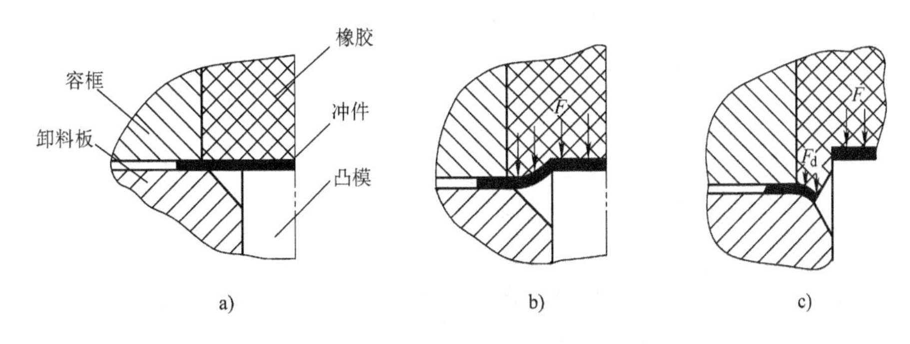

图 6-28　聚氨酯橡胶冲裁模的落料过程

橡胶的单位压力与被冲压件的材料厚度成正比，即制件材料薄，橡胶压缩量小，单位压力减小；制件材料厚，橡胶压缩量大，单位压力较大。聚氨酯橡胶冲裁模许用的制件厚度一般以 0. 3mm 以下为宜。对钢板来说，厚度最大不超过 1mm；对铝来说，厚度最大不超过 1. 5mm。

在冲裁过程中，由于橡胶始终把被冲压件压在凸模上，故冲出的制件很平整。此外，由图 6-28b 可知，因为橡胶紧贴着凸模刃口流动，成无间隙冲裁，所以冲出的制件基本无毛刺。

图 6-29 为带活动压料板聚氨酯橡胶复合冲裁模，落料凹模和冲孔凸模由橡胶代替，冲裁件精度由凸凹模 1 决定。橡胶以少量的过盈装入容框 3 内，橡胶外形尺寸一般大于制件外形尺寸 1 ~1. 5mm。活动压料板冲裁时起压料作用，回程时将条料从凸凹模上卸下。利用聚氨酯橡胶可以冲裁钢和非铁金属，也可以冲裁非金属塑料薄膜、绝缘纸等。

图 6-30 为聚氨酯橡胶弯曲模，模具的上半部为橡胶容框 4；下半部为凸模 7 与凸模座 8。凸模座 8 用螺钉和销钉固定在底板 9 上，底座的中心工艺孔用于快速更换凸模。弯曲等于或大于 90°的 Π 形制件时，毛坯用定位板 5 上的销钉 6 定位；弯曲小于 90°的 Π 形制件时，定位销钉可直接装在凸模上。

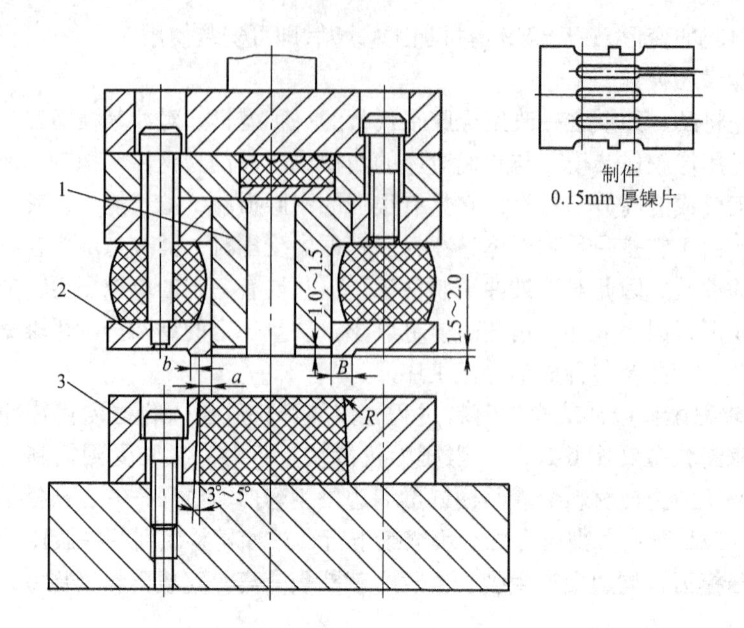

图 6-29　带活动压料板聚氨酯橡胶复合冲裁模

1—凸凹模　2—压料板　3—容框

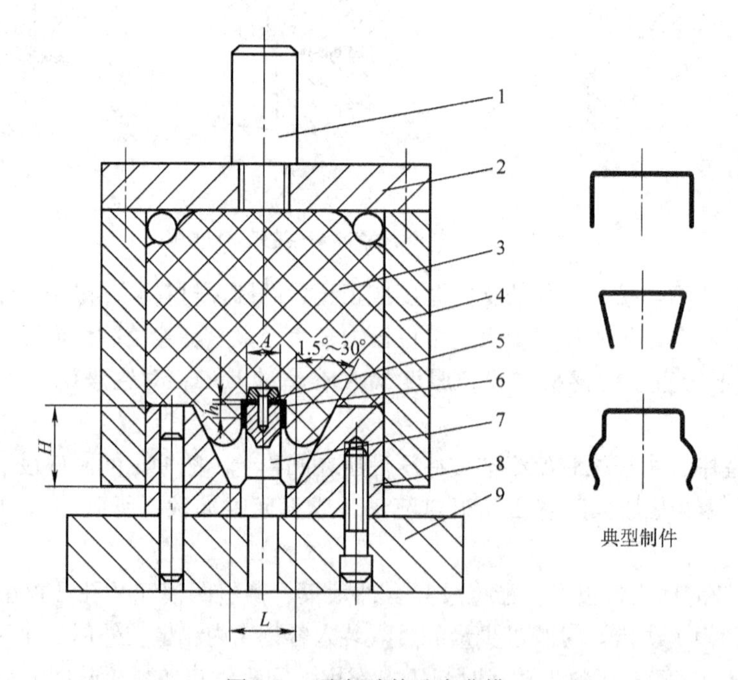

图 6-30　聚氨酯橡胶弯曲模

1—模柄　2—上模座　3—橡胶模垫　4—容框　5—定位板　6—销钉

7—凸模　8—凸模座　9—下模座

与钢制模具相比，聚氨酯橡胶模具有设计简便、制造简单、通用性强、成本低等优点。特别是对弯曲模，所得弯曲制件的精度与表面质量较好。因此，它是中、小型薄板弯曲成形制件中比较经济的一种弯曲方法。

思 考 题

1. 什么是翻孔？什么是翻边？其变形特点是什么？试举出几个翻孔翻边工艺的实例。

2. 分析平面毛料翻孔时，毛坯直径与翻孔孔径之比和预冲孔直径与翻孔孔径之比对翻孔变形和工艺过程的影响。

3. 翻孔的常见废品是什么？如何防止？

4. 较厚制件校平时，为什么要采用齿形校平模？

5. 聚氨酯橡胶模进行冲裁工艺时，凸、凹模的设计原则是什么？

冷冲压工艺规程的制订

冲压方案的制订包括工艺规程的编制和根据工艺规程进行模具设计两方面内容。它是冲压生产中必不可少的一项重要工作。

冲压件的生产过程，除了原材料的准备之外，还应包括必要的冲压工序，同时还要适当穿插辅助工序（如酸洗、表面处理等），并和后续加工工序（如切削、焊、铆等）相互协调，从而完成一个冲压制件。因此在设计冲压工艺过程时，一定要全面综合考虑，对各加工工序进行合理的安排。

编制冷冲压工艺规程，通常应根据制件要求、生产批量、制件成本、劳动强度和安全性等各方面因素进行全面考虑，使拟订的工艺规程在满足给定条件的前提下，做到工艺可行、技术先进、经济合理。

第一节　制订工艺规程的步骤

一、分析制件的冲压工艺性

分析制件图样，首先了解该制件的使用要求，然后再根据制件的结构形状、尺寸精度、表面质量和使用材料等因素分析图样是否符合冲压工艺要求。如果发现冲压工艺性不良，则应立即与产品设计部门协商，在不影响制件使用的前提下，由产品设计者对制件的形状、尺寸及涉及的问题作合理的修改，使之既满足使用性能，又符合冲压工艺要求，达到两全其美的效果。

二、确定制件的总体工艺方案

根据制件技术要求及其生产批量等主要条件，拟订冲压准备工序、辅助工序、冲压工序及后续工序的数目及先后顺序。此顺序即从毛料到产品制造的全过程，称为冲压制件的总体工艺方案。

三、制订冲压工艺方案

冲压工艺方案的编制是冷冲压工艺规程中最主要的工作，通过对比及必要的技术经济分析后，正确确定冲压工序及冲压顺序，其内容包括以下几个方面：

1. 确定毛坯形状、尺寸和下料方式

根据冲压制件，拟订最佳排样方案，然后计算毛料尺寸和形状，选择合适的下料方式。

2. 确定工序性质

工序性质应根据制件的结构形状，按各种工序的变形性质和应用范围予以确定，如平板件采用冲裁工序，弯曲件采用弯曲工序，筒形件采用拉深工序等。总而言之，工序性质的确定一定要结合本地区及本工厂的生产实际。

一般情况下，对有经验的冲压技术人员来说，根据制件的图样可直接看出所需工序的性质，但有时也还要通过计算才能合理决定。如图6-5所示的制件，初看可以用落料→冲孔→翻孔三个工序实现。但通过计算才发现翻孔工序无法达到13.5mm高度，必须在冲孔前增加一次拉深工序才行，故工序安排应为落料→拉深→冲底孔→翻孔或落料→拉深→整形→切底。当然落料与拉深可复合，但也需要三副模具才能完成此制件的全部冲压工序。

3. 合理确定冲压工序顺序和工序数目

必须考虑冲压变形的规律性和制件的形状、尺寸、公差和生产批量等来编排出最经济、最合理的冲压工序顺序。

工序数目是以极限变形参数（如拉深系数、翻孔系数等）和变形的趋向性为依据来确定的，与此同时，还需要计算出各中间毛坯（半成品）的过渡性尺寸和形状。

四、合理选择冲模类型及结构

根据已确定的冲压工艺方案和制件的形状、精度、生产批量、操作习惯和现有的模具加工条件等因素，便可合理选择冲模的类型与结构（参考表3-1确定）。

五、选择冲压设备

通常按冲压工序性质来选择冲压设备类型。根据冲压加工的变形所需的力和模具尺寸来选择冲压设备的技术规格。

总之，工艺规程的制订常常受到很多具体生产条件的限制，因此，编制时一定要紧密结合本工厂的生产实际进行，否则便是纸上谈兵，闭门造车。

第二节 工艺规程制订实例

例7-1 根据图7-1所示的制件，试确定其冲压工艺方案，并设计模具结构图。

解 （1）工艺分析 此制件材料为黄铜H68，料厚1mm，制件尺寸精度为IT14级，形状并不复杂，尺寸大小为小型制件，年产量20万件，属于普通冲压。

此制件在冲裁时应注意以下事项：

1）2×ϕ3.5mm孔较小，两孔壁距为2.5mm，这给模具设计和冲裁工艺带来了不便，特别要注意材料冲裁时金属的流动，防止ϕ3.5mm凸模弯曲变形。

2）2×ϕ3.5mm孔，由于孔与周边和孔壁距均为2.5mm，模具设计时应妥善处理。

3）制件头部有15°角度的非对称弯曲，回弹应严加控制。

4）制件较小，必须考虑工人操作的安全性。

以上四点是此制件冲压时较为困难之处，要想得到合格的制件，并适应20万件生产数量的需要，必须处理好提高模具寿命这一问题。

（2）工艺方案的分析和确定 从制件的结构形状可

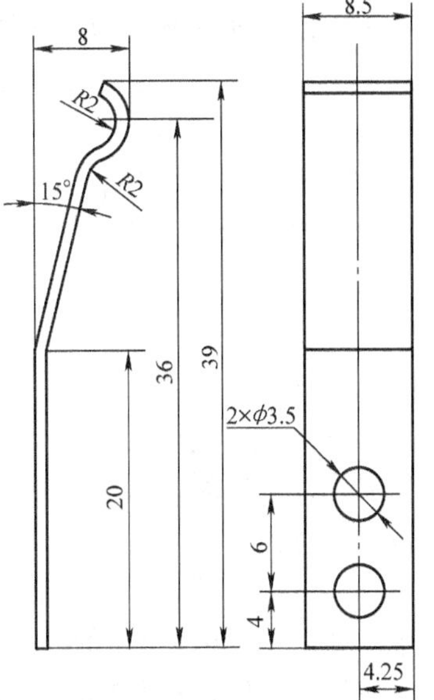

图7-1 片状弹簧

知，其基本工序仅包含冲孔、弯曲和落料三种，但按先后工序的不同顺序可设计出以下五种冲压方案：

1）落料→弯曲→冲孔，单工序冲压。

2）落料→冲孔→弯曲，单工序冲压。

3）冲孔→切口→弯曲→落料，单件冲压复合模。

4）冲孔→切口→弯曲→切断→落料，两件连冲复合模。

5）冲孔→切口→弯曲→切断，两件连冲级进模。

方案1）、2）属于单工序冲压。由于此制件生产批量很大，制件较小，为了提高劳动生产率，并保证工人操作安全，所以此两个方案不宜采用。

方案3）、4）属于复合式冲压。此制件结构因尺寸较小，采用复合式模具，装配时带来很大的困难；又因落料在后、冲孔在前，以凸模插入板料和凹模内进行落料，必然受到材料的切向流动压力，有可能使 $\phi3.5$mm 凸模纵向变形。$2\times\phi3.5$mm 孔的凹模壁厚也薄，模具寿命会受到影响，不能适应20万件生产数量的需要。因此采用复合模冲压除解决了安全性问题外，其余难点均未克服，使用价值不高，不宜采用。

方案5）属于级进冲压。此方案为最佳方案，既解决了以上四个难点，也给模具装配带来了方便，冲后制件平整，操作安全，故此方案最为合适。

（3）绘制模具总图　根据确定的工艺方案，绘制出模具总装图。级进模中的板料采用侧刃定位，这样可以提高定位精度，生产率也高。两件连冲，可以减少弯曲回弹，改善冲压性能。因为 $2\times\phi3.5$mm 凹模孔孔距太近，会影响凹模壁厚强度，模具设计者有意将两孔安排在前后不同位置上进行错位冲压，从而增强了凹模壁厚，提高了模具使用寿命。依靠卸料板在冲裁时的压料作用，提高了制件的平整性，在回程时又起卸料作用。

此模具总的来说，结构简单，制造容易，操作方便，生产率高且经济性较好。

具体设计计算步骤如下：

1. 模具结构形式的确定

因制件材料较薄，为保证制件平整，采用弹压卸料装置。它还可对冲孔小凸模起导向作用和保护作用。为方便操作和取件，选用双柱可倾压力机，纵向送料。因制件薄而窄，故采用侧刃定位，生产率高，材料消耗也不大。

综上所述，选用对角导柱滑动导向模架、纵向送料弹压卸料典型组合结构形式。

2. 工艺设计

（1）计算毛坯尺寸　相对弯曲半径为

$$R/t = 2/1 = 2 > 0.5$$

式中　R——弯曲半径；

t——料厚。

可见，制件属于圆角半径较大的弯曲件，应先求弯曲变形区中性层曲率半径 ρ。中性层的位置计算公式为

$$\rho = R + Xt$$

式中　X——由实验测定的应变中性层位移系数。

应变中性层位移系数 $X=0.38$，因此可得

$$\rho = (2+0.38\times1)\ \text{mm} = 2.38\text{mm}$$

圆角半径较大（$R>0.5t$）的弯曲件毛料长度计算公式为

$$l_0=\sum l_{直}+\sum l_{弯}；\ l_{弯}=\frac{180°-\alpha}{180°}\pi\rho$$

式中　l_0——弯曲件毛料展开长度；

$\sum l_{直}$——弯曲件各直线段长度总和；

$\sum l_{弯}$——弯曲件各弯曲部分中性层展开长度之和。

由图 7-2 可知

$$\sum l_{直}=\overline{AB}+\overline{BC}；\ \sum l_{弯}=\widehat{CE}+\widehat{EF}$$

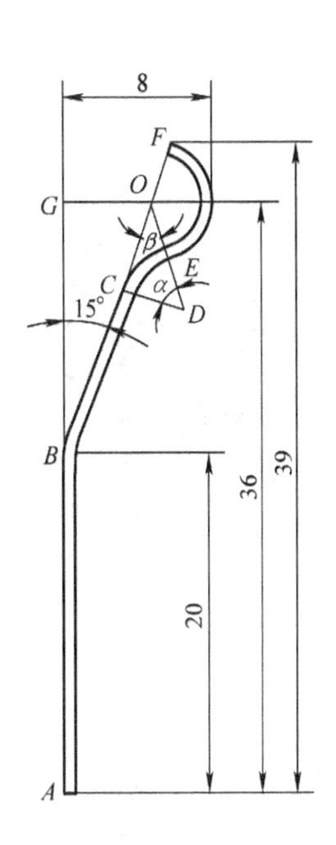

图 7-2　几何关系图

图 7-2 中　$\overline{AB}=20\text{mm}$

$\overline{BG}=(36-20)\text{ mm}=16\text{mm}$

$\overline{OD}=(2+1+2)\text{ mm}=5\text{mm}$

$\overline{CD}=(2+1)\text{ mm}=3\text{mm}$

$\overline{OC}=\sqrt{5^2-3^2}\text{mm}=4\text{mm}$

$\overline{BO}=\frac{16}{\cos15°}\text{mm}=16.56\text{mm}$

$\overline{BC}=\overline{BO}-\overline{OC}=(16.56-4)\text{ mm}=12.56\text{mm}$

$\beta=\arccos\frac{4}{5}=36.87°$

$\alpha=90°-36.87°=53.13°$

则　$\sum l_{直}=(20+12.56)\text{ mm}=32.56\text{mm}$

$\sum l_{弯}=\pi\rho\left(\frac{53.13°}{180°}+\frac{180°-36.87°}{180°}\right)=8.14\text{mm}$

$l_0=(32.56+8.14)\text{ mm}\approx41\text{mm}$

（2）画排样图　因 $2\times\phi3.5\text{mm}$ 的孔壁距较小，考虑到凹模强度，将两小孔分两步冲出，冲孔与切口工步之间留一空位工步，故该制件需 6 个工步完成。

根据切断工序中工艺废料带的标准值、切口工序中工艺废料的标准值、条料宽度尺寸公差 Δ、侧刃裁切条料的切口宽 F，得

$F=1.5\text{mm}$　$S=3.5\text{mm}$　$\Delta=0.5\text{mm}$　$C=3\text{mm}$（考虑到凸模强度，实取 $C=5\text{mm}$）

采用侧刃条料宽度尺寸 B 的确定公式为

$$B=(L+1.5a+nF)-\Delta$$

得条料宽度 B 为

$$B=2l_0+C+2F=(41\times2+5+2\times1.5)_{-0.5}^{\ 0}\text{mm}=90_{-0.5}^{\ 0}\text{mm}$$

如图 7-3 所示，画排样图。

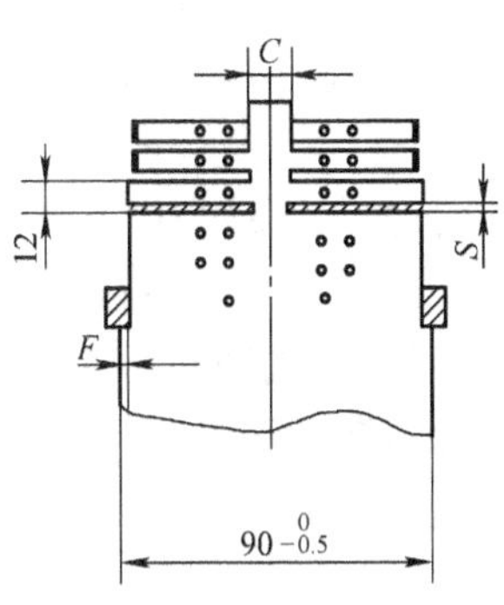

图 7-3　排样图

选板料规格为 1500mm×600mm×1mm，每块可剪 600mm×90mm 规格条料 16 条，材料剪裁利用率达 96%。

（3）计算材料利用率 η

$$\eta=\frac{A_0}{A}\times100\%$$

式中　A_0——所得制件的总面积；

A——一个步距的条料面积（$L\times B$）。

得
$$\eta=\frac{41\times8.5\times2}{12\times90}\times100\%=65\%$$

（4）计算冲压力　完成本制件所需的冲压力由冲裁力、弯曲力及卸料力、推料力组成，不需计算弯曲时的顶料力和压料力。

1）冲裁力 $F_{冲}$——由冲孔力、切口力、切断力和侧刃冲压力四部分组成。

冲裁力 $F_{冲}$ 的计算公式为

$$F_{冲}=KLt\tau_0 \text{ 或 } F_{冲}=Lt\sigma_b$$

式中　K——系数，$K=1.3$；

L——冲裁周边长度；

τ_0——材料的抗剪强度；

σ_b——材料的抗拉强度。

黄铜 H68 的抗拉强度为 $\sigma_b=343\text{MPa}$（为计算方便，圆整为 350MPa），因此

$$\begin{aligned}F_{冲}&=350\times1\times[4\times3.5\times3.14+2\times(3.5+41\times2)+2\times(12+1.5)+2\times8.5+5]\text{N}\\&=92.4\text{kN}\end{aligned}$$

2）弯曲力 $F_{弯}$——为有效控制回弹，采用校正弯曲。

校正弯曲力 $F_{弯}$ 的计算公式为

$$F_{弯}=Ap$$

式中　A——变形区投影面积；

p——单位校正力，由表 4-3 选取单位校正力 $p=60\text{MPa}$。

$$F_{弯}=2Ap=2\times8.5\times39\times60\text{N}=39.8\text{kN}$$

3）卸料力 $F_{卸}$ 和推料力 $F_{推}$

$$F_{卸}=K_{卸}F_{冲}$$
$$F_{推}=K_{推}F_{冲}n$$

式中　$K_{卸}$、$K_{推}$——卸料力、推料力的系数，$K_{推}=K_{卸}=0.05$；

n——卡在凹模直壁洞口内的制件（或废料）件数，一般卡 3~5 件，本例取 $n=5$。

$$F_{卸}=0.05\times92.4\text{kN}=4.6\text{kN}$$
$$F_{推}=5\times0.05\times92.4\text{kN}=23.1\text{kN}$$
$$F=F_{冲}+F_{弯}+F_{卸}+F_{推}=(92.4+39.8+4.6+23.1)\text{kN}=159.9\text{kN}$$

（5）初选压力机　由开式双柱可倾压力机（部分）参数，初选压力机型号规格为 J23-25。

（6）计算压力中心　本例由于图形规则，两件对排，左右对称，故采用解析法求压力中心较为方便。建立坐标系如图 7-4 所示。

因为左右对称，所以 $X_G=0$，只需求 Y_G。

根据合力矩定理有

$$\begin{aligned}Y_G&=\frac{Y_1F_1+Y_2F_2+Y_3F_3+Y_4F_4+Y_5F_5+Y_6F_6}{F_1+F_2+F_3+F_4+F_5+F_6}\\&=\frac{2\times1\times350\times[6\times12+7.8\times3.5\times3.14+19.8\times3.14\times3.5+37.8\times(3.5+2\times41.5^*)+}{(93.1+39.8)\times1000}\end{aligned}$$

$$\frac{66\times(8.5+2)]+55.8\times39800}{(93.1+39.8)\times1000}\text{mm}$$

$$=\frac{5257440}{132900}\text{mm}=39.559\text{mm}\approx40\text{mm}$$

式中注＊尺寸比制件展开毛坯尺寸大0.5mm，目的是避免在切口工序时模具或条料的误差引起制件边缘毛刺的增大。

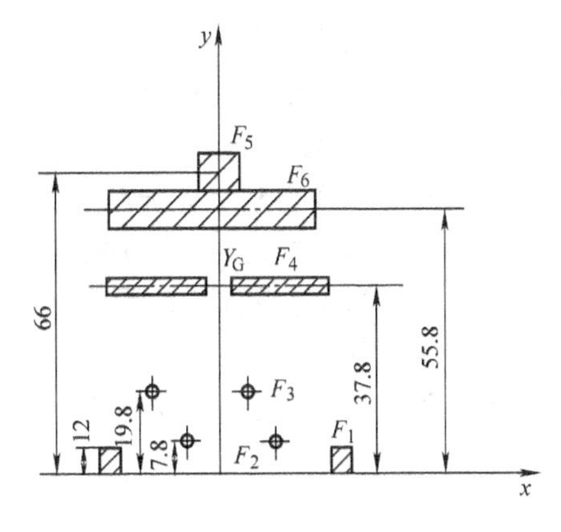

图7-4　建立坐标系

（7）计算凸、凹模刃口尺寸　本制件形状简单，可按分开加工法计算刃口尺寸。由材料抗剪强度与间隙值的关系和规则形状（圆形、方形），冲裁凸、凹模的制造公差为

$$Z_{\min}=0.12\text{mm}\qquad Z_{\max}=0.20\text{mm}$$

$$\delta_p=0.020\text{mm}\qquad \delta_d=0.020\text{mm}$$

$$\delta_p+\delta_d=(0.020+0.020)\text{mm}=0.040\text{mm}$$

$$Z_{\max}-Z_{\min}=(0.20-0.12)\text{mm}=0.08\text{mm}$$

满足

$$\delta_p+\delta_d\leqslant Z_{\max}-Z_{\min}$$

所以可用分开加工刃口尺寸计算公式及表2-6磨损系数X，查出$X=0.5$。

1）冲孔刃口尺寸

$$d_p=(3.5+0.5\times0.30)_{-0.020}^{\ 0}\text{mm}=3.65_{-0.020}^{\ 0}\text{mm}$$

$$d_d=(3.65+0.12)_{\ 0}^{+0.020}\text{mm}=3.77_{\ 0}^{+0.020}\text{mm}$$

2）切口和切断刃口尺寸：由于在切口和切断工序中，凸、凹模均只在三个方向与板料作用并使之分离，并由图7-3可知，尺寸C和S既不是冲孔尺寸也不是落料尺寸，因此要正确控制C和S两个尺寸才能间接保证制件外形尺寸，为使计算简便，直接取C和S值为凸模基本尺寸，间隙取在凹模上。

①　切断刃口尺寸

$$d_p=5_{-0.020}^{\ 0}\text{mm}$$

$$d_d=(5+0.12)_{\ 0}^{+0.020}\text{mm}=5.12_{\ 0}^{+0.020}\text{mm}$$

②　切口刃口尺寸

$$d_p=3.5_{-0.020}^{\ 0}\text{mm}$$

$$d_d=(3.5+0.12)_{\ 0}^{+0.020}\text{mm}=3.62_{\ 0}^{+0.020}\text{mm}$$

3）侧刃尺寸：侧刃为标准件，根据送料步距和修边值查侧刃值表，按标准取侧刃尺寸。

侧面切口值尺寸得

侧刃宽度$B=6\text{mm}$　　侧刃长度$L=12\text{mm}$

间隙取在凹模上，故侧刃孔口尺寸为

$$B=6.12_{\ 0}^{+0.020}\text{mm}\qquad L=12.12_{\ 0}^{+0.020}\text{mm}$$

（8）凹模各孔口位置尺寸　在本例中，这类尺寸较多，包括两侧刃孔位置尺寸、四个小孔位置尺寸、两切口模孔位置及切断孔口位置尺寸。其基本尺寸可按排样图确定。其制造公差由冲裁件精度可知应为IT9级，但本例送进工步数较多，累积误差过大，会造成凸、凹模间隙不均，影响冲裁质量和模具寿命，故而应将模具制造精度提高。考虑到加工经济性，在送料方向的尺寸按 IT7 级制造，其他位置尺寸按 IT8 ~ IT9 级制造，凸模固定板与凹模配制。具体尺寸如图 7-5 所示。

(9) 卸料板各孔口尺寸　卸料板各型孔应与凸模保持 $0.5Z_{min}$间隙，这样有利于保护凸、凹模刃口不被“啃”伤，据此原则确定具体尺寸，如图 7-6 所示。

(10) 凸模固定板各孔口尺寸　凸模固定板各孔与凸模配合，通常按 H7/n6 或 H7/m6 选取，本例选 H7/n6 配合。凸模固定板各型孔尺寸公差如图 7-7 所示。

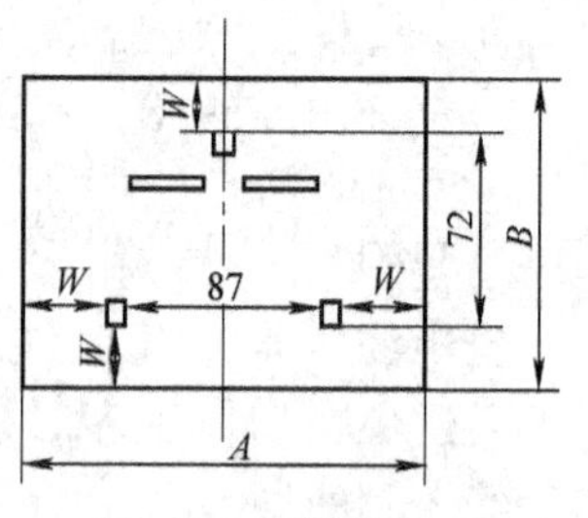

图 7-5　凹模孔口到凹模周界尺寸

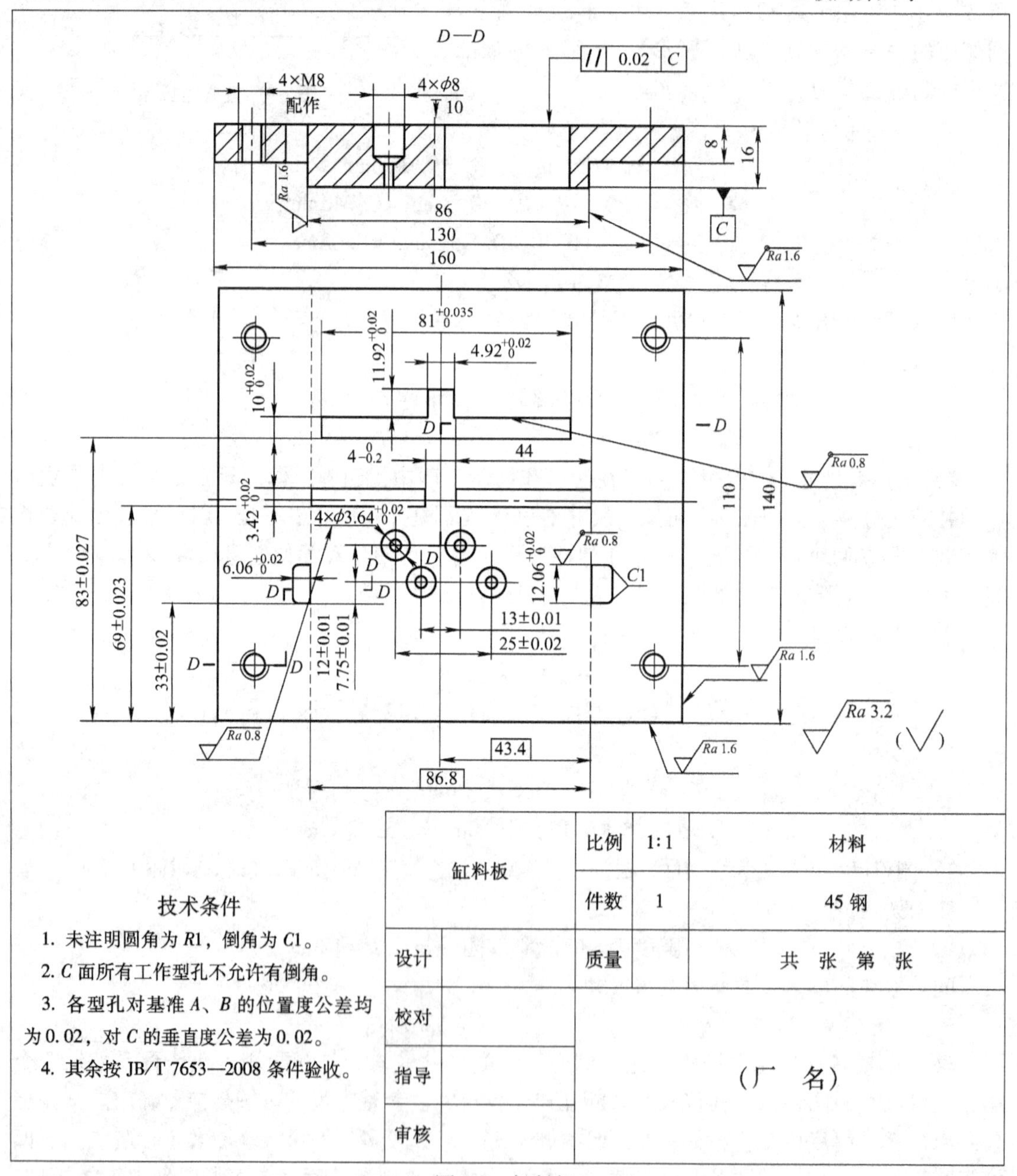

图 7-6　卸料板

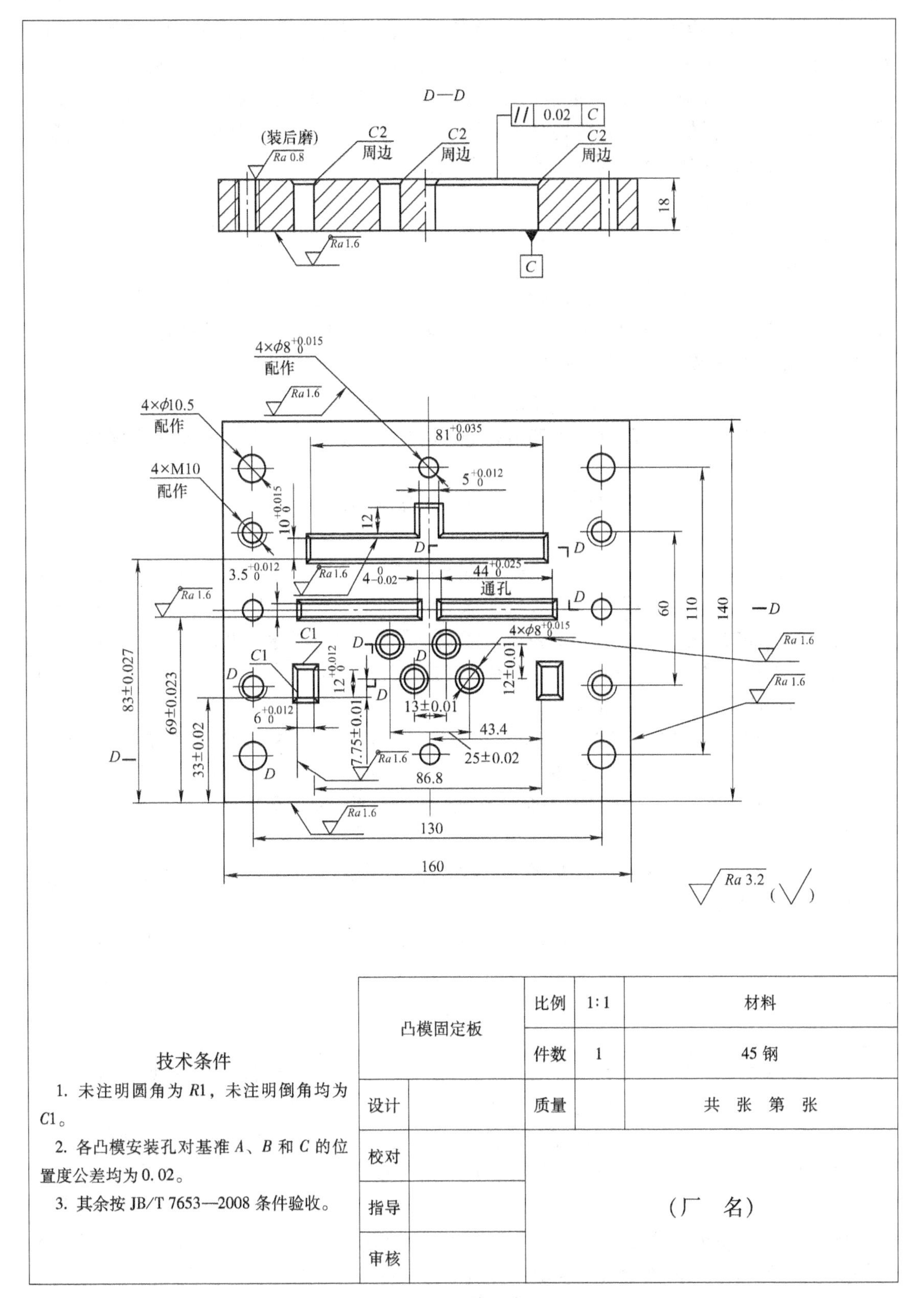
D—D
0.02 C
(装后磨)
Ra 0.8
C2
周边
C2
周边
C2
周边
18
Ra 1.6
C
4×ϕ8 +0.015 0
配作
Ra 1.6
4×ϕ10.5
配作
4×M10
配作
81 +0.035 0
5 +0.012 0
10 +0.015 0
12
3.5 +0.012 0
Ra 1.6
4 0 −0.02
44 +0.025 0
通孔
Ra 1.6
C1
C1
4×ϕ8 +0.015 0
Ra 1.6
Ra 1.6
12 +0.012 0
12±0.01
13±0.01
6 +0.012 0
7.75±0.01
43.4
25±0.02
86.8
Ra 1.6
83±0.027
69±0.023
33±0.02
60
110
140
Ra 1.6
130
160
Ra 3.2 (√)
技术条件
1. 未注明圆角为 R1，未注明倒角均为 C1。
2. 各凸模安装孔对基准 A、B 和 C 的位置度公差均为 0.02。
3. 其余按 JB/T 7653—2008 条件验收。
凸模固定板
比例 1:1
材料
件数 1
45 钢
设计
质量
共 张 第 张
校对
指导
(厂 名)
审核

图 7-7 凸模固定板

（11）回弹值　由工艺分析可知，本制件弯曲回弹影响最大的部位是在15°角处，$R/t=2<5$。此处属小圆角V形弯曲，故只考虑回弹值。回弹值可查相关图表进行估算。如果手边无该种材料的回弹值数据，也可根据材料的σ_b值，查与其相近材料的回弹值作为参考。据此，由弯曲的回弹值可知15°角处由于回弹，可能小于15°，但回弹值不会很大，故弯曲凸、凹模均可按制件基本尺寸标注，在试模后稍加修磨即可。

3. 填写冲压工艺卡

按表7-1要求，将以上有关结果、数据填入。时间定额一栏可不要求填写。

4. 模具结构设计

（1）凹模设计　因制件形状简单，虽有6个工步，但总体尺寸并不大，因此选用整体式矩形凹模较为合理。因生产批量较大，由表3-4，选用Cr12MoV为凹模材料。

1）确定凹模厚度H值：其经验公式为

$$H=\sqrt[3]{F_{冲}}=\sqrt[3]{9240}\text{mm}\approx21\text{mm}$$

2）确定凹模周界尺寸$L\times B$：由凹模孔壁厚的确定公式，凹模孔口轮廓线为直线时，$W=1.5H$。由图7-5得

$$W=1.5H=1.5\times21\text{mm}\approx32\text{mm}$$

$$L=150\sim160\text{mm}\qquad B\approx130\sim140\text{mm}$$

所以凹模周界尺寸为160mm×140mm×20mm。据此值查GB/T 2872.1—1981标准，可得典型组合160×140×（140~170）（单位为mm）。而由此典型组合标准，即可方便地确定其他冲模零件的数量、尺寸及主要参数。需要说明的是凹模宽度140mm这个尺寸虽然不是优先选用参数，但根据图7-5计算出的B值与之最接近，而且当$B=140$mm时，压力中心与凹模几何中心重合，故选定此尺寸。

（2）选择模架并确定其他冲模零件尺寸　由凹模周界尺寸及模架闭合高度在140~170mm之间，选用对角导柱模架，标记为160×140×（140~170）Ⅰ（GB/T 2851.1—1981），并可根据此标准画出模架图。类似也可查出其他零件尺寸参数，此时即可转入画装配图。

5. 画装配图和零件图

按要求绘制装配图和零件图（见图7-8~图7-13，冲孔、切口、切断凸模略）。

6. 校核压力机安装尺寸

模座外形尺寸为250mm×230mm，闭合高度为160 mm，J23-25型压力机工作台尺寸为370mm×560mm，最大闭合高度为270 mm，连杆调节长度为55 mm，故在工作台上加一50~100 mm垫板，即可安装。模柄孔尺寸也与本副模具所选模柄尺寸相符。

7. 编写技术文件

填写冲模零件机械加工工艺过程卡，格式见表7-2，编写设计说明书。这里需要说明的是，在生产实际中，一般仅需填写两个卡片，而不写设计说明书。

例7-2　如图7-14所示的心轴托架，试制订其工艺方案。材料为08钢，料厚1.5mm，年产量为两万件，表面不允许有明显划痕，孔不能变形。

1. 工艺分析

托架中心ϕ10mm孔的使用要求是插入心轴，4×ϕ5mm孔为机身连接的螺钉孔，5个孔的精度均为IT9级，孔不准变形，且制件表面不能有划痕。根据尺寸、形状及精度要求说明该制件可以用冲压方法加工。

表 7-1 冷冲压工艺卡片

（厂 名）	冷冲压工艺卡片	产品型号		零（部）件名称		共 页
		产品名称		零（部）件型号		第 页

材料牌号及规格	材料技术要求	毛坯尺寸	每毛坯可制件数	毛坯质量	辅助材料
H68（半硬） 1500mm × 600mm × 1mm		条料 600mm × 90mm	50		

工序号	工序名称	工序内容	加工简图	设备	工艺装备	工时
0	下料	剪床上裁板 600mm × 90mm		Q11-6 × 2500		
1	冲压	冲孔、切口弯曲、切断连续冲压（一次两件）	8, 15°, R2, R2, 36, 39, 20 8.5, 4.25, 2×ϕ3.5, 4, 6	J23-16	冲孔弯曲级进模	
2	检验	按产品图样检验				
3						
4						
5						
6						
7						
8						

描图	
校对	
底图号	
装订号	

										编制（日期）	审核（日期）	会签（日期）	
	标记	处数	更改文件号	签字	日期	标记	处数	更改文件号	签字	日期			

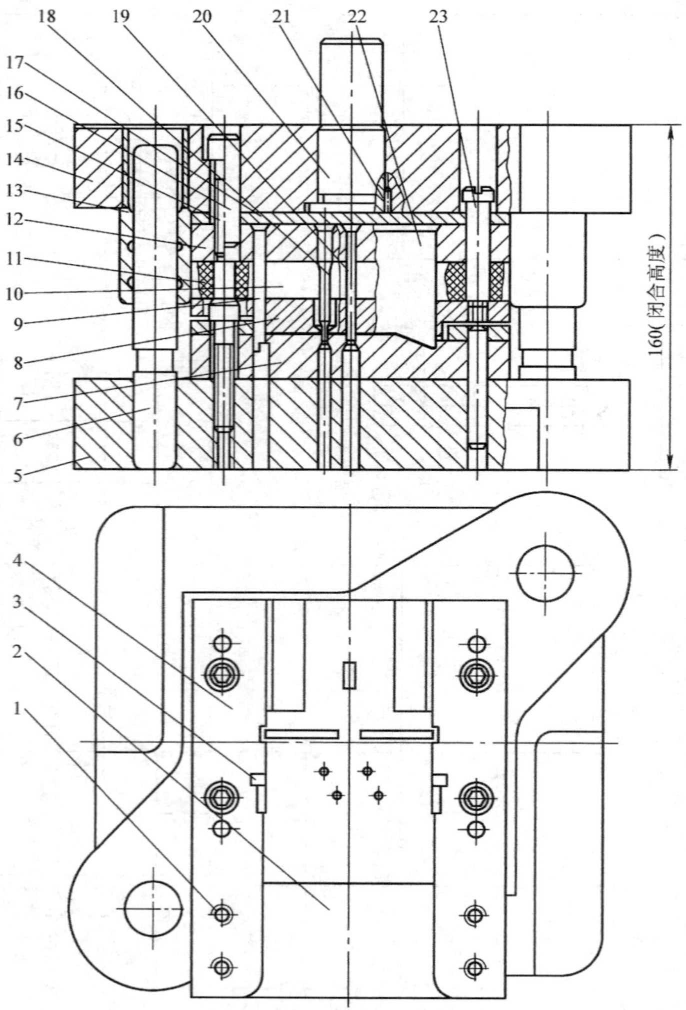

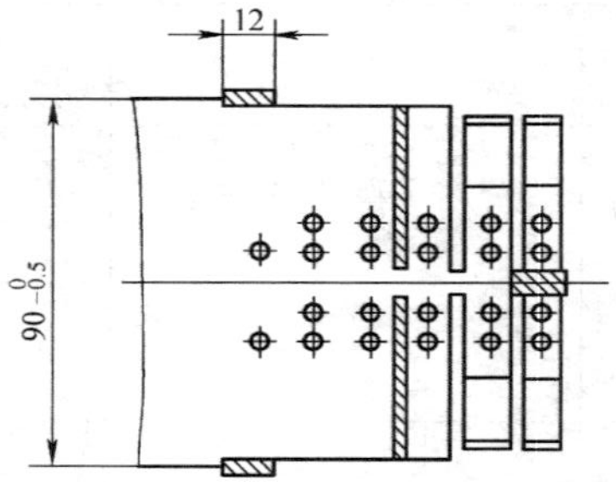

160（闭合高度）

$90_{-0.5}^{\ 0}$

12

序号	名称	件数	材料	备注
23	圆柱头卸料螺钉	4	45	10mm×40mm
22	压弯凸模	1	T8A	
21	圆柱销	1	35	ϕ4mm×6mm
20	模柄	1	Q235	A30mm×83mm
19	切断凸模	1	Cr12	
18	冲孔凸模	4	Cr12	
17	垫板	1	T7A	
16	圆柱销	6	35	ϕ8mm×50mm
15	内六角螺钉	8	35	M10×45
14	上模座	1		A160mm×140mm×40mm
13	导套	2	20	A25H7 A28H7 ×80mm×38mm

序号	名称	件数	材料	备注
12	凸模固定板	1	45	
11	橡皮		耐油橡胶	
10	切口凸模	2	Cr12	
9	侧刃	2	T8A	
8	卸料板	1	45	
7	凹模	1	Cr12	
6	导柱	2	20	B25h6 B28h6 ×150mm×45mm
5	下模座	1		A160mm×140mm×45mm
4	导料板	2	45	
3	侧刃挡块	2	T8A	
2	承料板	1	Q235	
1	六角头螺钉	4	Q235	M6×8

片状弹簧 弯曲切断连续模	比例	1:1		
	件数	1		
设计	质量		共 张	第 张
校对	（厂名）			
指导				
审核				

图 7-8　装配图

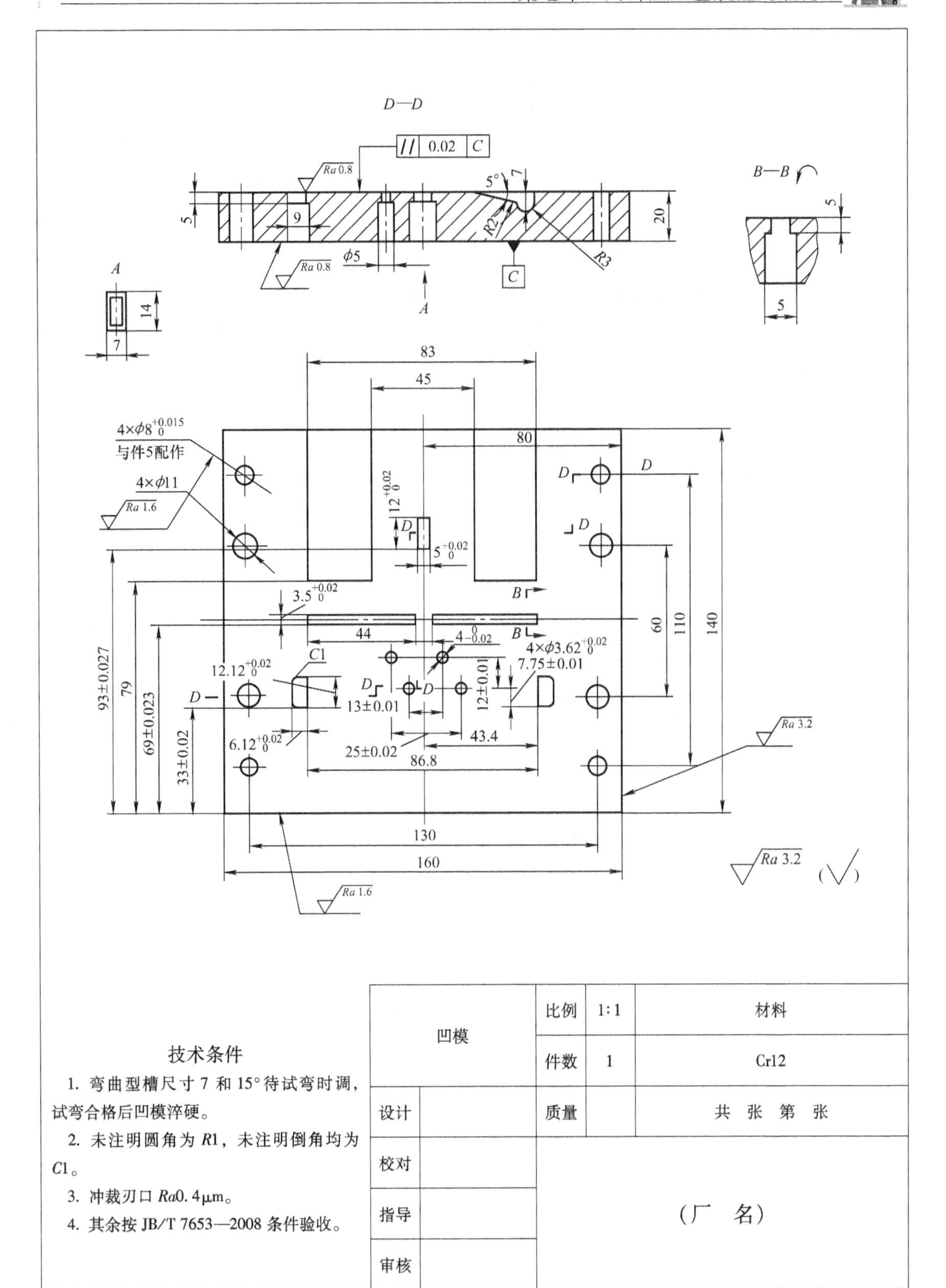
D—D
0.02 C
Ra 0.8
5°
7
5
9
20
R2
R3
ϕ5
C
A
B—B
5
14
7
83
45
80
4×ϕ8$^{+0.015}_{0}$
与件5配作
4×ϕ11
Ra 1.6
12$^{+0.02}_{0}$
5$^{+0.02}_{0}$
3.5$^{+0.02}_{0}$
44
4$^{0}_{-0.02}$
4×ϕ3.62$^{+0.02}_{0}$
7.75±0.01
C1
12.12$^{+0.02}_{0}$
13±0.01
12±0.01
6.12$^{+0.02}_{0}$
25±0.02
43.4
86.8
93±0.027
79
69±0.023
33±0.02
60
110
140
Ra 3.2
130
160
技术条件
1. 弯曲型槽尺寸 7 和 15° 待试弯时调，试弯合格后凹模淬硬。
2. 未注明圆角为 R1，未注明倒角均为 C1。
3. 冲裁刃口 Ra0.4μm。
4. 其余按 JB/T 7653—2008 条件验收。
凹模
比例 1:1
材料
件数 1
Cr12
设计
质量
共　张　第　张
校对
指导
审核
（厂　名）

图 7-9　凹模

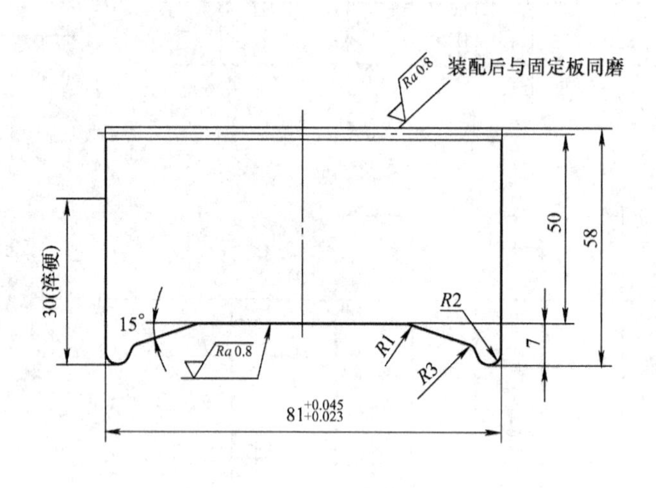

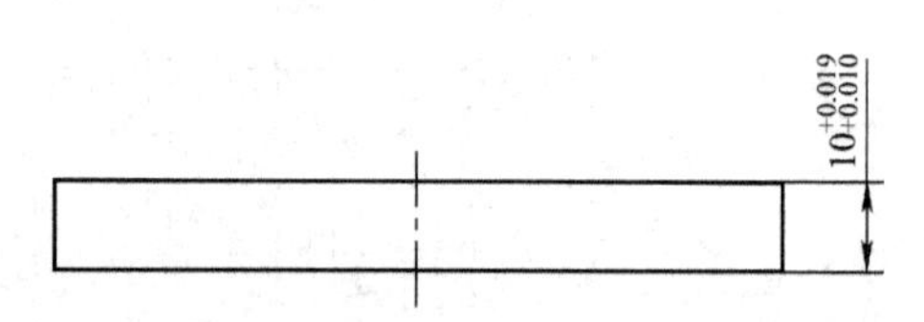

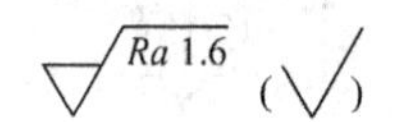

压弯凸模		比例	1:1	材料
		件数	1	Cr12
设计		质量		共　张　第　张
校对		（厂　名）		
指导				
审核				

技术条件

1. 未注明圆角为 R0.5。

2. 淬硬部位要求 58～60HRC，待试模后淬火。

图 7-10　压弯凸模

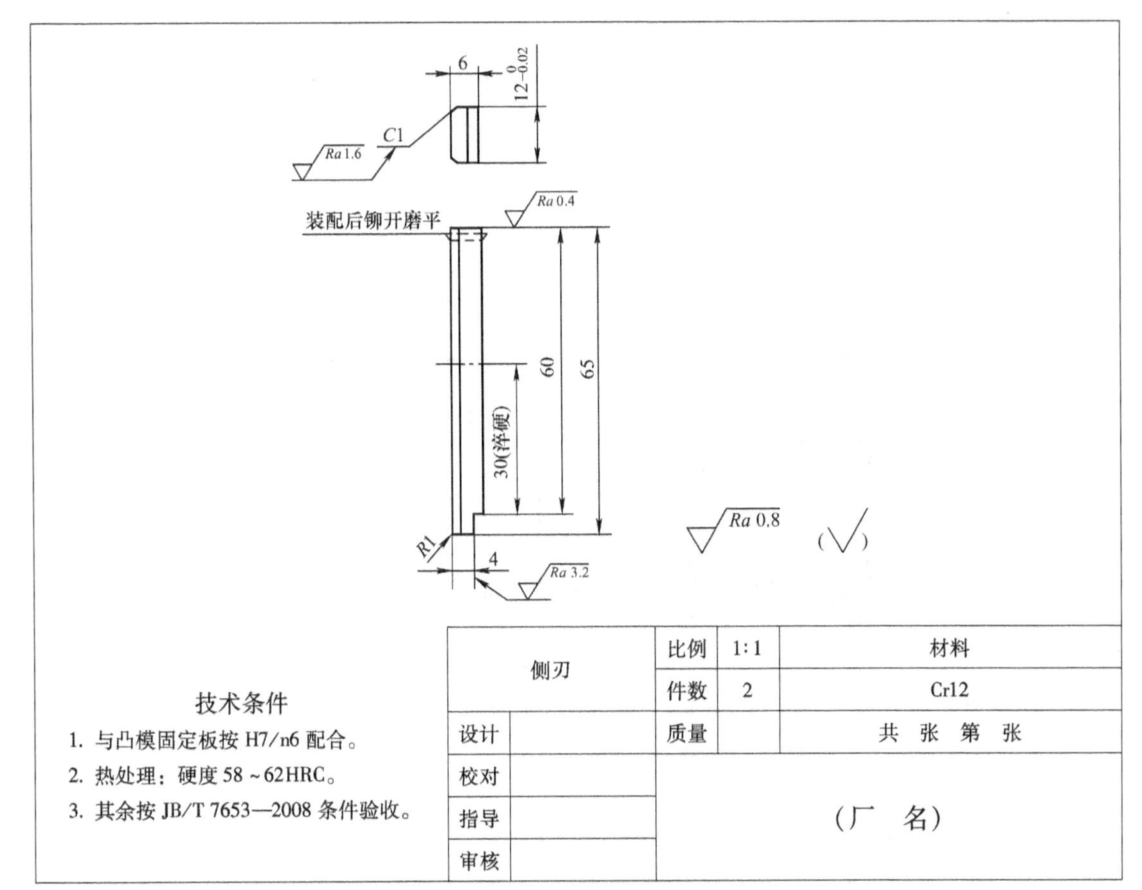

技术条件

1. 与凸模固定板按 H7/n6 配合。
2. 热处理：硬度 58～62HRC。
3. 其余按 JB/T 7653—2008 条件验收。

侧刃		比例	1:1	材料
		件数	2	Cr12
设计		质量		共　张　第　张
校对		（厂　名）		
指导				
审核				

图 7-11　侧刃

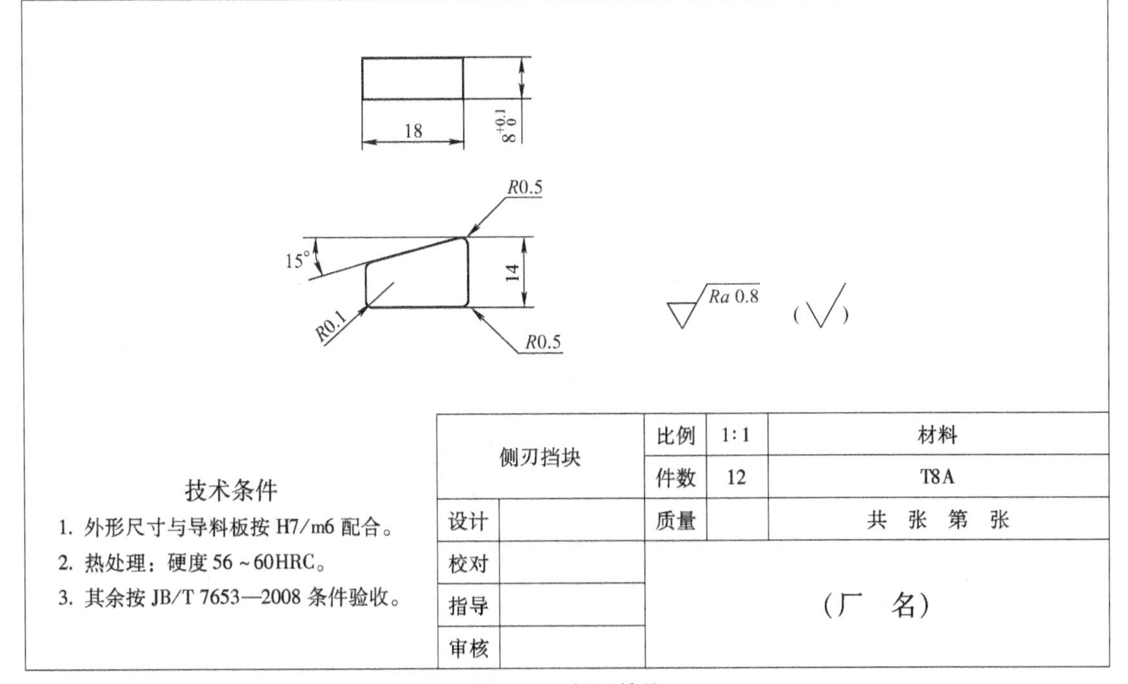

技术条件

1. 外形尺寸与导料板按 H7/m6 配合。
2. 热处理：硬度 56～60HRC。
3. 其余按 JB/T 7653—2008 条件验收。

侧刃挡块		比例	1:1	材料
		件数	12	T8A
设计		质量		共　张　第　张
校对		（厂　名）		
指导				
审核				

图 7-12　侧刃挡块

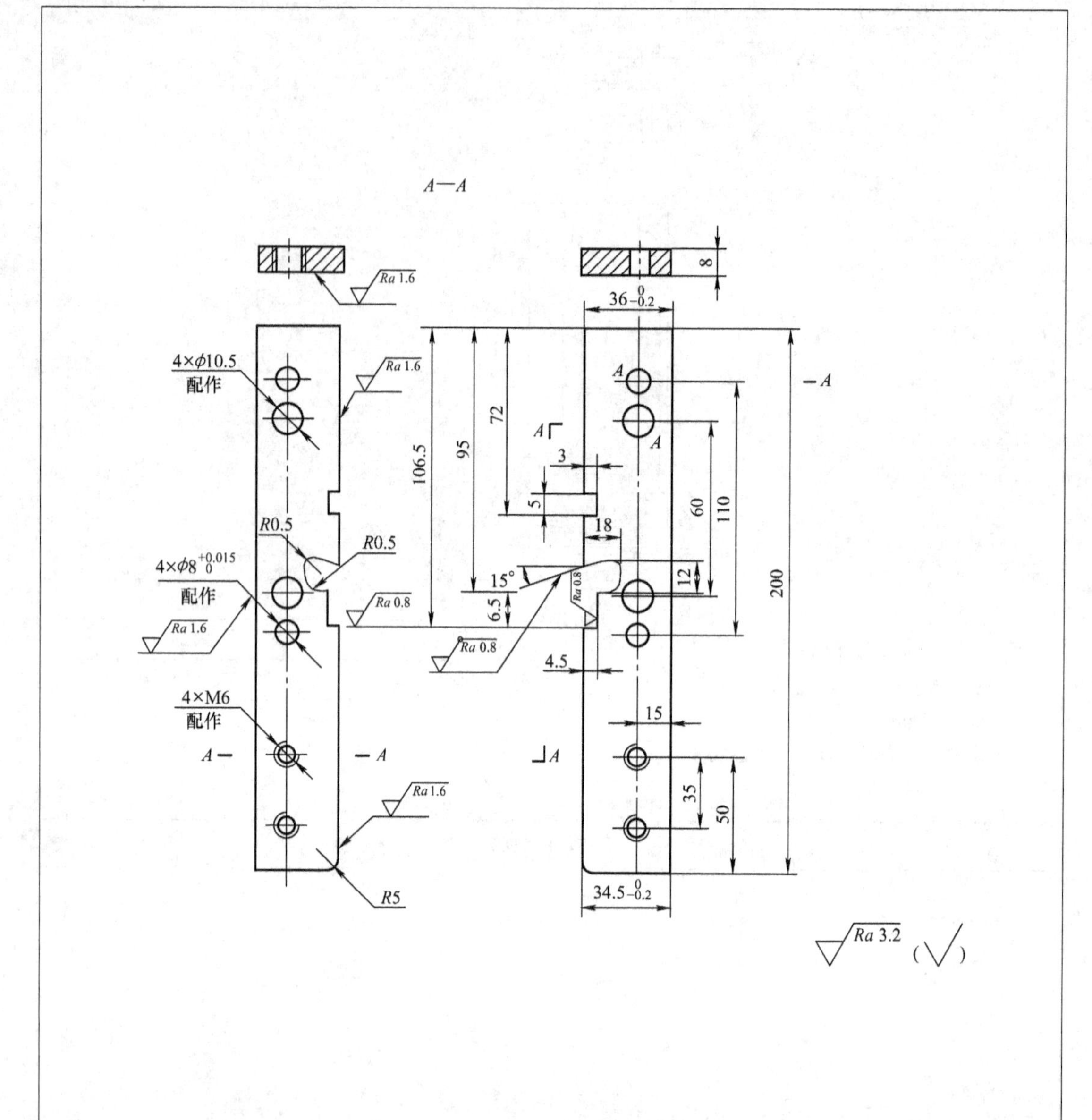

技术条件

1. 侧刃挡块缺口（15°角处）与斜刃成H7/m6配合。
2. 未注明圆角为R0.2，倒角为C0.5。
3. 其余按JB/T 7653—2008条件验收。

导料板		比例	1:1	材料
		件数	各1	Q235
设计		质量		共 张 第 张
校对		（厂 名）		
指导				
审核				

图7-13 导料板

表 7-2　冲模零件机械加工工艺过程卡

<table>
<tr><td colspan="3" rowspan="2">（厂名）</td><td colspan="5" rowspan="2">冲模零件机械加工工艺过程卡</td><td>模具名称</td><td colspan="2">片状弹簧冲压连续模</td><td>共　页</td></tr>
<tr><td>零件名称</td><td colspan="2">凹模</td><td>第　页</td></tr>
<tr><td rowspan="2">材料</td><td>名称</td><td>合金工具钢</td><td>毛坯种类</td><td>毛坯尺寸</td><td>零件质量</td><td>件数</td><td rowspan="2">更改内容</td><td colspan="4"></td></tr>
<tr><td>牌号</td><td>Cr12MoV</td><td>锻坯</td><td></td><td></td><td>1</td><td colspan="4"></td></tr>
<tr><td>序号</td><td colspan="5">工 序 内 容</td><td colspan="2">加 工 车 间</td><td colspan="2">设备名称编号</td><td>工艺装备</td><td>工时定额</td></tr>
<tr><td>1</td><td colspan="5">下料：ϕ100mm × 77mm</td><td colspan="2">备料车间</td><td colspan="2">锯床</td><td></td><td></td></tr>
<tr><td>2</td><td colspan="5">锻造：166mm × 146mm × 24mm 尺寸公差均为 ±2mm</td><td colspan="2">锻造车间</td><td colspan="2">空气锤 C41-250 加热炉</td><td></td><td></td></tr>
<tr><td>3</td><td colspan="5">退火：</td><td colspan="2">锻造车间</td><td colspan="2">加热炉</td><td></td><td></td></tr>
<tr><td>4</td><td colspan="5">检验：</td><td colspan="2">锻造车间</td><td colspan="2"></td><td></td><td></td></tr>
<tr><td>5</td><td colspan="5">刨：粗、半精加工六个面，单面余量为 0.3 ~ 0.4mm</td><td colspan="2">模具车间</td><td colspan="2">铣床或刨床</td><td>机用平口钳</td><td></td></tr>
<tr><td>6</td><td colspan="5">磨：磨上、下平面、两基准面至图样尺寸</td><td colspan="2">模具车间</td><td colspan="2">磨床 M7120A</td><td></td><td></td></tr>
<tr><td>7</td><td colspan="5">划线：划中心线、各螺孔、销孔、型孔轮廓线</td><td colspan="2">模具车间</td><td colspan="2"></td><td>划线平台</td><td></td></tr>
<tr><td>8</td><td colspan="5">加工各孔：各螺钉、销钉孔与下模座配钻配铰</td><td colspan="2">模具车间</td><td colspan="2">立钻 Z525</td><td>平行夹头</td><td></td></tr>
<tr><td>9</td><td colspan="5">铣：铣出落料孔洞</td><td colspan="2">模具车间</td><td colspan="2">立铣 X53K</td><td>机用平口钳</td><td></td></tr>
<tr><td>10</td><td colspan="5">热处理：检验硬度为 60 ~ 64HRC</td><td colspan="2">热处理车间</td><td colspan="2">加热炉、油槽</td><td></td><td></td></tr>
<tr><td>11</td><td colspan="5">磨：精磨上、下面，表面粗糙度达图样要求</td><td colspan="2">模具车间</td><td colspan="2">M7120A</td><td></td><td></td></tr>
<tr><td>12</td><td colspan="5">划线：划各型孔、弯曲型槽轮廓线</td><td colspan="2">模具车间</td><td colspan="2"></td><td>划线平台</td><td></td></tr>
<tr><td>13</td><td colspan="5">电加工：电火花穿孔加工弯曲型槽</td><td colspan="2">模具车间</td><td colspan="2">电火花成型机床 HCD250</td><td></td><td></td></tr>
<tr><td>14</td><td colspan="5">电加工：电火花线切割冲裁型孔</td><td colspan="2">模具车间</td><td colspan="2">电火花线切割机床 HCKX250</td><td>工件垫板</td><td></td></tr>
<tr><td>15</td><td colspan="5">修整：修整型腔</td><td colspan="2">模具车间</td><td colspan="2">H78-1 电动抛光机</td><td></td><td></td></tr>
<tr><td>16</td><td colspan="5">检验：按图样检验</td><td colspan="2"></td><td colspan="2"></td><td></td><td></td></tr>
<tr><td colspan="2">编制</td><td colspan="2"></td><td>校对</td><td></td><td colspan="2">审核</td><td></td><td>会签</td><td colspan="2"></td></tr>
</table>

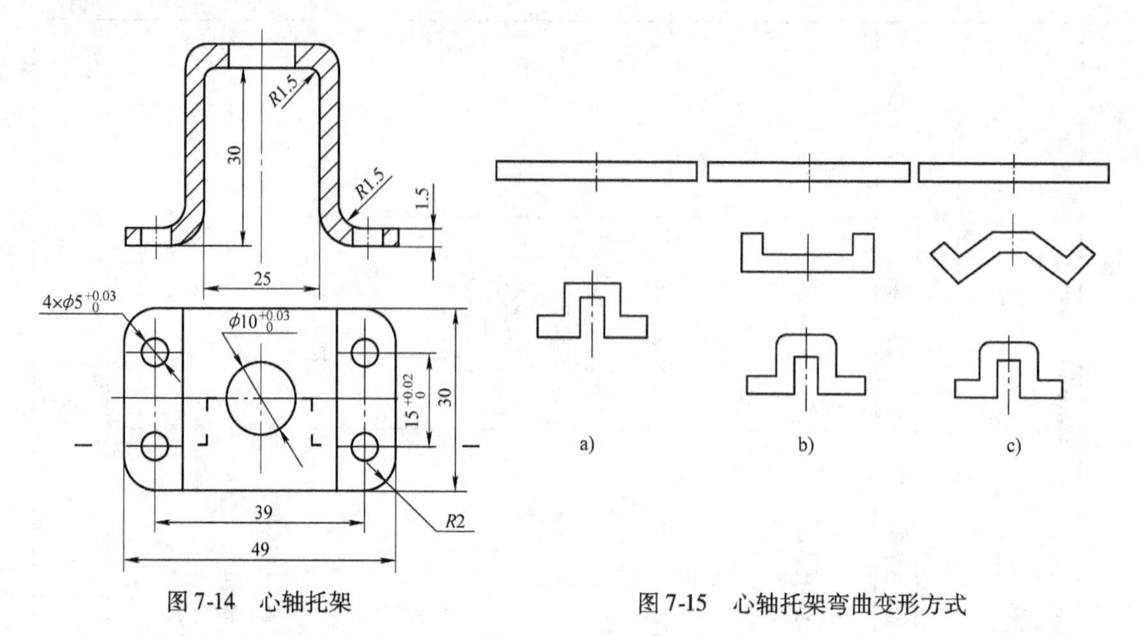

图 7-14　心轴托架　　　　图 7-15　心轴托架弯曲变形方式

2. 工艺方案分析确定

此制件从结构形状与要求来看，大致可用三种弯曲方式实现（图 7-15）。

第一种弯曲方式如图 7-15a 所示，显然用一副弯曲模弯曲即可冲成。其优点是模具数、设备及操作人员的数量均减少，生产率有一定的提高。其缺点是由于弯曲半径（$R1.5$mm）较小，故材料在凹模口容易被划伤，凹模口也易磨损，从而导致模具寿命降低；其次，由于弯曲时没有有效地利用过弯曲和校正弯曲，故制件回弹也较严重。

第二种弯曲方式如图 7-15b 所示。此方式与上述方式的明显差异在于将弯曲工序分成两次完成。第一次将制件两端弯曲成 90°，第二次再从中间部分弯成 90°。此弯曲的变形程度比第一种方式要缓和得多，弯曲力也较小，模具磨损也减小，寿命也提高，但制件回弹还是不能控制，操作人员与设备也增加。

第三种弯曲方式如图 7-15c 所示。此方式的特征是先将中间与两端材料预弯成 45°，然后再用一副弯曲模将其变成为 90°。本方式主要解决了制件的回弹，因为弯曲方式采用弯曲和校正弯曲，故可得到尺寸比较精确的制件。此模具工作条件较好，寿命也提高，制件表面也不会发生划伤等现象。

根据以上弯曲方式的分析，即可编制出此制件冲压的一系列工艺方案，大致可分为五种。

1）方案一：冲 $\phi10$mm 孔与落料复合→弯曲两端与中间成 45°角→弯曲中间成 90°角→冲 $4\times\phi5$mm 孔（图 7-16）。

此方案的模具结构简单，制造方便，寿命长，投产快。各工序定位一致，并与设计基准重合，而且回弹也易控制，其尺寸精度、形状、表面质量均较高。不足之处是工序分散，模具数多，设备和操作人员多，劳动强度大。

2）方案二：冲 $\phi10$mm 孔与落料复合（图 7-16a）→弯曲两端成 90°角→弯中间成 90°角（图 7-17）→冲 $4\times\phi5$mm 孔（图 7-16d）。

此方案的模具结构简单，投产快，寿命长，但制件回弹不易控制，尺寸形状和精度都

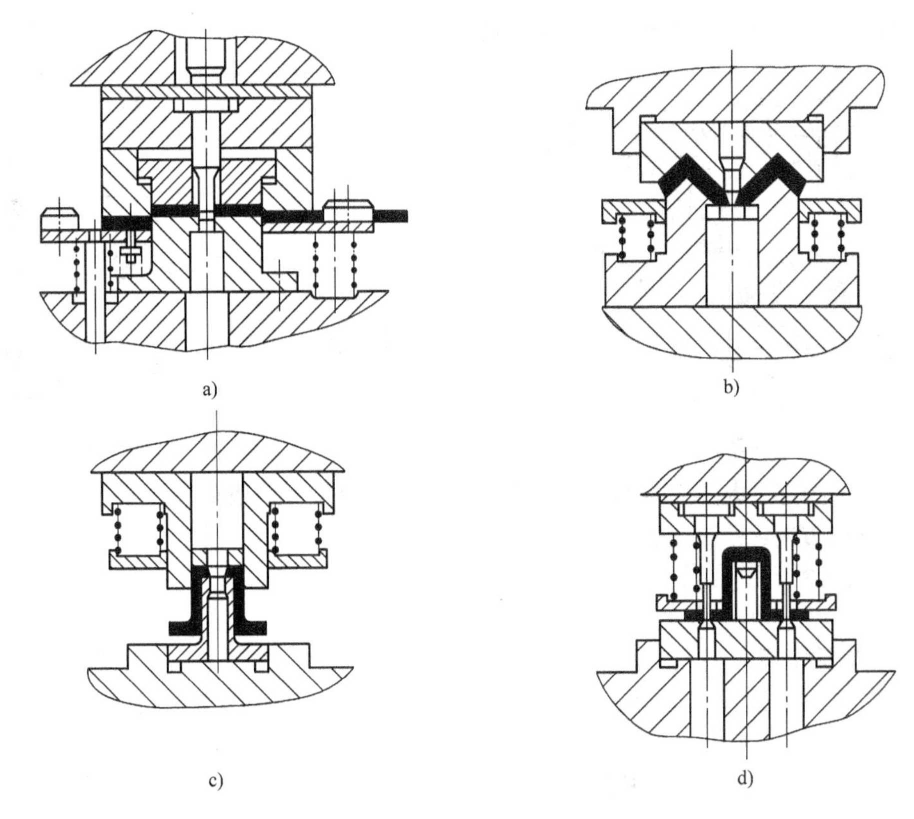

图 7-16　心轴托架工艺方案一

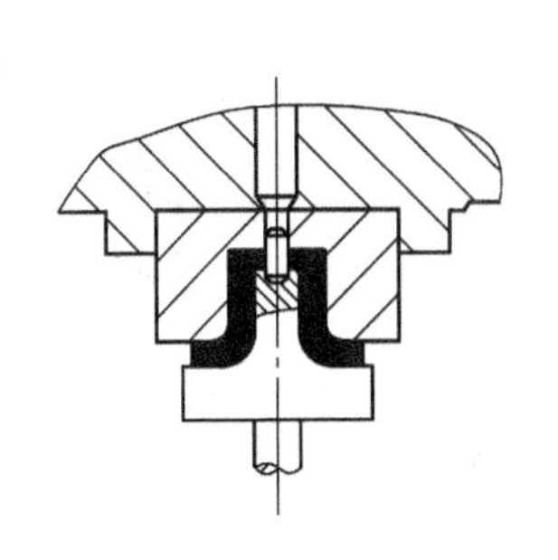

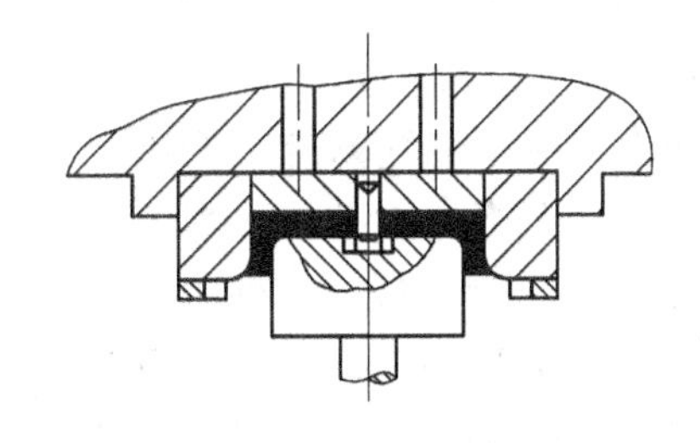

图 7-17　心轴托架工艺方案二

差，同时还存在方案一的缺点。

3）方案三：冲 ϕ10mm 孔与落料复合→四点弯曲成 90°角（图 7-18）→冲 4 个 ϕ5mm 孔。

此方案工序集中，设备及操作人员可减少，但模具寿命短，制件质量下降。

4）方案四：冲 ϕ10mm 孔→切断→四点弯曲成 90°角连续冲裁（图 7-19）→冲 4 × ϕ5mm 孔。

此方案工序集中，从制件成形角度来分析，本质上与方案二相同，可是模具结构复杂，成本高。

图 7-18　心轴托架四点弯曲模

5）方案五：全部工序组合，采用带料级进冲压（图 7-20）。

此方案的优点是工序集中，生产率高，操作安全，适用于大批量生产。缺点是模具结构复杂，安装、调试、维修比较困难，制造周期长。

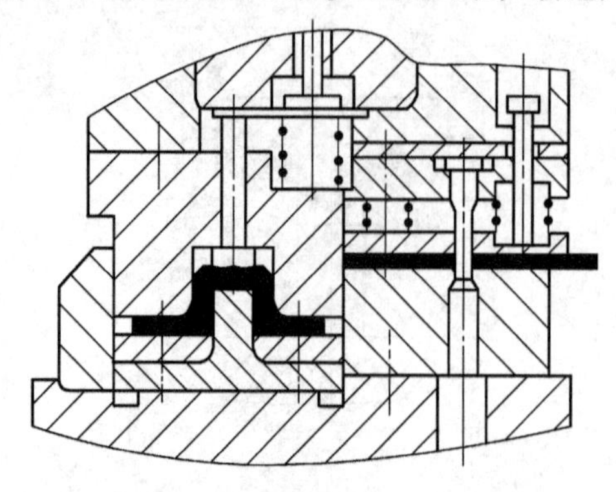

图 7-19　心轴托架级进冲模

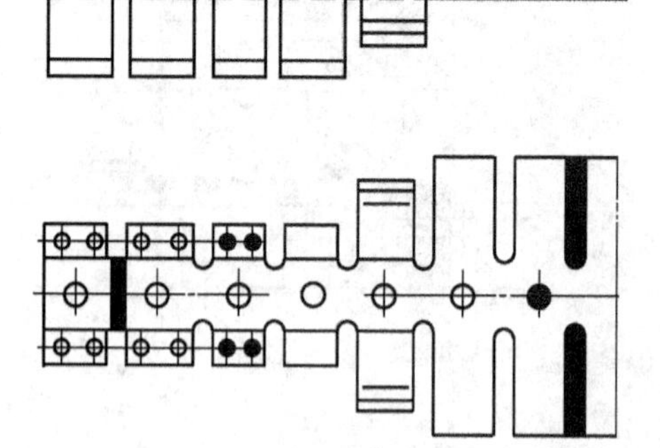

图 7-20　心轴托架带料级进冲压排样图

综合以上各方案，从保证制件的尺寸精度、生产批量及经济效益等方面考虑，方案一是综合效益最好的方案。

3. 绘制模具各工序总图

略。

例 7-3　柴油机通风口座如图 7-21 所示，材料为 08 钢，料厚 1.5mm，年产量四万件。试确定其工艺方案，选择冲压设备，计算冲模工作部分尺寸并绘制模具总图。

1. 工艺分析

从形状特征看，制件是阶梯状拉深制件，由于深度较浅，所以 Δh 可不进行计算，口部高度基本是平整的。冲压此制件的基本工序为落料、拉深、冲孔、翻孔。如果计算的最大翻孔高度不能满足制件要求，那么要多一次拉深，则工序为落料→第一次拉深→第二次拉深→冲底孔→翻孔；其中第一次拉深与落料可复合，第二次拉深与冲孔又可以复合，这样可减少模具数，即三副模具即可将此制件冲压出来。

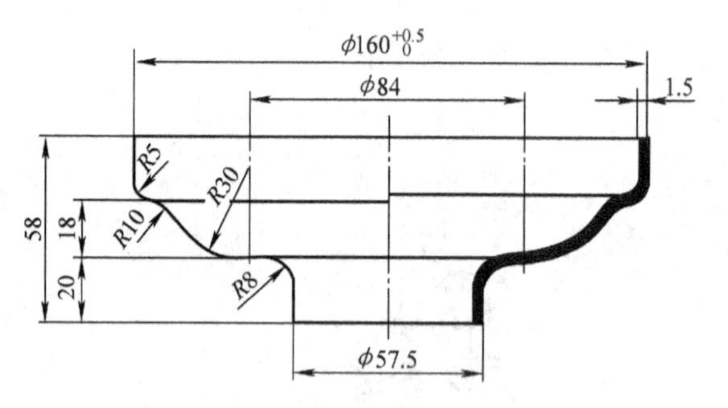

图 7-21　柴油机通风口座

从制件尺寸看，$\phi160^{+0.5}_{0}$mm 尺寸精度要求也不高，也就是说拉深各口部回弹变形允许在 0 ~ +0.5mm 之间，一般拉深均能达到此要求。两台阶圆角半径 $R10$mm 与 $R5$mm 相接，$R8$mm 与 $R30$mm 相接，而模具圆角半径要求 $r_d = (3 \sim 4)\ t$，$r_p = (0.7 \sim 1)\ r_d$，可见，除 $R5$mm 外，其余圆角半径均大于上述数值，故能满足拉深工艺要求，其余尺寸均为不标注公差的尺寸。

2. 工艺方案的确定

（1）翻孔工序计算

1）核实能否采用一次翻孔成功。查表 6-2 得极限翻孔系数 $K_{min} = 0.68$，因此

$$H_{max} = \frac{D}{2}(1-K) + 0.43r + 0.72t = \left[\frac{56}{2}(1-0.68) + 0.43 \times 8 + 0.72 \times 1.5\right]\text{mm}$$

$$= 13.48\text{mm}$$

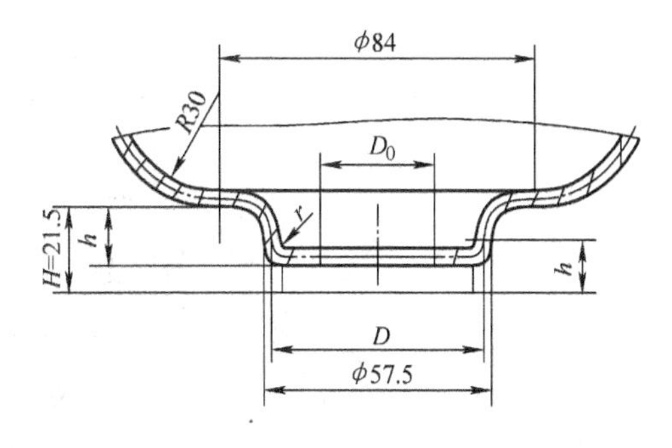

图 7-22　通风口座拉深翻孔工艺尺寸

(20+1.5) mm > 13.48mm，因此制件翻孔高度 $H > H_{max}$。由于一次翻孔不能达到制件高度要求，必须采用拉深→冲孔→翻孔工序。因此该制件的全冲压工序应为：第一次拉深与落料复合→第二次拉深与冲底孔复合→翻孔工序，这样三副模具方可冲成；另外，还有一个方案，可将此全部工序用级进模实现冲压，其工序顺序是切缝→第一次拉深→第二次拉深→冲底孔→翻孔→落料。采用级进模冲裁虽然先进，可是由于此制件年产量不高，再加上要多一对切缝凸、凹模，对整个模具的加工和装配均带来一定的困难，故从经济角度考虑还是采用上述方案为好。

2）计算冲底孔后翻孔高度 h（图 7-22）。查表 6-2 得 $K_{min}=0.68$，拉深凸模圆角半径 $r_p=2t=2\times1.5mm=3mm$，按公式计算所能达到的翻孔最高高度为

$$h_{max}=\frac{D}{2}(1-K_{min})+0.57r=\left[\frac{56}{2}(1-0.68)+0.57\times3\right]mm=10.67mm$$

翻孔高度取 $h=10mm$。

3）计算冲底孔直径 D_0

$$\begin{aligned}D_0&=D+1.14r-2h\\&=(56+1.14\times3-2\times10)mm\\&=39.42mm\end{aligned}$$

复合冲压，孔径一般略有增大，所以取 $D_0=39mm$。

4）计算拉深高度 h'

$$\begin{aligned}h'&=H-h+r+t\\&=(21.5-10+3+1.5)mm\\&=16mm\end{aligned}$$

5）绘制翻孔前半成品图，如图 7-23所示。

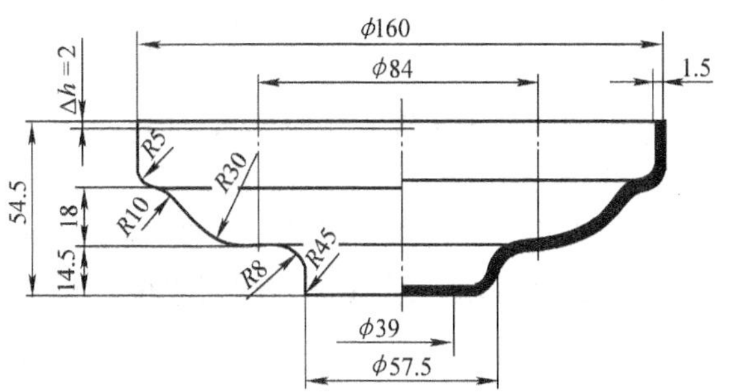

图 7-23　通风口座翻孔前半成品图

（2）拉深工序计算　翻孔前制件已成图 7-23 所示半成品，形状为阶梯形。现确定其拉深次数并进行各次半成品尺寸的工艺计算。

1）毛坯直径 d_0 的计算。如图 7-24 所示，现按古鲁金定律计算（或用作图法）。

$$d_0=\sqrt{8\sum l_n r_n}=\sqrt{8\times5302.17}mm=206mm$$

曲面旋转体各部分计算所得值见表 7-3。

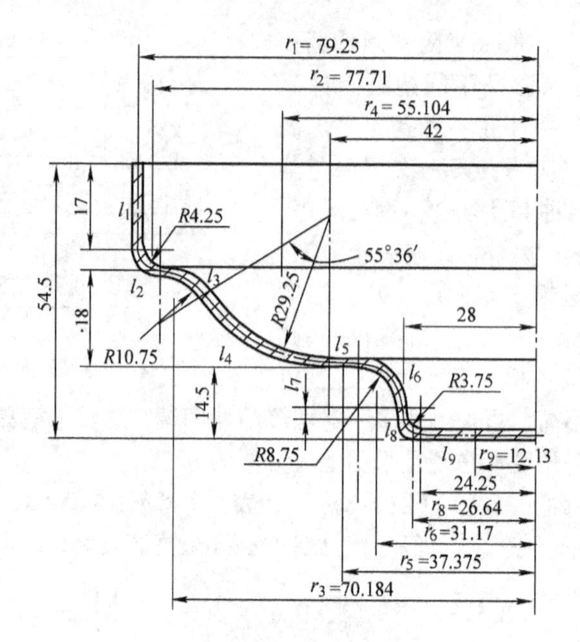

图 7-24 通风口座计算毛坯分析图

表 7-3 通风口座曲面旋转各部分计算值 （单位：mm）

序 号	l	r	$l\times r$	序 号	l	r	$l\times r$
1	17	79.25	1347.25	6	13.75	31.17	428.59
2	6.67	77.71	518.33	7	2	28	56
3	10.428	70.18	731.88	8	5.89	26.64	156.67
4	28.37	55.10	1563.3	9	24.25	12.13	293.43
5	5.25	39.38	206.72	$\sum lr$ = 5302.17			

相对厚度

$$\frac{t}{d_0}=\frac{1.5}{206}=0.72\%$$

2）确定能否一次拉成。根据 $d_0=206\text{mm}$，$d_n=57.5\text{mm}$ 查图 5-15 得拉深次数为两次左右，故一次不能拉成。

3）计算第一次拉深工序尺寸（图 7-25）。利用变形前后面积相等法，使变形部分第一次拉深时的面积和第二次拉深后的面积相等，求出第一次拉深直径和拉深高度。

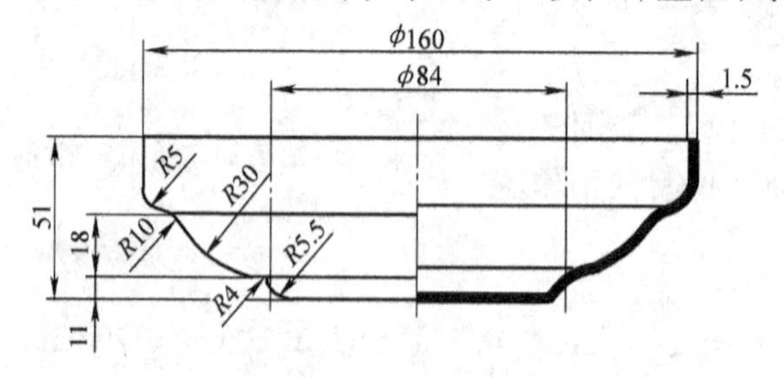

图 7-25 通风口座第一次拉深后的尺寸

按图 7-24 中的 l_5 开始计算面积，求出毛坯直径 d'_0

$$d'_0=\sqrt{8\sum l_n r_n}=\sqrt{8\times(206.72+428.59+56+156.67+293.43)}\text{mm}\approx95.6\text{mm}$$

根据 $t/d_0=0.72\%$，查表 5-4 得拉深系数 $m_2=0.76$，计算第一次拉深直径 $d=56/0.76\text{mm}=73.6\text{mm}$，为保证质量，实际取 $d=72\text{mm}$。

按公式求得拉深高度

$$h=\left[\frac{0.25}{72}\times(95.6^2-84^2)+0.86\times4.75\right]\text{mm}\approx11\text{mm}$$

4）绘制第一次拉深工序图，如图 7-25 所示。

5）此时工件形状近似于阶梯，为了便于核算，将第二阶梯的直径假设为 $\phi122\text{mm}$，计算 $m_假$，校核能否一次拉成。

注：利用克里满诺维奇的经验公式，来求 $m_假$。

$$m_假=\frac{\frac{h_1}{h_2}\frac{d_1}{d_0}+\frac{h_2}{h_3}\frac{d_2}{d_0}+\cdots+\frac{h_{n-1}}{h_n}\frac{d_{n-1}}{d_0}+\frac{d_n}{d_0}}{\frac{h_1}{h_2}+\frac{h_2}{h_3}+\cdots+\frac{h_{n-1}}{h_n}+1}=\frac{\frac{21.25}{18}\times\frac{158.5}{206}+\frac{18}{11}\times\frac{122}{206}+\frac{72}{206}}{\frac{21.25}{18}+\frac{18}{11}}=0.79$$

根据相对厚度 $t/d_0=0.72\%$，查表 5-4 得无突缘筒形件首次拉深系数为 $m_1=0.53\sim0.55$，现在 $m_假>m_1$，所以此阶梯形件可以一次拉深成功。

通过上述分析计算，对此制件的冲压工艺可下结论由三副模具完成。第一副模具为落料和第一次拉深模（图 7-26）；第二副模具为第二次拉深和冲底孔模（图 7-27）；第三副模具为翻孔模（图 7-28）。

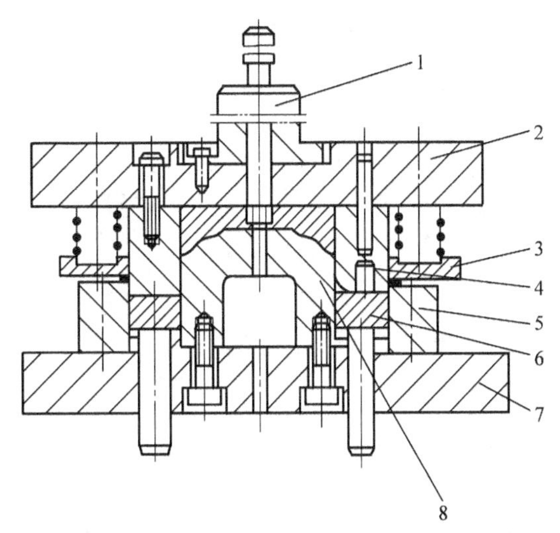

图 7-26　落料-拉深复合模

1—模柄　2—上模座　3—卸料板　4—凸凹模　5—落料凹模　6—顶件块　7—下模座　8—拉深凸模

下面进行必要的工艺计算。

（3）压力机的选择

1）总拉深力的计算。根据工艺分析，拉深时应使用压边装置，拉深力为

$$F_拉=\pi d_1 t\sigma_b K_1=3.14\times158.5\times1.5\times450\times0.91\text{N}\approx305706\text{N}$$

2）压边力为

$$F_压=\frac{\pi}{4}[d_0^2-(d_1+2r_d)^2]p=\frac{31.4}{4}[206^2-(160+2\times8)^2]\times2.5\text{N}\approx22490\text{N}$$

3）总拉深力为

$$F_总=F_拉+F_压=(305706+22490)\text{N}=328196\text{N}$$

4）由于第一次拉深与落料复合进行，故还应计算一下冲裁力，然后在两者中选择。

$$F_冲=Lt\sigma_b=3.14\times206\times1.5\times450\text{N}=436617\text{N}$$

根据以上计算，决定第一次为拉深—落料复合冲压，选用 J23-63 开式双柱可倾式压力机最为恰当；第二次拉深与冲底孔复合冲压和最后的翻孔工序，均采用 J23-40 开式双柱可倾式压力机。这两种类型的压力机各项参数都能满足此制件冲压工艺的要求。

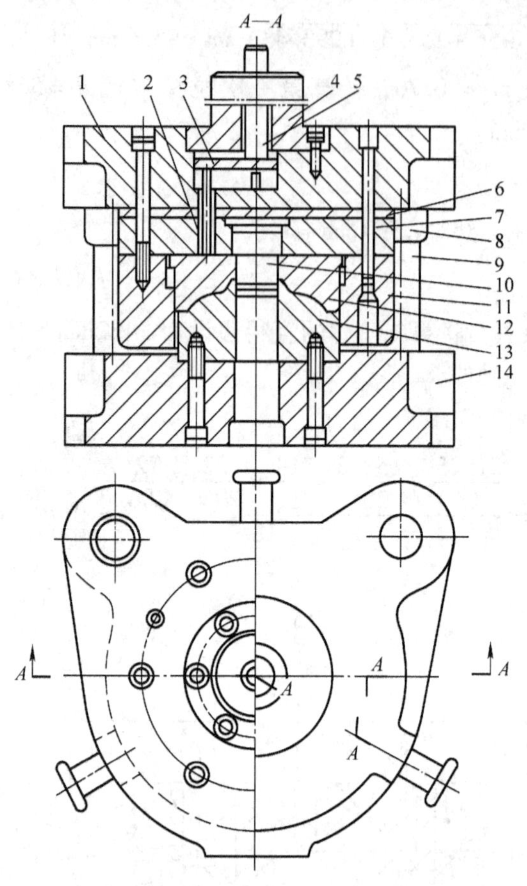

图 7-27　拉深-冲底孔复合模

1—上模座　2—连接推杆　3—推板　4—模柄　5—打杆　6—垫板　7—凸模固定板　8—导套　9—导柱　10—冲孔凸模　11—凹模　12—推件块　13—凸凹模　14—下模座

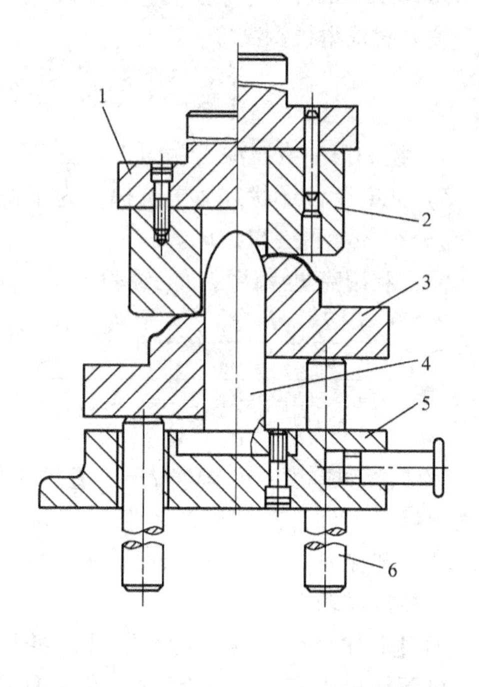

图 7-28　翻孔模

1—上模座　2—凹模　3—压料板　4—凸模　5—下模座　6—顶杆

（4）工作部分尺寸计算　从制件图看，要求的是外形尺寸，因此应依凹模尺寸为准，间隙取在凸模上。凸、凹模的双边间隙值：取 $Z=1.1t$，得 $Z=1.65\text{mm}$。凹模尺寸计算

$$D_d=(D-0.75\Delta)^{+\delta_d}_{0}=(160-0.75\times0.5)^{+0.1}_{0}\text{mm}=159.6^{+0.1}_{0}\text{mm}$$

δ_d 查表 5-31“圆形拉深模凸、凹制造公差”。

凸模尺寸计算

$$d_p=(D-0.75\Delta-Z)^{0}_{-\delta_p}=(160-0.75\times0.5-2\times1.65)^{0}_{-0.07}\text{mm}=156.3^{0}_{-0.07}\text{mm}$$

其他圆角处尺寸应经过分析确定。当以凸模成形时，以凸模为准，间隙取在凹模上；当以凹模成形时，则以凹模为准，间隙取在凸模上。

（5）绘制模具总图　如图 7-26、图 7-27 和图 7-28 所示。

第三节　冲压安全生产

冷冲压生产具有效率高、质量好和成本低的优点。但由于冷冲压生产所采用的设备是曲

柄压力机，滑块行程次数高，操作频繁，动作单一重复，加之噪声和振动的影响，使操作工人极易疲劳，造成精力分散，稍有不慎便会造成伤、残事故。因此冷冲压生产中防止发生人身、设备和模具损坏事故一直是冷冲压技术人员研究的课题。

一、冷冲压生产发生事故的原因及预防措施

冷冲压生产发生事故的原因很多，归纳起来主要有操作者、模具、设备和车间环境等几方面的原因。

（1）操作者的原因　操作者对冲压设备的性能和结构缺乏了解，操作时疏忽大意或违反操作规程。为防止发生上述现象，一方面应加强对操作工人安全意识和操作规程的教育，另一方面应加强安全生产管理。此外操作工人应了解所使用设备的结构性能，做到正确使用和保养设备。

（2）模具的原因　模具结构设计不合理或模具制造不符合要求，模具安装调整不当。针对这些因素，设计模具时应严格按照国家标准设计、制造和验收，模具安装调整时应仔细正确，使用中应随时检查并调整模具。

（3）设备的原因　冲压压力机带病工作，使用中造成动作误差或压力机性能老化，动作不可靠。为防止发生安全事故，应加强设备的保养和维修，使设备处于良好的技术状态。此外还应加强设备的改造换代，先进的设备配以先进的模具是防止发生事故的重要措施之一。

（4）车间环境的原因　车间的作业环境噪声太大，环境温度过高以及车间照明设施照度不足都会造成操作工人疲劳、精力不集中而发生安全事故。为保证操作者有良好的工作环境，车间的噪声、环境温度及工位器具的摆放和照明均应符合国家有关规定。

二、冲模的安全措施

为防止发生冷冲压安全事故，除压力机上配置必要的安全设施外，这里着重介绍冷冲模方面常见的安全措施。

1. 冲模结构的安全措施

冲模结构的安全措施主要是指冲模各零件的结构和冲模装配完后有关零件的相关尺寸以及冲模运动零件可靠性等方面的安全措施。

图7-29是一些常见冲模结构的安全措施。其中，图7-29a表示凡与模具工作需要无关的角部都应倒角或有一定的铸造圆角，以避免划伤或碰伤操作工人；图7-29b表示在卸料板与凹模之间应做成凹槽或斜面，并减少卸料板前后的宽度；图7-29c表示冲模闭合时，顶件器上部空隙应不小于5mm；图7-29d表示为操作安全与取件方便，冲模上应开设空手槽；图7-29e表示为避免压手，卸料板与凸模固定板之间应有足够的间隙，一般不小于15~20mm；图7-29f表示在压力机上使用的模具，从下模座上平面至上模座下平面或压力机滑块底平面的最小间距应不小于50mm；图7-29g表示为避免使用过程中顶件器损坏而下落造成事故，必要的部位应设置防松装置；图7-29h表示单面冲裁时，应尽量将凸模的突起部分和平衡挡块安排在模具的后面。

以上列举的实例只是冷冲模结构上的常用安全措施，其他结构安全措施可参阅有关技术安全资料，设计时应尽量按国家标准设计或选用。

2. 冲模的其他安全措施

1）在手工操作中，为防止操作者接触危险区，应将冲模工作区用防护板或防护罩封闭

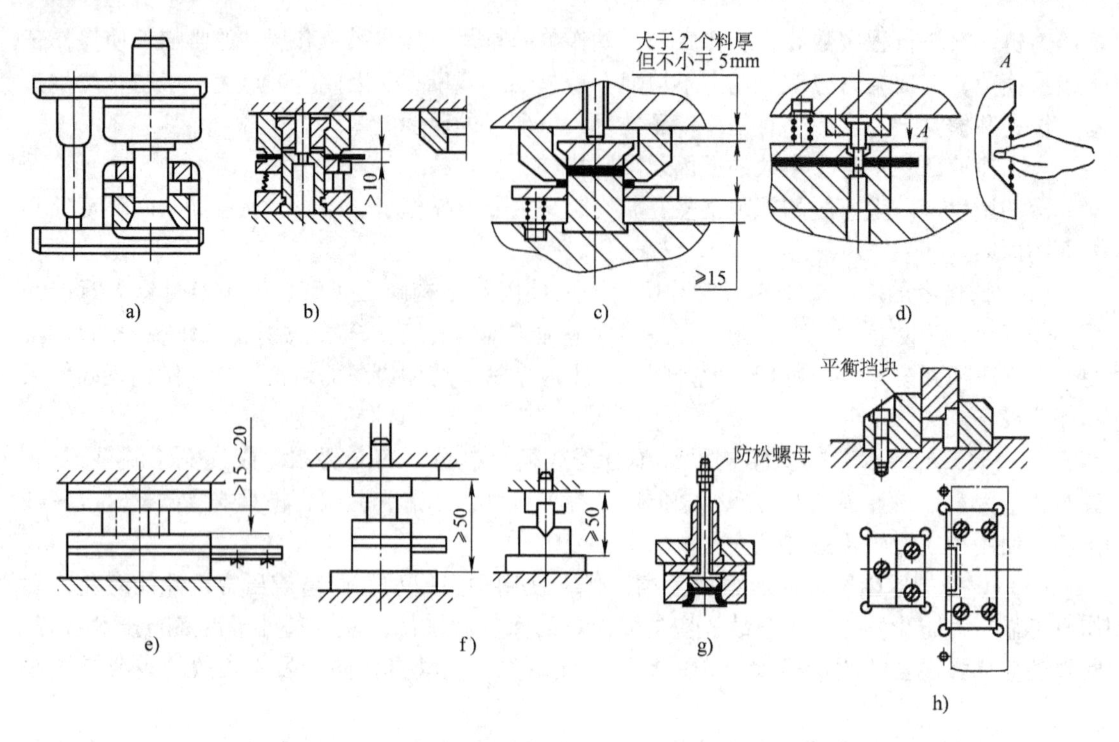

a) b) c) d)
e) f) g) h)

图7-29　常见冲模的安全措施

起来，但不能妨碍观察冲压工作情况。如图7-30所示，在操作者手容易接触的模具可动部分等危险处，应加上防护板或防护套筒。

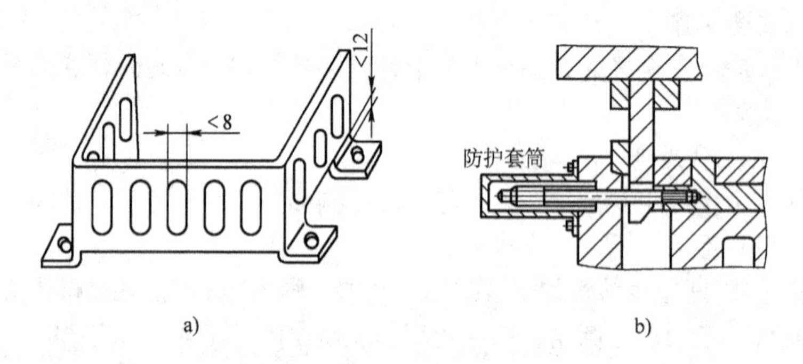

a) b)

图7-30　防护板和防护套筒

a）防护板　b）防护套筒

2）设置安装块和限位套。如图7-31所示，大型模具设置安装块给模具的安装、调整带来方便。在模具存放时，还可使工作零件保持一定距离，以防止模具倾斜和碰伤刃口。限位套则可限制模具工作时上模的最低位置，避免凸模进入凹模太深，从而防止模具的过早磨损。

3）开设冲模的起重孔和起重腿。冷冲模中25kg以上的零件都应开设起重孔或起重螺孔，同一套模具中起重孔（或螺孔）的类型和规格应尽可能一致，如图7-32所示。

对于大中型冲模，模座上设置的起重腿应放在长度方向，便于模具在压力机上的安装，也便于模具的翻转，如图7-33所示。

除以上冲模的安全措施外，自动模和半自动模的送料、出件都属于冲模的安全保护装置。此外，努力实现冲压生产自动化，努力提高冲压生产技术水平也能防止发生安全事故。

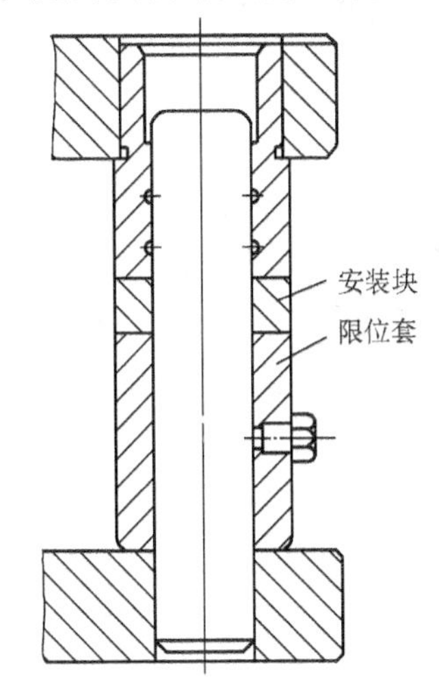

图 7-31　冲模的安装块和限位套

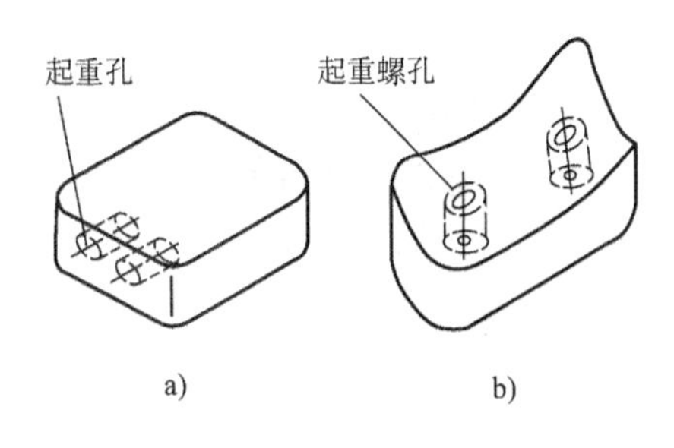

图 7-32　冲模的起重孔和起重螺孔

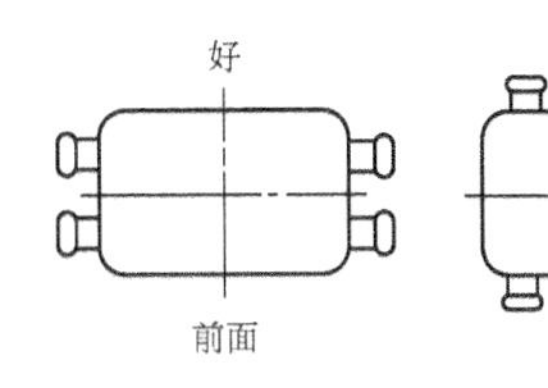

图 7-33　冲模的起重腿

对于冷冲模手工操作时，还应配备必要的安全工具，如夹子、电磁吸铁、撬棍等，以减少手进入模具工作区间。

思　考　题

1. 确定冲压制件工艺方案的原则是什么？
2. 如何合理地确定制件冲压工艺方案？
3. 学习图 7-1 所示片状弹簧的全套设计工艺后，从中得到了什么有益的知识和启示？

参考文献

［1］ 王孝培．实用冲压技术手册［M］．北京：机械工业出版社，2001.
［2］ 肖景容，姜奎华．冲压工艺学［M］．北京：机械工业出版社，2001.
［3］ 史铁梁．冷冲模设计指导［M］．北京：机械工业出版社，1997.